6G丛书

6G
需求与愿景

张 平 李文璟 牛 凯
乔秀全 喻 鹏 丰 雷 ◎著

人民邮电出版社
北 京

图书在版编目（ＣＩＰ）数据

6G需求与愿景 / 张平等著. -- 北京 ： 人民邮电出
版社，2021.11（2022.11重印）
（6G丛书）
ISBN 978-7-115-57510-4

Ⅰ. ①6… Ⅱ. ①张… Ⅲ. ①第六代移动通信系统—
研究 Ⅳ. ①TN929.59

中国版本图书馆CIP数据核字(2021)第196108号

内 容 提 要

本书作者所在研究团队于 2018 年提出了以"人—机—物—灵"融合为特征的 6G 愿景，并设计了 6G 演进的真实世界和虚拟世界的双世界架构，引起了信息通信业界的关注。本书基于这个理念，提出了 6G 的需求及其愿景，首先给出了 6G 的总体设计思路，阐述了 6G 引入的"灵"的概念以及"灵"给信息通信带来的挑战，并通过对 6G 业务愿景、网络愿景、能力愿景以及演进特性的展望，希望为读者描绘一个全景式的 6G 愿景；然后阐述了能够满足此愿景的 6G 网络架构与网络需求；接着从传输技术和网络技术两方面介绍并分析了 6G 的潜在技术，并展望了 6G 的典型应用场景；最后对全球 B5G/6G 的研究与产业情况进行了综述。

本书适合希望了解 6G 需求及潜在技术的人士阅读，不仅可作为移动通信行业从业人员和垂直行业相关人员的技术参考书，也可作为高等院校高年级本科生、硕士生和博士生的教材或学习材料。同时，本书对于对未来移动通信感兴趣的人员也具有参考价值。

◆ 著　　　　张　平　李文璟　牛　凯　乔秀全　喻　鹏　丰　雷
　　责任编辑　刘华鲁　吴娜达
　　责任印制　陈　犇

◆ 人民邮电出版社出版发行　　北京市丰台区成寿寺路 11 号
　　邮编　100164　　电子邮件　315@ptpress.com.cn
　　网址　https://www.ptpress.com.cn
　　北京捷迅佳彩印刷有限公司印刷

◆ 开本：720×960　1/16
　　印张：21　　　　　　　　　　　　2021 年 11 月第 1 版
　　字数：366 千字　　　　　　　　　2022 年 11 月北京第 2 次印刷

定价：179.80 元

读者服务热线：(010)81055493　印装质量热线：(010)81055316
反盗版热线：(010)81055315
广告经营许可证：京东市监广登字 20170147 号

前　言

　　受信息社会对通信需求的增长和摩尔定律支配的"硅基"技术产业的推动,移动通信系统从 20 世纪 80 年代后期发展至今,经历了大致每 10 年更新一代的周期律。从第一代(First Generation,1G)移动通信系统到如今的第五代(Fifth Generation,5G)移动通信系统的发展,对应着业务形式、服务对象、网络架构和承载资源等方面的能力扩展和技术变革。在 5G 刚刚进入商用化阶段时,为促进信息化水平的进一步提高、增强信息技术对经济发展的推动作用,国际社会又启动了 6G 的研发工作。

　　近年来,国内外学者对 6G 在愿景方面开展了研究,从伦理学、智能性、万物互联、多场景智能融合等角度对 6G 所属的无线智能化社会愿景展开畅想。有学者指出"6G 更能广泛深入地满足人类物质和精神层面的需求,尤其是人类自身感知世界(生理和心理等)之间的互连"。学者们不仅从频谱、编码、信道、组网等无线通信技术角度,也从空天地海一体化、全息触觉网络等不同的角度探索 6G 的需求。特别值得关注的是,智能化技术在移动通信领域的主体化逐步成为共识。

　　全球通信技术强国也相继出台 6G 的相关研究框架。2018 年,诺基亚与奥卢大学、芬兰国家技术研究中心合作开启"6Genesis"项目,提出"6G for Humanity",寄期望于 6G 成为社会发展、人类进化乃至创造世界的信息交互基石。基于对 6G 频谱、无线超大容量和频谱创新应用三大类关键技术的预测,美国联邦通信委员会(FCC)2019 年 2 月决定开放太赫兹频段用于 6G 网络实验。2019 年 11 月,我国科学技术部会同国家发展和改革委员会、工业和信息化部、教育部、自然科学基金委员会及中国科学院成立国家 6G 技术研发推进工作组,正式启动了我国的 6G 研究工作。2020 年 2 月，国际电信联盟（ITU）正式启动了面向 2030 年及未来（6G）的研究工作，对其愿景和技术趋势开展研究，昭示着国际标准化组织将 6G 正式纳入研究进程。

随着人工智能、大数据、新型材料、脑机交互、情感认知等使能技术的发展，在前期几个阶段工作的基础上，本书作者于 2019 年年初发表论文《6G 移动通信技术展望》，提出了 6G 将实现从真实世界延拓至虚拟世界的愿景，将通信从 5G 的"人—机—物"三维增至"人—机—物—灵"（Genie）四维。论文发表后，在业界引起了很多讨论。为了实现移动通信系统在信息与物理空间交互更为自然、智能控制更为通达、体验更为极致的目标，真正实现"人—机—物—灵"的通信，我们对 6G "灵"的理解阐述如下。

（1）6G 时代的用户将身处信息量呈几何级数爆炸增长的环境中。为保持稀缺的注意力资源的最优运用，我们认为信息交互的主体将从"人—机—物"演进到"人—机—物—灵"。"灵"出于虚拟空间中"意识"（Consciousness）的演进设想，是用户及环境的智能性主体化，具备智能代理的功能，通过与"人—机—物"智能协同，实现对用户所处信息融合空间的感知、反应、决策、优化乃至改造；基于泛在的不可见性，用户专注于任务本身时所需的情景感知、定向、决策、控制的多层次信息处理环嵌入周边环境，使得通信、计算和控制将以信息交换、处理、施效为本质，实现在虚实融合空间的泛在通信化。更进一步地，"灵"与"人—机—物"的通信将达到"编译"以及与"周边"交互和智能协同的功能。引入"人—机—物—灵"的通信元素来有序构建和谐通达的智慧环境，并始终以最佳体验方式提供"看不见"的智能服务。

（2）除通信技术自身的高速发展外，其与社会科学、认知科学、控制科学、材料科学等的深度融合，将为"人—机—物—灵"之间的智能交互信息、信息的处理模式和对信物融合空间的施效途径引入更多的维度，回归至"一切皆为计算和皆可计算"的哲思维度。"灵"及环境的智慧化将对人—机混合体和人—机多智体的感觉、直觉、情感、意念、理性、感性、探索、学习、合作、群体行为等进行编解码、交互共享、计算及控制的扩展、混合和编译。"灵"不仅是自动闭环的智能代理，也使用户专注于任务，并在与智慧周边协作的过程中产生互教互学的效应，从而带来有序和平静。

对 6G 移动通信技术的研究与探索，将有助于增强我国在信息通信领域的国际竞争力、保持我国国际第一梯队的领先地位、加速开启万物智联新时代，对实现我国建设网络强国战略具有重大意义。

本书分为 8 章，第 1、2 章梳理了信息通信技术、移动通信网络的发展脉络和发展趋势，分析了 5G 网络的关键技术，并针对 5G 网络存在的不足和面临的挑战进行了总结。第 3 章给出了 6G 的总体设计思路，对 6G 业务愿景、网络愿景、能力愿景及演进特性进行了展望。第 4 章提出了面向"人—机—物—灵"融合的网络体系架构需求，一方面是空天地海一体化网络的全覆盖式和全频谱式发展；另一方面是通信与计算的融合式发展，在此过程中有很多新型的网络体系架构值得探讨。第 5、6 章分别对 6G 潜在的物理层传输技术和网络层技术进行了阐述。第 7 章介绍了一些典型的 6G 应用场景。第 8 章对与 6G 相关的标准化及产业方面的准备工作进行了综述。

本书作者团队来自北京邮电大学网络与交换技术国家重点实验室，他们长期从事无线通信及网络领域的科研、教学和标准化工作，对该领域的研究现状和发展趋势有着深刻的认识，对无线通信及网络技术有着深入的研究。目前，作者团队承担了我国科学技术部与 6G 相关的重点研发计划项目，对 6G 的愿景和需求展开了广泛而深入的研究和探讨，并以此为基础完成了本书的编写工作。

在本书的编写过程中，得到了陈俊亮院士、刘韵洁院士、陆建华院士、费爱国院士、陈志杰院士、陆军院士的关心和指导，也得到了周凡钦、田辉、张治、董超、戚琦、商彦磊、李元杰、朱青、全兴、薛秋林、李青青、赵一珉、高静、张俊也、闫钰洁、黄亚坤、王姮力等老师和同学的支持，在此一并表示衷心的感谢！

由于作者的知识视野有一定的局限性，书中不足或错误之处，敬请同行专家和广大读者批评指正。

2020 年 12 月

目　录

第1章

信息通信技术及移动通信发展历史

本章从伴随人类发展的信息通信技术入手，简要介绍了信息通信技术的发展历史，并依据当前的社会发展需求，分析了信息通信技术的发展趋势。进一步地，针对现代信息通信技术，梳理了移动通信网络的发展脉络和发展趋势。

|1.1 信息通信技术发展历史|

通信的本质含义是通过使用相互理解的标记、符号或语义规则，将信息从一个实体或群组传递到另一个实体或群组的行为。这里可以认为信息是对一个抽象或具体概念的理解和表达。从通信的角度来看，信息技术是指人们获取信息、传递信息、存储信息、处理信息、显示信息、分配信息的相关技术[1]。人类进行通信的历史已很悠久，语言、图符、钟鼓、烟火、竹简、纸书等都曾经作为传递信息的有效方式。按照时间脉络，信息通信技术的发展阶段可分为原始信息通信技术、古代信息通信技术和现代信息通信技术，信息的表达、传递也在不断演进和发展。

1.1.1 原始信息通信技术

早在远古没有文字的时代，原始人是通过一些辅助的东西或简单的图画来表述信息的。如北美的印第安人通过带有横杆的木橛的数量来表示出行时间，他们在离家狩猎时，在屋边钉下几根带有横杆的木橛，一根表示要过一昼夜才回来，两根表示两昼夜。我国古代文献所记载的"结绳记事"，利用不同颜色、不同类型的绳结来表达不同的事物。此外，在原始社会还有另一种信息表述的方法——图画，即通过画在树皮、皮革或其他东西上的图形来表示信息。以上这些原始的信息表达方法，也可以认为是一种原始的信息存储技术。

而在通信（即信息的传递）方面，原始人大多是通过手势来直接交流的，并通过约定的规则解析物品或图画来获取其中的信息。

1.1.2　古代信息通信技术

随着生产力的提高，人类文明一步一步由低级向高级发展，也推动着信息通信技术的进步。信息技术有了新的发展，文字的出现是信息技术的一大变革，使得人类能够方便地进行信息的表述、传递和存储。

在通信方面，也出现了多种不同的沟通方法，"烽火"便是其中有代表性的一种。"烽火"是我国古代军事上使用的一种报警信号，通过点燃在高台建筑上易燃的柴草，利用火光和白烟来有效地传递告警信息。另外，驿站也是古代传递信息的一种重要方法。我国在秦汉时期就已经形成了完备的驿传体系。除此之外，"飞鸽传书"也是一种民间常用的信息传递方法。

中国古代四大发明极大地推动了信息通信技术的发展。造纸术和印刷术的发明使人们可以更加方便地记录、存储和传递信息，是一种新的信息存储方式；火药的发明也为人们提供了一种新的信息传递方法，特别是用于军事上，通过发射焰火向军队传递信息以便采取行动。

1.1.3　现代信息通信技术

人类的信息通信技术在经历了从烽火、驿站到邮寄的漫长发展历程之后，在工业革命、第一/二次世界大战的驱动下，出现了大量新型的有线和无线通信技术，包括电话、电报、无线电通信、广播、雷达、电视、计算机通信、卫星通信、光纤通信等多种通信方法，形成了现代信息通信技术发展的核心和主流。

现代信息通信技术以微电子学为基础，将计算机技术和电信技术相结合，实现对声音、图像、文字、数字和各种传感信号等信息的获取、加工、处理、存储、传播和使用[2]。其中，19 世纪的 5 项重大发明，即电报、电话、电磁波、无线电波和信息编码技术，构建了现代信息通信技术的基石。

到了 20 世纪中叶，计算机技术、卫星技术、光纤技术等的发明和推广应用，使得信息通信技术进入了高速化、网络化、数字化和综合化时代。在通信技术上，技术和经济的高速发展带来了社会信息量的迅猛增加，对通信的时效性和灵活性的要求也越来越高。20 世纪 70 年代，出现了第一代支持语音通话的移动通信系统，并逐步演进至当前的第五代（5G）移动通信系统。同时，为了实现大量的信息传输，由数字传输和分时交换技术组成的数据通信网应运而生。进入 20 世纪 90 年代，随着"Internet"（互联网）的兴起，实现了全球范围的信息资源共享。当前，数字化驱动的移动通信系统和互联网相融合的移动互联网已经进入了全面发展阶段，并渗透进入了各行各业，形成了多种新型的商业模式和运维模式。

1.1.4　信息通信技术发展趋势

经济和社会的不断发展，对信息通信技术提出了更高的要求，主要体现为融合的网络架构需求、更为丰富的多媒体业务需求、网络的宽带化需求和网络技术的智能化需求等，这些需求推动着信息通信技术的快速演进和发展。

（1）融合的网络架构需求

当前，技术的发展和市场需求的变化，使计算机网、电信网、电视网等加快融合为一体，宽带 IP 技术成为网络融合的支撑和结合点。此外，为了满足异构终端和丰富的业务需求，由传统的定制化设备支撑的通信网络已经难以满足快速升级迭代的要求，因此，基于虚拟化技术的 SDN（Software Defined Network）、NFV（Network Functions Virtualization）、云计算等技术构建了业务和控制分离的网络架构，实现网络功能的弹性重构和业务的灵活编排，是网络融合架构的发展趋势。

（2）更为丰富的多媒体业务需求

信息通信技术的发展，使得我们希望随时随地地接入网络，享受各种与办公、娱乐、生活相关的个性化多媒体服务。除了个人业务之外，交通运输、教育科研、工业应用等行业的智慧交通、在线教育、精准工业控制等新型多媒体业务形态，也是未来的发展趋势之一。这些发展趋势都对业务终端、通信网络提出了更高的要求，并将成为未来重要的增长点。而泛在化的宽带无线接入是支撑多媒体业务发展的重要基础。

（3）网络的宽带化需求

为了支持泛在多场景下的多媒体业务，网络技术的发展需要提供更高的带宽和高可靠的业务质量保障方案。在无线接入侧，需要更高效的频谱利用技术，如通过毫米波通信、认知无线电、大规模 MIMO 等技术来提高频谱利用率。在核心网侧，需要通过密集波分复用、OTN 等技术实现高带宽传输，通过网络切片等技术实现差异化业务的服务保障。

（4）网络技术的智能化需求

随着物联网等技术的不断发展，大量的终端接入和异构的业务资源需求，对网络的资源分配提出了更高的挑战。为了同时满足不同行业用户的差异化资源需求，需要网络实现自主弹性的动态资源调度和快速的网络运维决策。传统以被动响应、预设规则为基础的资源调度方法和以人工为主的运维决策已经难以满足当前的资源动态调度需求。人工智能技术能够实现全局化的数据感知、处理和分析，以及精准高效的推演决策，正成为网络发展的重要趋势之一。

| 1.2　移动通信发展历史 |

1.2.1　第一代移动通信

1978 年，美国贝尔实验室成功研制出了高级移动电话系统（Advanced Mobile Phone System，AMPS），标志着第一代（1G）移动通信系统正式登上历史舞台。1G 是模拟通信系统，采用模拟式的 FM 调制，将 300～3 400 Hz 的语音转换到高频的载波频率（兆赫兹级）上进行无线传输。1G 通信系统时代没有形成统一的国际标准，20 世纪 80 年代很多国家都推出了各自的 1G 通信系统。

由于采用模拟蜂窝和频分多址（FDMA）技术，1G 的容量十分有限，且通话质量不高，不能提供数据业务和漫游服务，安全性和抗干扰性也存在较大的问题。此外，1G 时代的终端价格十分昂贵，使得它无法真正大规模普及和应用。

1.2.2　第二代移动通信

随着对业务容量、通信质量和保密性要求的不断提高，在 20 世纪 90 年代，移动通信逐步演进到数字调制的 2G 时代。2G 时代出现的两大主流标准体系分别为 ETSI 提出的全球移动通信系统（Global System for Mobile Communication，GSM）和美国高通公司提出的窄带码分多址（Code Division Multiple Access，CDMA）技术。

其中，GSM 于 1992 年开始在欧洲商用，随着在全球的广泛应用，成为全球移动通信系统。GSM 具有接口开放、标准化程度高等特点，其强大的联网能力可实现国际漫游业务，并支持用户识别卡，真正实现了个人移动性和终端移动性。

GSM 网络架构分为移动台（Mobile Station，MS）、基站子系统（Base Station Subsystem，BSS）、网络交换子系统（Network Switching Subsystem，NSS）等部分。其中 MS 负责无线信号的收发及处理；BSS 属于接入网部分，由基站收发信台（Base Transceiver Station，BTS）和基站控制器（Base Station Controller，BSC）两部分构成。NSS 是核心网部分，主要由移动业务交换中心（Mobile Service Switching Center，MSC）、拜访位置寄存器（Visitor Location Register，VLR）、本地位置寄存器（Home Location Register，HLR）、鉴权中心（Authentication Center，AUC）、设备识别寄存器（Equipment Identity Register，EIR）以及网关移动交换中心（GMSC）等功能实体组成，如图 1-1 所示。

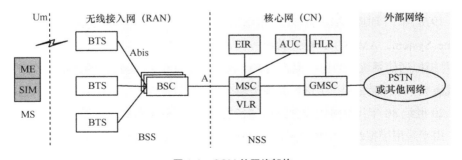

图 1-1　GSM 的网络架构

此外，还有主要负责网络监视、状态报告及故障诊断等功能的操作管理系统（Operations Management System，OMS）。

窄带 CDMA，也称为 cdma One、IS-95 等，其网络架构和 GSM 类似。CDMA 技术具有覆盖好、容量大、语音质量好、辐射小等优点，但由于窄带 CDMA 技术成熟较晚、标准化程度较低，在全球的市场规模不如 GSM。

2G 时代里还有一个比较独特的标准：个人便携式电话系统（Personal Handy Phone System，PHS），由日本研制。PHS 后来被引入中国部署，称为小灵通。

最初 2G 系统主要采用电路交换方式，并不支持数据业务。为此，在 GSM 原有系统上，引入了支持分组业务的分组域功能实体，形成了支持分组交换业务的通用分组无线业务（General Packet Radio Service，GPRS）网络，又称为 2.5G，其网络架构如图 1-2 所示。

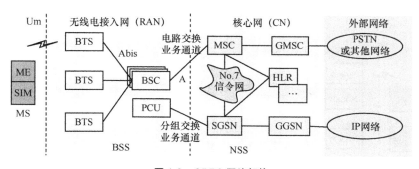

图 1-2 GPRS 网络架构

具体地，GPRS 的 BSS 在 BSC 基础上增加了分组控制单元（Packet Control Unit，PCU），用以提供分组交换通道，在 NSS 中增加了 GPRS 服务支持节点（Serving GPRS Support Node，SGSN）和 GPRS 网关支持节点（Gateway GPRS Support Node，GGSN），其功能与 MSC 和 GMSC 一致，只不过处理的是分组业务。GPRS 的理论峰值速率为 171.2 kbit/s。

与 1G 相比，2G 具有通话质量高、频谱利用率高和系统容量大等优点，并改善了系统的保密性，可以实现国际漫游等功能。但由于 2G 采用不同的制式，用户只能在同一制式覆盖的范围内进行漫游，且对定时和同步精度的要求较高，系统带宽有限，无法承载较高数据速率的移动多媒体业务[3]。

1.2.3 第三代移动通信

为了提供更高速的多媒体业务，基于 CDMA 技术，2008 年 5 月，国际电信联盟（ITU）正式公布了第三代移动通信标准，中国提交的 TD-SCDMA 正式成为国际标准，与欧洲的 WCDMA、美国的 cdma2000 成为 3G 时代主流的三大技术，这 3 种技术在区域切换、工作模式等方面又有各自不同的特点。

3G 技术可以支持图像、音乐等多媒体传输，也可以支持电话会议等商务功能。为了实现以上所述功能，要求 3G 无线网络可以提供不同速率的数据传输能力，即在室内、室外和行车的环境下，至少需要提供 2 Mbit/s、384 kbit/s 和 144 kbit/s 的数据传输速率。

相对于 2G 和 2.5G 系统，3G 网络的系统架构也发生了变化，如图 1-3 所示。

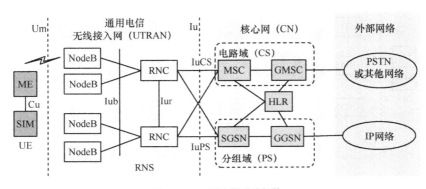

图 1-3　3G 网络的系统架构

在接入网方面，由基站 NodeB 与无线网络控制器（Radio Network Controller，RNC）取代了 2G 时代的 BTS 和 BSC。具体地，NodeB 主要完成射频处理和基带处理功能；RNC 主要负责控制和协调基站间的配合工作，并完成系统接入控制、承载控制、移动性管理、无线资源管理等控制功能。核心网部分基本与 2.5G 网络共用。

与 1G 和 2G 移动通信系统相比，基于 Turbo 码和 CDMA 技术的 3G 系统具有更大的系统容量、更好的通话质量和保密性，并且能够支持较高数据速率的多媒体业务。然而，3G 系统仍是标准不一的区域性通信系统，仍无法满足高清视频等多媒体通信的更高速率要求，同时对动态范围的多速率业务的支持能力也不足。此外，三大标准所支持的核心网功能不统一，不能真正实现不同频段的不同业务间的无缝漫游，这些局限性也推动着移动通信向着 4G 发展。

1.2.4　第四代移动通信

为了克服 3G 技术存在的不足，第三代合作伙伴计划（3GPP）于 2004 年年底启动了下一代移动通信系统的标准化工作，并命名为长期演进（Long Term Evolution，LTE）。而 ITU 于 2008 年完成了 IMT-2000（即 3G）系统的演进——IMT-Advanced（即俗称的 "4G"）系统的最小性能需求和评估方法等的制定。为了保持 3GPP 标准的技术优势和市场竞争优势，3GPP 于 2008 年 4 月正式开始了 LTE 演进标准——LTE-Advanced（简称 LTE-A）的研究和制定工作，并于 2010 年 6 月通过 ITU 的评估，LTE-Advanced 于 2010 年 10 月正式成为 4G 的主要技术之一。

IMT-Advanced（即 4G）定义的蜂窝网络系统必须满足以下要求。

1）基于全 IP（All IP）分组交换网络。

2）在高速移动性的环境下达到约 100 Mbit/s 的数据速率；在低速移动性的环境下达到约 1 Gbit/s 的数据速率，即移动/固定无线网络接入的峰值数据速率。

3）能够动态地共享和利用网络资源来支持每单元多用户同时使用。

4）使用 5～20 MHz 可扩展的信道带宽，带宽高达 40 MHz。

5）链路频谱效率的峰值为 15 bit/(s·Hz)（下行）和 6.75 bit/(s·Hz)（上行）。

6）系统频谱效率为下行 3 bit/(s·Hz·cell)，室内 2.25 bit/(s·Hz·cell)。

7）支持跨不同系统网络的平滑切换。

8）提供高服务质量（Quality of Service，QoS），具备支持新一代多媒体的传输能力。

4G 以正交频分复用多收发（OFDM-MIMO）天线技术和空分多址（SDMA）技术为基础，采用 Turbo 码编码技术，支持 FDD 和 TDD 两种模式，其网络结构如图 1-4 所示。

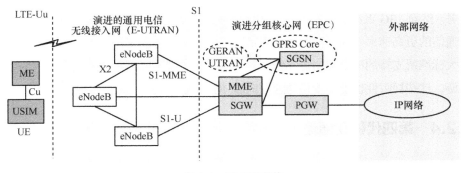

图 1-4 4G 网络结构

4G 网络分为演进的通用移动通信系统陆地无线接入网（E-UTRAN）和演进分组核心网（Evolved Packet Core，EPC）两部分。首先，接入网的结构更为扁平化，整个网络只有一种基站——eNodeB。eNodeB 的功能由 3G 阶段的 NodeB、RNC、SGSN、GGSN 的部分功能演化而来，新增加了系统接入控制、承载控制、移动性管理、无线资源管理、路由选择等功能，并可以通过 X2 接口互联。其次，EPC 能够前向兼容已有的系统架构，并将之前的相关实体取代成移动性管理实体（Mobility Management Entity，MME）与服务网关（Serving Gateway，SGW），将电路域和分组域的业务统一承载在分组域上，实现了核心网的全 IP 化，并将控制面和用户面相分离。

整体而言，4G 网络为全 IP 化网络，可有效满足移动通信业务的高带宽发展需求。与 3G 通信系统相比，4G 通信系统数据传输速率更快，且能够更好地对抗无线传输环境中的多径效应，系统容量和频谱效率得到大幅提升。然而，随着经济社会及物联网技术的迅速发展，云计算、智慧城市、车联网等新型网络和业务形态不断产生，对通信技术提出了更高层次的需求。移动通信网络应面向工业制造、智慧交通、智能电网等领域提供个性化的服务，而以高带宽为特性的 4G 网络难以满足超低时延、大规模接入和超高带宽等业务需求。面对这些存在的问题，5G 技术被提上了日程。

1.2.5 第五代移动通信

2015 年 10 月 26—30 日，在瑞士日内瓦召开的 2015 年无线电通信全会上，国际电信联盟无线电通信部门（ITU-R）正式批准了 3 项有利于推进未来 5G 研究进程

的决议，并正式确定了 5G 的正式名称为"IMT-2020"。第一个 5G 标准是 3GPP 的第
15 版（Release 15），已于 2018 年 6 月冻结，并于 2019 年开始了商用部署。2019 年被
认为是中国 5G 元年，这一年的 6 月 6 日，工业和信息化部正式向中国电信、中国移动、
中国联通和中国广电发放了 5G 商用牌照，标志着 5G 时代的正式开启。

　　与 2G、3G、4G 不同，5G 并不是一种单一的无线接入技术，而是多种新型无
线接入技术和现有 4G 后向演进技术集成后的解决方案总称。从某种程度上讲，5G
是一个真正意义上的融合网络。5G 网络融合了 SDN、NFV、超密集异构网络、自
组织网络、内容分发网络、D2D 通信、大规模 MIMO、毫米波、多连接等技术，实
现了峰值速率、用户体验数据速率、频谱效率、移动性管理、连接数密度、网络能
效等指标的全面提升[4]。相对于 4G 技术，中国 IMT-2020（5G）推进组设置的 5G
关键技术指标要求如图 1-5 所示。

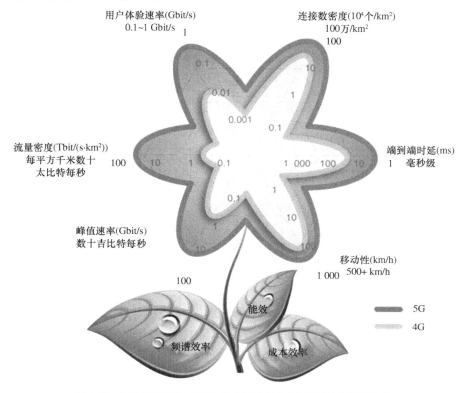

图 1-5　中国 IMT-2020（5G）推进组设置的 5G 关键技术指标要求

相对于 4G，5G 考虑了更多的性能维度提升，包括：峰值数据速率由 1 Gbit/s 提升至 20 Gbit/s；城区和城郊用户体验速率达到 100 Mbit/s，某些热点地区的用户体验数据速率提升至 1 Gbit/s；频谱效率提升 3 倍；支持的移动速率由 350 km/h 提升至 500 km/h；支持极低时延要求服务，端到端时延从 10 ms 降低到 1 ms；支持更多数量的设备连接，连接数密度由每平方千米 10^5 个设备提升至每平方千米 10^6 个设备；网络能效提升 100 倍；区域通信能力提升 100 倍，由 0.1 Mbit/($s \cdot m^2$) 提升至 10 Mbit/($s \cdot m^2$)。基于上述 8 个方面能力的增强，5G 网络开始具备渗透垂直行业的能力，支持的应用场景涵盖增强型移动宽带（eMBB）、超高可靠和低时延通信（uRLLC）和海量机器类通信（mMTC）三大场景。具体场景特征和关键技术将在第 2 章进行详细介绍。

在无线侧，5G 融合了多种现有无线通信技术，利用毫米波、大规模 MIMO 等技术提升吞吐量，并支持独立组网和非独立组网两种架构。在核心网侧，5G 旨在通过单个 5G 核心网络满足各种应用的不同需求。因此，5G 核心网络需要提供多种新功能，如敏捷资源分配、灵活的网络重构以及对各种平台的开放访问等。5G 核心网络的典型演进包括移动边缘计算（MEC）、软件定义网络（SDN）、网络功能虚拟化（NFV）和网络切片等。5G 系统的网络结构如图 1-6 所示。

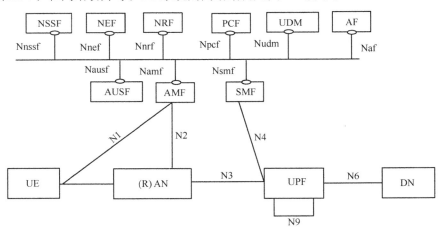

图 1-6　5G 系统的网络结构

图 1-6 中 UE 为用户终端，（R）AN 为（无线）接入网络，DN 为运营商数据网络，其他部分为 5G 核心网功能实体，其描述见表 1-1。

表 1-1　5G 核心网络功能实体描述

5G 网络功能	中文名称	类似 4G EPC 网元
AMF	接入和移动性管理功能	MME 中 NAS 的接入控制功能
SMF	会话管理功能	MME、SGW-C、PGW-C 的会话管理功能
UPF	用户平面功能	SGW-U+PGW-U 用户平面功能
UDM	统一数据管理	HSS、SPR 等
PCF	策略控制功能	PCRF
AUSF	认证服务器功能	HSS 中的鉴权功能
NEF	网络能力开放功能	SCEF
NSSF	网络切片选择功能	5G 新增，用于网络切片选择
NRF	网络注册功能	5G 新增，类似于增强 DNS 功能

5G 核心网借鉴了 IT 领域的"微服务"理念，采用了基于服务的架构（Service Based Architecture，SBA），通过模块化和软件化以实现面向不同场景需求的切片目的。

当前，5G 移动网络的最终设计目标是满足终端用户多样化的 QoS 需求，这就要求网络实体能够实现对网络环境的认知和自主决策。网络层、控制层和管理编排层中的不同网络实体（如无线设备、基站和 SDN 控制器）需要做出本地自主决策，包括频谱接入、信道分配、功率控制等，以实现不同网络的不同目标，如吞吐量最大化、时延和能量最小化等。随着移动通信网络规模的不断扩大和复杂化，我们面临着一个更加分散和多样化的网络环境。网络状态的动态性和不确定性，以及异构无线用户之间的共存和耦合，使得网络控制问题变得非常具有挑战性。5G 架构难以同时满足三大场景的需求，且资源的调度过程仍然缺乏足够的弹性，难以满足资源随需即用的要求。针对这些问题，提出了 6G 需求。

1.2.6　移动通信发展趋势

当前 5G 移动通信系统已经进入商用化阶段，按照无线摩尔定律预测，未来（2030—2040 年），移动数据业务量将继续增长 1 000～100 万倍。同时，通信网络向着一体化融合网络发展，其泛在化、社会化、智慧化、情境化等新型应用形态与模式，导致现有 5G 网络技术在信息广度、速度及深度上难以满足"网络资源随需即用"的需求，主要体现在如下几个方面：首先，未来的新应用可能需要高达每秒太比特的数据速率；其次，随着未来物联网设备的指数级增长和扩展，进一步提高5G 物联网的连接能力和覆盖范围已迫在眉睫；最后，人工网络配置/优化不再适用于未来的网络，未来网络必然是超大规模的，并且在用户需求、无线资源、流量负载、网络拓扑等方面具有复杂、多维、动态等特征。为了解决这些问题，6G 技术被提上了日程。

2018 年 7 月，国际电信联盟（ITU）正式成立 Network 2030 焦点组（ITU-T FG on Network 2030），旨在探索面向 2030 年及以后的网络技术发展，包括保持向后兼容的网络新概念、新架构、新协议、新解决方案以及支持现有的和新的应用等。2018 年 5 月，芬兰科学院旗舰项目 6G-Enabled Wireless Smart Society and Ecosystem（6Genesis）开展了一个开创性的 6G 研究项目，专注于无线技术的发展、探索 5G 通信技术的实施并发展可能的 6G 标准。

2019 年 3 月，在芬兰举行的全球首届 6G 峰会上，来自全球各地的 70 位通信专家商议拟订了全球首份 6G 白皮书，以阐述 6G 技术的具体内容并明确 6G 发展的基本方向。

2019 年 11 月 3 日，科学技术部会同国家发展和改革委员会、教育部、工业和信息化部、中国科学院、自然科学基金委员会等部委在北京组织召开了 6G 技术研发工作启动会，标志着我国全面开启了 6G 的相关技术研发工作。

特别地，6G 被定义为包括 3 个主要方面，即移动超宽带、超级物联网（IoT）和人工智能（AI）：移动超宽带可以提供每秒太比特的无线数据传输速率；超级物联网可以增强现有物联网的连接能力和覆盖范围；人工智能可以智能地配置/优化未来的无线网络。有关 6G 的设计思路和愿景，将在第 3 章进行阐述。

参考文献

[1] 兰莉, 高福安. 浅谈信息技术的发展[J]. 北京广播学院学报(自然科学版), 2002(4): 62-68.
[2] 华斌, 金钟. 信息科学与技术基础[M]. 北京: 电子工业出版社, 2006.
[3] 张平. B5G: 泛在融合信息网络[J]. 中兴通讯技术, 2019, 25(1): 55-62.
[4] 张平, 牛凯, 田辉, 等. 6G 移动通信技术展望[J]. 通信学报, 2019, 40(1): 141-148.

第 2 章

现有 5G 网络的分析与挑战

本章在介绍 5G 网络三大场景的基础上，分析了 5G 网络的关键技术，并针对 5G 网络存在的不足和面临的挑战进行了总结。

|2.1 5G 网络的三大场景|

在 5G 技术的大背景下，公认的 5G 技术适用的三大应用场景为增强型移动宽带（enhanced Mobile BroadBand，eMBB）、海量机器类通信（massive Machine Type of Communication，mMTC）与超高可靠和低时延通信（ultra-Reliable and Low Latency Communication，uRLLC）。图 2-1 给出了这三大应用场景可能的应用示例[1]。

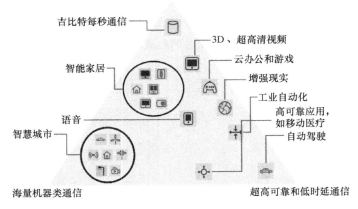

图 2-1 5G 三大应用场景示意

其中，eMBB 是对现有 4G 网络的后续演进，它将提供比 4G 移动宽带服务更快的数据速率，从而提供更好的高速用户体验。最终可支持 360° 视频流，提供身临其境的虚拟现实（VR）和增强现实（AR）等应用服务。在 eMBB 用例中，5G 需要满足如下 3 个要求：更高的容量，需要在人口稠密的室内和室外区域（如市中心、办公楼、体育场馆或会议中心等公共场所）提供宽带访问；增强的连接性，宽带访问必须随处可用，以提供一致的用户体验；更高的用户移动性，在移动交通（包括汽车、公共汽车、火车和飞机）中实现移动宽带服务。

mMTC 应用场景旨在提供与大量设备的连接，满足 100 万/km² 的连接数密度指标要求。由于这些设备通常传输少量的数据，因此对时延和吞吐量并不敏感。此外，这类终端分布范围广、数量众多，需要保证终端的超低功耗和超低成本。mMTC 重点解决了传统移动通信下对物联网的支持及垂直行业应用的问题，可具体应用于智慧城市、环境监测、智能家居等以传感和数据采集为目标的场景。

uRLLC 作为 5G 系统的三大应用场景之一，广泛用于各种需要高可靠和低时延的控制场景。3GPP RAN1 将 uRLLC 标准划分为低时延和高可靠两部分[2]。通常 uRLLC 传送的可靠性要求为：传送 32 byte 数据包的可靠性为 10^{-5}。而低时延则是支持端到端时延 1 ms，即用户面上行时延目标 0.5 ms，下行 0.5 ms。目前，uRLLC 的主要业务有智能电网（中压、高压）、实时游戏、远程控制、增强现实、触觉互联网、虚拟现实及自动驾驶/辅助自动驾驶等。

2.2　5G 网络的关键技术

为满足 5G 三大应用场景需求，5G 将在无线接入网、前传（Fronthaul）和回传（Backhaul）网络以及核心网络等方面对 4G 技术进行增强或采用新技术，与 5G 相关的关键技术分析如下。

2.2.1　无线接入网侧关键技术

为满足 5G 关键性能指标的要求，5G 无线接入网的关键技术包括：云无线接入网、软件定义无线电和认知无线电、超密集组网、自组织网络、D2D 通信、Massive MIMO、毫米波、非正交多址技术、载波聚合和双连接、低时延技术和低功耗技术等[3]，简要介绍如下。

（1）云无线接入网

云无线接入网（Cloud-Radio Access Network，C-RAN）是指基于集中化处理、协作无线电和实时云计算技术的一种无线接入网架构，可实现网络的大规模部署。其本质是通过减少基站机房数量以减少能耗，并采用协作无线电和虚拟化技术实现资源的共享和动态调度，提高频谱效率，以达到低成本、高带宽和灵活运营的目的。C-RAN 将基站分为室内基带单元（Building Baseband Unit，BBU）和射频拉远单元（Remote Radio Unit，RRU），通过将 BBU 进行集中化和池化部署，实现资源的集中处理、协同共享和动态调度，因此，C-RAN 中的"C"也可以代表集中式或协作式。C-RAN 能够有效提升计算效率和能效，减少无线网络的投资和运维开支，但是在前传网络的设计和实施部署上也存在很多挑战。

（2）软件定义无线电和认知无线电

软件定义无线电（Software Defined Radio，SDR）是一种无线电广播通信技术，其关键思想是构造一个开放性、标准化、模块化的通用硬件平台。频带、空中接口协议和功能可通过软件下载和更新来升级，而不用完全更换硬件。SDR 可实现部分或全部物理层功能的软件定义，这些软件计算可在通用芯片、GPU、DSP、FPGA 和其他专用处理芯片上完成。

认知无线电（Cognitive Radio，CR）是一种智能无线通信系统，它拥有 SDR 不具备的智能功能，如通过人工智能技术从环境中感知信息、动态使用频谱、实时改变无线通信系统的传输功率等。

（3）超密集组网

超密集组网（Ultra Dense Network，UDN）技术在传统宏网络中引入了大量的微型节点，包括微蜂窝基站、微微蜂窝基站、家庭基站以及中继节点等。这些微型节点部署在宏小区内，与宏小区一起对热点地区或室内形成重叠覆盖，通过有线或无线回传链路与核心网相连，为移动用户提供无缝连接和高质量服务。UDN 结合毫米波、D2D 等技术，是 5G 高速率服务的关键特征之一。

相对于已经成熟部署的 4G 网络，UDN 结构更为复杂，带来能耗的大量增加。虽然单个微型节点的能耗要远低于宏基站，然而由于其部署数量巨大，接入网节点的总体能耗不容忽视。此外，超密集网络也为网络管理运维、频率干扰等带来空前的复杂性挑战。

（4）自组织网络

为了提升网络管理的效率、降低运营支出成本，3GPP 在自主计算的基础上，针对 LTE 网络提出了自组织网络（Self-Organized Network，SON）的概念，旨在指导无线蜂窝网络通过自我感知和自主资源调度，实现网络的自配置、自优化和自修复，进而完成网络的自主管理。5G 时代网络的密集化部署给网络干扰协调和网络管理提出了空前的复杂性挑战，更需要 SON 来最小化网络干扰并提供自主管理能力。

（5）D2D 通信

设备到设备（Device-to-Device，D2D）通信是两个移动终端之间的直接通信，无须通过基站（BS）或核心网络。D2D 通信对于蜂窝网络通常是不透明的，它可以在蜂窝频率（即带内）或非授权频段（即带外）上进行[4]。在 5G 时代，当移动用户使用高数据速率服务（如视频共享、游戏、感知邻近的社交网络等）时，通过 D2D 通信可大大提高网络的频谱效率、吞吐量和能源效率，并降低时延。D2D 通信可应用于本地通信服务、应急通信和物联网功能增强等场景。

（6）Massive MIMO

MIMO 可在同一无线信道上同时发送和接收多个数据信号。标准 MIMO 使用 2 个或 4 个天线，Massive MIMO 是具有数十甚至数百根天线的系统。目前，5G 系统主要采用 32×32 MIMO 或 64×64 MIMO。Massive MIMO 的使用可大幅提升无线容量和覆盖范围，但同时也面临着多终端同步、信道估计准确性、功耗和信号处理计算复杂性等挑战。

（7）毫米波

5G 与 2G/3G/4G 最大的区别之一是引入了毫米波通信。毫米波指无线频率为 $30 \sim 300\,\mathrm{GHz}$ 的无线电波，其波长范围为 $1 \sim 10\,\mathrm{mm}$，优点是高带宽、高速率、方向性好，适合微蜂窝、固定无线、室内和回传等场景部署，但毫米波的缺陷也很明显，如穿透能力弱、传播损耗大等，主要用于视距传输。目前，毫米波通信在信道建模和测试方面仍有待继续深入研究。

（8）非正交多址技术

对于 5G mMTC 场景，为了支持更高密度的连接，非正交多址（Non-Orthogonal Multiple Access，NOMA）技术成为一种有效的解决方案。NOMA 的基本思想是在发送端采用非正交传输，主动引入干扰信息，在接收端通过串行干扰消除（Successive Interference Cancellation，SIC）技术实现正确解调。虽然采用 SIC 技术会提高设计接收机的复杂度，但是可以很好地提高频谱效率。NOMA 的本质是通过提高接收机的复杂度来换取良好的频谱效率，使之更适用于海量物联场景。

（9）载波聚合和双连接

载波聚合（Carrier Aggregation，CA）技术通过组合多个独立的载波信道来提升数据传输速率和容量。按照实现复杂度的递增，载波聚合分为带内连续、带内非连续和带间不连续 3 种。双连接（Dual Connectivity，DC）技术是指终端在连接态下可同时使用至少两个不同基站（分为主站和从站）的无线资源，从而实现 LTE 和 5G 互连。使用 DC 技术可以提高整个无线网络系统的无线资源利用率，降低切换时延，并提高用户和系统性能。

（10）低时延技术

为降低网络数据包传输时延，5G 从无线空口和有线回传两方面进行了技术增强。在无线空口侧，5G 通过增强调度算法、缩短 TTI 时长、使用 mini-slot 等技术来降低空口时延；在有线回传方面，通过部署移动边缘计算（MEC）使数据和计算更接近用户侧，从而减少到数据中心的传输时延。

（11）低功耗技术

考虑未来物联网设备数量的指数级增长，低功耗技术在 5G 时代至关重要。目前，正在广泛使用的一些低功耗技术包括 LTE-M（也称为 CAT-M1）、NB-IoT（CAT-NB1）、Lora、Sigfox 等，但这些技术在降低功耗和增强覆盖方面是相互矛盾的。因此需要根据不同的应用场景权衡利弊，寻求最佳的部署方式。

2.2.2 前传链路和回传链路关键技术

前传链路指 BBU 池连接 RRU 的部分。前传链路容量主要取决于 MIMO 天线数量和无线空口速率，4G 前传链路采用的通用公共无线接口（CPRI）协议已无法满足 5G 时代的前传容量和时延需求，为此，标准化组织积极制定了适用于 5G 的前传技术，如将某些处理能力从 BBU 下沉到 RRU，以降低时延和前传容量等[5]。

　　回传链路指无线接入网连接到核心网的部分，光纤是回传网络的理想选择，但在光纤难以部署或部署成本过高的环境下，可采用点对点微波、无线 Mesh 网络回传、毫米波回传等无线回传方式作为替代方案。

2.2.3　核心网侧关键技术

　　核心网侧关键技术主要包括 SDN、NFV、网络切片和 MEC 等技术。

　　（1）SDN

　　SDN 是一种新型的网络架构，其核心是将网络设备的控制面与转发面分离，从而实现网络流量的灵活控制和高效配置，使网络变得更加智能。SDN 控制器是 SDN 的重要组件，构成了整个 SDN 的智能中心，通过控制器对流量进行集中调度，从而实现对网络的高效全局控制。SDN 是 5G 网络虚拟化的重要手段。

　　（2）NFV

　　NFV 是一种新型的网络体系架构，它使用 IT 虚拟化技术将物理实体虚拟化为虚拟组件，将传统运行在专用硬件上的网络功能软件化，称为虚拟网络功能（Virtualized Network Function，VNF），并将 VNF 部署在虚拟组件上，同时支持通过对 VNF 的编排形成服务功能链来创建通信服务。

　　（3）网络切片

　　5G 网络切片是一种按需组网方式，可让运营商在相同的网络基础设施上分离出多个独立的端到端逻辑网络，以适配不同类型应用的不同需求。例如面向不同的应用场景，在同一网络基础设施上，提供 eMBB、uRLLC 和 mMTC 等不同类型的网络切片。具体地，5G 网络切片可利用 SDN 和 NFV 技术来实现，从而在通用网络基础设施上灵活地实现面向不同应用服务的不同网络视图。

　　（4）MEC

　　MEC 通过处于网络边缘（或更接近用户）的 IT 计算能力和存储环境提供对应的网络服务。通过 MEC，终端设备可以卸载部分或全部计算任务到基站或无线接入点、边缘计算节点等网络边缘节点上，MEC 在拓展终端设备计算能力的同时，还可改善云计算中心任务时延较长的缺点，减少网络流量，减轻核心网压力，保障数据私密性与安全性。

| 2.3 5G 网络存在的不足与挑战 |

当前，5G 网络基本上满足了陆地通信系统面向个人的基本通信需求。但面对立体化信息建设需求，5G 系统尚不能实现全方位、立体化的多域覆盖，仍然存在一些问题难以解决[6]。首先，未来的新应用可能需要高达太比特每秒（Tbit/s）的数据速率；其次，随着未来物联网设备的指数倍增长和扩展，进一步提高 5G 物联网的连接能力和覆盖范围已迫在眉睫；最后，无线网络必然是超大规模的，并且在用户需求、无线资源、流量负载、网络拓扑等方面具有复杂/多维/动态特性，目前，预设式的网络配置/优化不再适用于未来的无线网络。因此，目前的 5G 网络在广域和深度覆盖、垂直行业应用和高密度接入等场景下均难以满足长远发展的需求，需要新的网络架构的支撑。

综合以上各个方面的分析，当前的 5G 网络仍然面临如下挑战。

（1）速率难以再提升

已有的 5G 网络架构支持的数据传输速率将难以达到太比特每秒量级以上，难以满足未来全息通信、全感官通信、触觉互联网等应用的需求。因此，需要在无线接入网和核心网络引入新的超高带宽传输技术，以提供更高速率的网络服务。

（2）网络架构不匹配

已有 5G 网络架构没有完整的协同传输框架，多域网络之间相对独立，难以满足空天通信、空地通信及海域通信的全方位立体化的多域和跨域传输及覆盖需求。

（3）频率资源缺乏

由于低频段频率资源已经用于建设 2G、3G、4G 网络，留给 5G 网络的低频资源已经极为缺乏。因此，当前 5G 无线网络的建设是以高频资源为主的。虽然 5G 网络建设并非完全没有中低频资源，但当前可用的中低频资源仅剩 200 MHz，而且还需要满足 3 家运营商的应用需求。严重缺乏的低频资源无法满足实际建网需求，对

5G 网络的规划建设与发展造成了严重影响。

（4）上行覆盖受限严重

在低频资源有限的前提下，目前，5G 无线网络建设是以 2 600 MHz、3 400～3 600 MHz 频段的资源作为首选频段，并以此为基础实现网络的连续覆盖。但是，该频段频谱的衰减明显高于 4G 网络的中低频段。如果需要充分保障连续覆盖水平，相对于 4G 基站需要更高的基站部署密度,这将会导致 5G 无线网络投资的显著提高。

（5）资源协调难度偏大

在宏基站难以完全满足 5G 网络需求的情况下，以宏基站为主、以微基站和微微基站为辅的网络建设方案已经成为 5G 网络建设的重要原则。5G 将会形成多层次超密集组网架构，该架构在解决连续覆盖困难和热点容量增强问题的同时，也带来了更多的资源协调问题，如系统间协作、系统间干扰协调、用户移动性管理等。

上述挑战导致现有 5G 网络技术在信息广度、速度及深度上难以满足"业务随心所想，网络随需而变"的需求，在这种需求下 6G 的研究逐步开展起来。

参考文献

[1] ITU-R. IMT vision, framework and overall objectives of the future development of IMT for 2020 and beyond: M 2083-0[S]. 2015.

[2] 朱红梅, 林奕琳, 刘洁. 5G uRLLC 标准、关键技术及网络架构的研究[J]. 移动通信, 2017, 41(17): 28-33.

[3] 王庆扬, 谢沛荣, 熊尚坤, 等. 5G 关键技术与标准综述[J]. 电信科学, 2017, 33(11): 112-122.

[4] 欧振威. D2D 通信网络中干扰管理技术的研究[D]. 成都: 电子科技大学, 2017.

[5] 于富东. 5G 核心网网络架构的研究[J]. 电信网技术, 2017(12): 47-51.

[6] 张平. B5G: 泛在融合信息网络[J]. 中兴通讯技术, 2019, 25(1): 55-62.

第 3 章

6G 设计思路与愿景

不同于之前 1G 到 5G 的线性发展思路，我们认为 6G 将采用一种立体的发展思路，是从"线"到"面"再到"体"的一个拓展。与 5G 相比，6G 不仅仅是某个维度或某个平面能力的提升，而将是从信息速度、信息广度和信息深度上的综合提升，其中最核心的内容是用户智能需求将被进一步挖掘和实现。因此，在人—机—物通信之外，我们引入了信息通信的第四维元素——"灵（Genie）"。本章给出了 6G 的总体设计思路，阐述了"灵"的概念以及"灵"给信息通信带来的挑战，并通过对 6G 业务愿景、网络愿景、能力愿景以及演进特性的展望，希望为读者描绘一个全景式的 6G 愿景。

| 3.1 6G 总体设计思路 |

3.1.1 概述

受信息社会通信需求快速增长、技术高速进步、产业规模增加的推动,移动通信系统从 20 世纪 80 年代后期至今,经历了大致每 10 年更新一代的快速发展。回顾从第一代(1G)移动通信系统到如今的第五代(5G)移动通信系统的发展,对应着业务形式、服务对象、网络架构和承载资源等方面的能力扩展和技术变革,如图 3-1 所示[1]。

具体来说主要分为以下几个方面。

(1)业务形式

以模拟通信为基础的 1G 系统仅承载语音业务。2G 到 4G 引入数字化,开启业务宽带化和媒体多样化趋势,5G 系统具有 100 Gbit/s 的峰值速率,传输时延达到毫秒级,连接数密度达到 10^6 个/km²[1],支持虚拟现实/增强现实(Virtual Reality/Augmented Reality,VR/AR)、无人驾驶、智慧城市等新型业务,移动通信业务从"只闻其声不见其人"扩展为"绘声绘影身临其境"。

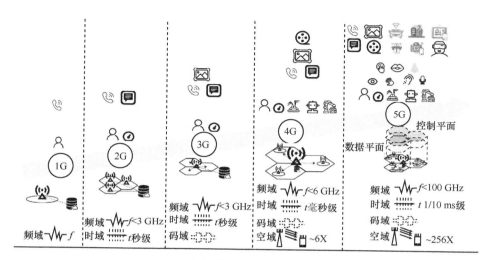

图 3-1　移动通信的五代跃变

（2）服务对象

人是移动通信系统最初的服务对象；机器作为服务对象出现在 2G 时代；到 4G/5G 后，多种家电、智能机器人、传感器及控制器等物连接入网，服务对象从人的通信拓展至人—机—物之间的通信。从数量上看，截至 2019 年第三季度，智能手机签约用户数已达到 62 亿，而物联网的连接规模已达到 107 亿。显然，随着服务对象数量的激增和由人到人—机—物互联的质变，移动通信服务对象也从"人人互联"转变为"万物互联"。

（3）网络架构

网络架构从传统分层结构走向了扁平化；控制方式从集中控制演进到分布式控制；数据传输从承载和控制一体化转变为转发与控制分离；接入方式从大区制走向蜂窝、小区扇区化、分布式动态群小区，并持续演进到异构超密集和无定型组网；数据驱动的边缘去中心化网络架构趋势也已在 5G 时代凸显优势。计算和存储等资源下沉至接入网节点，实现了分布式与集中式协作的边云融合网络。网络能力持续走向开放、虚拟化及软件定义，移动通信的网络架构从"一成不变"转变为"灵活适变"。

（4）承载资源

在香农（Shannon C.E.）理论指导下，承载移动通信的基本物理资源已扩展至频率、时间、码字、空间 4 个维度，以追求系统容量的不断提升。5G 资源的扩展包括天线数目从 4G 的 8 根提高到 5G 的 64 根以上，利用垂直维度的空域自由度，形成水平—垂直的三维 MIMO；系统工作频率扩展到频谱资源丰富的毫米波段，带宽扩大至 1 GHz；调度的最小时间粒度提升至符号级（0.1 ms 级）。移动通信的承载资源从"二维平面"走向"多维空间"。

总体来说，移动通信的每一代虽然在业务形式、服务对象、网络架构和承载资源上都在发生着深刻的变化，但从 1G 到 4G 的发展基本上是围绕提高速率和带宽来演进的，是一条线性的演进路线；而到了 5G 时代，除了继续对速率和带宽有非常大的提升外，还从不同的业务场景出发进行了拓展，包括海量机器类通信和高可靠低时延通信等，可以看到这是一种"面"的发展思路。那么到第六代（6G）移动通信将如何发展呢？我们认为 6G 将是一个立体的发展思路，是从"线"到"面"再到"体"的一个拓展，而不仅仅是某个维度或某个平面的提升，将是在信息速度、信息广度和信息深度上的综合提升。

从通信速度上来说，将从吉比特每秒提高到太比特每秒；从信息广度来说，将从陆地移动通信扩展到陆海空天全方位通信；从信息深度来说，将完善通信智慧，实现从人—机—物再到人—机—物—灵的融合，即智能将成为网络的一部分，人—机—物以及人工智能已经融合为一个统一的智慧体。在 6G 这样一个立体的发展方向上，最核心的内容是用户智能需求将被进一步挖掘和实现。

到目前为止，从 1G 到 5G 的设计都遵循着网络侧和用户侧的松耦合准则。通过技术驱动，用户和网络的基本需求（如用户数据速率、时延、网络频谱效率、能效等）得到了一定的满足。但是受制于技术驱动能力，1G 到 5G 的设计并未涉及更深层次的智能需求。在未来 6G 系统中，网络与用户将被看作一个统一的整体。用户的智能需求将被进一步挖掘和实现，并以此为基准进行技术规划与演进布局。

5G 目标是满足大连接、高带宽和低时延场景下的通信需求。在 5G 演进后期（B5G），陆地、海洋和天空中将存在巨大数量的互联自动化设备，数以亿计的传感器将遍布自然环境和生物体内，基于人工智能（Artificial Intelligence，AI）的各类系统部署于云平台、雾平台中，并将创造数量庞大的新应用。到了 6G 阶段，我们认为，6G 早期阶段将是对 5G 的扩展和深入，以 AI、边缘计算和物联网为基础，实现智能应用与网络的深度融合，实现虚拟现实、全息应用、智能网络等功能。进一步地，在人工智能理论、新兴材料和集成天线等相关技术的驱动下，6G 的长期演进将产生新突破，甚至构建新的虚拟世界[2]。

3.1.2 人、人工智能与 6G

虽然，AI 在 6G 中的应用是大势所趋，但是简单地把 AI 当作 6G 中的一种与移动通信简单叠加的技术是不够的。只有深入挖掘用户的需求，放眼智能、通信与人类未来的相互关系，才能揭示 6G 移动通信的技术趋势和设计思路。以色列历史学家尤瓦尔·赫拉利在《未来简史》[3]中预测了 AI 与人类之间关系的 3 个递进阶段。

（1）第一阶段：AI 是人类的超级助手或"先知（Oracle）"

该阶段的 AI 能够了解与掌握人类的一切心理与生理特征。所谓"先知"，是指在某些领域对主人的了解，甚至会超过主人自己，因此超级助手可为人类提出及时准确的生活与工作建议，如提醒该给朋友买生日礼物了，晚餐前一个小时提醒主人该吃药了，在一个商务会议前根据主人的血压和多巴胺等生物信息判断主人此时的商业决定常常出错并以此对主人提出警告等，但是否接受建议的决定权在人类手中。

（2）第二阶段：AI 演变为人类的超级代理（Agent）

该阶段的 AI 从人类手中接过了部分决定权。当超级助手逐渐赢得人类的信任后，它将部分甚至全权代表人类处理事务，它会在没有人类监督的情况下，自行达成目标。例如，它会直接代表主人与对手进行商务会谈，或者两个主人的超级代理之间进行会谈，又或者在人类婚恋交往过程中，两个超级代理互相比较主人的过往记录并分析两人是否合得来，并替主人做出决定等。需要注意的是，即使超级代理从人类手中接过了部分决定权，它也是需要获得主人的授权后才可以做决定和进行后续处理。

（3）第三阶段：AI 进一步演进为人类的君王（Sovereign）

该阶段的 AI 将成为人类的主人。当人工智能掌握主动权，所知又远远超过人类时，就可以控制人类，而人类的一切行动则听从 AI 的安排。当科技的发展让人类交出权威，并送到非人类的算法手中时，面临的将是更多更复杂的伦理、宗教和人文等方面的问题，留待未来去探索。

基于上述预测，6G 遵循 AI 与人类关系的发展趋势，将达到关系演进的第一阶段，也即 Oracle 阶段。作为 Oracle 阶段的重要实现基础，6G 承载的业务将进一步演化为真实世界和虚拟世界这两个体系。真实世界体系的业务后向兼容 5G 中的 eMBB、mMTC、uRLLC 等典型场景，实现真实世界万物互联的基本需求；虚拟世界体系的业务是对真实世界业务的延伸，与真实世界的各种需求相对应，实现真实世界在虚拟世界的映射。

6G 业务的总体设计框架[2]如图 3-2 所示。

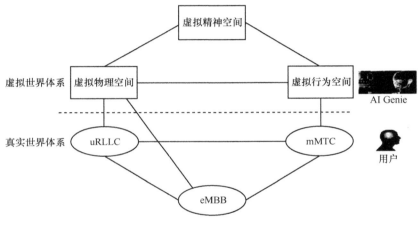

图 3-2　6G 业务的总体设计框架

如图 3-2 所示，在 6G 创造的虚拟世界中，为每个用户构建 AI 助理（AI Assistant，AIA），即图 3-2 中的"灵（Genie）"，通过 AI 助理采集、存储和交互用户的所说、所见、所听、所触和所思。虚拟世界体系使人类用户的各种差异化需求得到了数字化的抽象与表达，并建立每个用户的全方位立体化模拟，类似于形成人体数字孪生，但 AI 助理比数字孪生了解用户自身。

具体而言，虚拟世界体系包括 3 个空间：虚拟物理空间（Virtual Physical Space，VPS）、虚拟行为空间（Virtual Behavior Space，VBS）和虚拟精神空间（Virtual Spiritual Space，VSS）。

（1）VPS

VPS 基于典型场景的实时巨量数据传输，构建真实物理世界（如地理环境、建筑物、道路、车辆、室内结构、人员等）在虚拟世界的镜像，并为海量用户的 AIA 提供信息交互的虚拟数字空间。VPS 中的数据具有实时更新与高精度模拟的特征，可为重大体育活动、重大庆典、抢险救灾、军事行动、仿真电子商务、数字化工厂等应用提供业务支撑。

（2）VBS

VBS 扩展了 5G 的海量机器类通信（mMTC）场景，6G 中将出现更多的生物类传感器，依靠 6G 人机接口与生物传感器网络，VBS 能够实时采集与监控人类用户的身体行为和生理机能，并向 AIA 及时传输身体状态及诊疗数据。AIA 基于对 VBS 提供的数据的分析结果，预测用户的健康状况，并给出及时有效的治疗解决方案。VBS 中的数据同样具有实时更新的特性，同时还具有人类感官的主观性和差异性，其典型应用是精准医疗、智慧养老等。

（3）VSS

基于 VPS、VBS 与业务场景的海量信息交互与解析，可以构建 VSS。随着语义信息理论的发展、人机接口理论的突破以及差异需求感知能力的提升，AIA 除了能够获知环境信息和人类感官信息之外，还将逐渐获取人类的各种心理状态与精神需求信息。这些感知获取的需求不仅包括求职、社交、购物等真实需求，还包括游戏、爱好、情绪等虚拟需求。基于 VSS 捕获的感知需求，AIA 将为真实用户的健康生活与娱乐提供完备的建议和服务。例如，在 6G 网络与技术支撑下，不同用户的 AIA 通过信息交互与协作，可以为用户的择偶与婚恋提供深度咨询，也可以为用户的求职与升迁进行精准分析，还可以帮助用户构建、维护和发展更好的社交关系等。

3.1.3　6G 的第四维元素——"灵"

6G 不仅包含 5G 涉及的人类社会（人）、信息空间（机）、物理世界（物）这 3 个核心元素，还引入了第四维元素——"灵（Genie）"。Genie 存在于图 3-2 中的虚拟世界体系中，不需要人工参与即可实现信息通信和决策制定。Genie 可基于实时采集的大量数据和高效机器学习技术，完成用户意图的获取以及决策的制定。Genie 可作为 6G 用户的智能代理（AIA），提供强大的代理功能。由于不受智能终端的具体物理形态限制，Genie 凌驾于 VPS 并包含 VBS 和 VSS 的完备功能，具备为用户构建个性化、自主沉浸式立体代理的能力。

Genie 存在于人—机—物全方位融合的基础之上，可以感知任意物理空间的实体，包含作为通信与计算节点的物理实体（如具备传输与计算能力的各类智能设备）、建筑、植物等环境实体，以及作为业务应用方的人类实体等。Genie 通过物理空间感知用户与环境的多维度信息，实时构建虚拟行为空间和虚拟精神空间中的用户行为特征、决策偏好模型、用户性格特征等信息。通过与人—机—物的协作，Genie 可为用户提供实时虚拟业务场景，并代理用户实现相应的需求。

6G 应用场景中虚拟现实和虚拟用户将成为常态。在虚拟现实场景中，6G 需要实时感知环境的变化，高效处理海量传感器反馈的数据，并快速完成终端与边缘节点以及云计算中心的信息交换。虚拟用户场景是指借助人工智能、移动计算等技术产生虚拟对象，并通过全网无线接入与传输技术将 Genie 准确地"部署"于真实环境中，为用户提供虚拟世界与真实世界融合的应用场景。即 6G 的应用场景将具有虚实结合、实时交互等全新的网络特点，这将给未来的 6G 网络带来巨大的传输压力。

当前，5G 以行业特色业务为导向，分别解决了 eMBB、uRLLC、mMTC 场景面临的问题。然而，为了支撑未来网络中的第四元素——"灵"，6G 不仅需要兼容并增强 5G 中的三大场景，还要进一步实现三大场景的增强融合，调和不同场景中的业务需求矛盾，实现真实世界和虚拟世界的更深层次的智能通信需求。

3.1.4　"灵"带来的挑战

6G 引入"灵"作为具有智能性的通信对象，通过"灵"与人—机—物的协同，构建物理世界与虚拟世界的融合空间，自主代理用户完成情景感知、目标定向、智能决策、行动控制等，不可见地提供服务，使用户更专注于任务本身。"灵"的运行不再囿于传统控制闭环，而具备智能"意识（Consciousness）"，将对感觉、直觉、情感、意念、理性、感性、探索、学习、合作等主观情绪与活动进行表征、扩展、混合和编译。考虑到 6G 时代人类将更多精力投入探索、认知以及创造性的任务上，"灵"将不仅发挥智能代理作用，还将以用户的"最佳体验"为指引，为用户的认知发展，形成互助互学的意象表达与交互环境，促进人工智能与人类智慧的和谐共生。因此，我们认为 6G 时代的信息交互、处理和实施将引入新的维度，从而将目前 5G 时代的

"通信、计算、控制"的一体化上升至"通信、计算、控制和意识"的一体化[1]。

　　意识的引入，包括感觉、生理、心理等新型信息元素，将与传统信息元素在 6G 网络中交汇融合，达到完美有序的系统运行目标。相应地，6G 网络架构将随着技术演进与社会发展，逐步超越信息通信、群体智能以及人类社会性的未知维度，对未来网络的发展保留可扩展空间，而同时需要交互和处理的信息规模也将呈现几何级数的增长。在人—机—物—灵理念构想的驱动下，移动通信的服务对象、承载资源和网络规模将快速扩展，并引发 6G 网络承载信息的 3 方面挑战：挑战 1，信息密度非均匀增长导致的传播非线性；挑战 2，信息维度增加导致的信息空间高维性；挑战 3，承载服务差异化导致的信息处理复杂性。这三大挑战将导致 6G 网络从信源到信宿出现信息传输瓶颈，如图 3-3 所示。

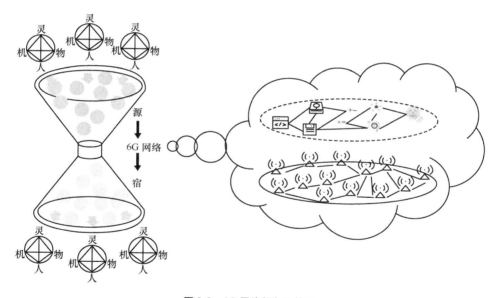

图 3-3　6G 网络的瓶颈效应

（1）挑战 1：信息传播的非线性

　　未来人—机—物—灵存在于全社会的各行各业，带来 6G 网络的业务量和连接数的急剧增长。根据 GSMA 的预测，2017—2025 年，新增的物联网连接数目约为 100 亿个，是同时期新增 5G 连接数目的 7.4 倍。全球物联网连接数与移动业务量预测曲线如图 3-4 所示。从图 3-4 可以看出，全球移动业务的增长速度快于物联网连接数目的增长速度，并且随着时间的推移，平均每条连接所承载的业务也呈现指数增长趋势；另外，全球不同区域的移动业务分布也呈现出非均匀的高速增长变化趋势。信息密度非均匀增长导致信息传播呈现出大范围、高动态的特征。加之单播、多播、广播等数据业务传播方式产生的差异，以及未来全息、全感官等信息的引入，信息传播极易在未来 6G 网络中产生非线性效应，引起信息传播爆炸式增长和信息传播时序错位，增加了网络控制和资源优化利用的难度。

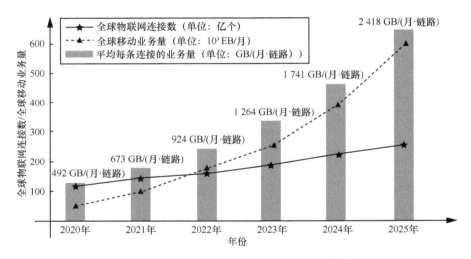

图 3-4　全球物联网连接数与移动业务量预测曲线

（2）挑战 2：信息空间的高维性

信息空间可以从信息承载和信息呈现两个角度表述。信息空间及维度的变化趋势如图 3-5 所示，从图 3-5 可以看出，在移动通信演进过程中，信息空间以及表征信息空间的维度不断增长。1G 至 5G 的信息承载维度所表征的信息空间大于对应时期的信息呈现维度，因此很好地满足了当时的业务需求。6G"灵"的加入，使得信息呈现维度数目与信息承载维度数目相等，并极大扩展了信息空间。与 5G 人—机—物三维组成的信息空间不同，按照人—机—物—灵的理念构想，"灵"通过意识与人—机—物进行通信，具备感知、体验、精神、情绪、探索、定向、情感、经验、知识等的信息表征能力，导致信息空间快速扩张。为了使信息承载空间不小于信息呈现空间，亟须拓展计算、存储等新的维度。新的信息承载维度的加入导致了 6G 网络信息空间的高维特性，引发信息空间暴涨，甚至维度灾难，加剧了表征信息承载空间的难度。

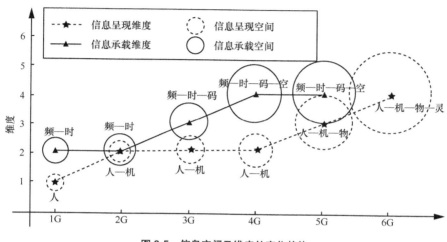

图 3-5 信息空间及维度的变化趋势

（3）挑战 3：信息处理的复杂性

规模扩大、差异化增高、解耦关系难这 3 方面直接导致了 6G 网络信息处理的复杂性。

第一方面是 6G 网络的信息处理规模持续扩大。我国的移动基站数目在 5G 商业化前已经达到 732 万个[4]。随着移动通信使用的频段从毫米波频段扩展至 6G 的太赫兹频段，电磁波损耗随频率升高而增加的属性，将导致基站数目进一步增加。此外，预计在从 2020 年起的 5 年内，物联网设备产生的连接数量将以每年 20% 的速率增加，达到 251 亿个的规模[5]。此外，由于 6G 网络的"灵"与网络中实体节点的对应关系，物理设备节点的规模将远远超出 5G 时代。

第二方面是 6G 网络要支持精细粒度的差异化服务。据 ITU 预测，2025 年全球移动业务量将达到 6.07×10^5 EB/月。得益于 6G 网络在速率、频谱效率、能效、连接能力、时延等方面能力的全面提升，6G 网络将能够支持数据速率敏感业务、时延敏感业务、连接能力敏感业务和定制化信息交互业务等，而且这些需求差异化的业务在 6G 网络中不再是独立出现的，而是相互交织出现或同时出现，极大地增加了信息处理复杂度。

第三方面是 6G 网络内部耦合关系复杂。6G 中"灵"的加入使信息的多种承载维度耦合关系更加紧密。与意识有关的各种交织、学习、聚集与分离在信息空间中传播与扩展，导致信息耦合在更高维的空间，增加了信息解耦的难度。高效的信息处理协议成为保障人—机—物—灵通信对象和谐共存和高维信息空间解耦的关键，计算能力成为解析信息处理协议的核心能力。然而，集成电路中晶体管的尺寸已逼近物理极限，人们无法快速简单地通过集成电路的规模倍增效应满足 6G 对计算能力的需求。如何应对信息处理的复杂性是 6G 网络面临的难题之一。

上述三大挑战表明, 6G 网络是一个不断利用可用的维度拓展信息空间的复杂系统。信息传播的非线性导致传统的网络优化理论失效，难以对未来 6G 网络进行准确分析与预测；信息空间的高维性急剧增加了 6G 网络表征的困难；相应地，6G 网络的信息处理在方法、机理与效果方面，也呈现了高度的动态性与复杂性。为了应对三大挑战，需要在人—机—物—灵融合设计理念下，从支持未来人类社会的需求和愿景的顶层设计出发，借鉴复杂系统的相关理论，设计与优化未来的 6G 网络。

因此 6G 的总体设计思路应是为了实现人—机—物—灵协作的业务场景，满足人类用户精神与物质的全方位需求。下面，将首先展望 6G 业务愿景，通过对 6G 业务愿景的展望，提出对 6G 网络的愿景和需求，最后分析并提出 6G 的能力指标。

| 3.2　6G 业务愿景 |

"4G 改变生活，5G 改变社会"，随着 5G 应用的逐步渗透、科学技术的新突破、新技术与通信技术的深度融合等, 6G 必将衍生出更高层次的新需求，产生全新的应用场景。

3.2.1　全息类业务

全息（Holography）技术是利用干涉和衍射原理记录并再现物体光波波前的一

种技术，该技术可以让从物体发射的衍射光被重现，其位置和大小同之前一样，而且从不同的位置观测物体，其显示也会变化，这种技术被广泛地应用于三维光学成像。全息投影是一种无须佩戴眼镜即可看到立体虚拟影像的 3D 技术。

全息类通信（Holograghy Type Communication，HTC）是以交互方式将全息图像从一个或多个信源传输到一个或多个信宿（目标节点）。可以展望，6G 时代的媒体交互形式将从现在的以平面多媒体为主，发展为以高保真 VR/AR 交互甚至以全息信息交互为主。高保真 VR/AR 将普遍存在，而全息信息交互也可以随时随地进行，从而人们可以在任何时间和任何地点享受完全沉浸式的全息交互体验，这一业务类型称为"全息类业务"。典型的全息类业务有全息视频通信、全息视频会议、全息课堂、远程全息手术等。

全息类业务需要极高的带宽和极低的时延，对通信网络提出了高要求，下面分析全息类业务的特点和对网络的需求。

（1）带宽需求

基于不同 3D 全息应用所使用的特定数据格式，针对是肉眼感知还是通过头戴显示器（Head Mounted Display，HMD）辅助显示，全息通信的带宽要求会有所不同，包括从入门级点云传输的数十兆比特每秒，到高度沉浸式 VR/AR 和光场 3D 场景的吉比特每秒，再到进一步达到正常人体尺寸的真全息图像传输的太比特每秒等。

以一个全息图像传输业务为例，在像素间距为 0.414 μm 的情况下，显示一个 10 cm×10 cm 大小的物体，需要 5.8×10^{10} 个像素。如果刷新率为 30 帧/s，每个像素的位深度采用 8 bit 量化，则经过全息视频编码压缩后所需的数据传输速率为 437.5 Gbit/s，而未经全息视频编码压缩所需的数据传输速率约为 14 Tbit/s，若需要传输正常人体尺寸的真全息图像，则需更高的带宽。

（2）时延需求

超低时延对于真正的全息沉浸式应用至关重要，无论是通过肉眼还是通过 HMD，当物体移动时，时延会造成全息画面出现偏移，使之不在它原本应该出现的位置。假设一个人从转头开始到画面绘制在新的位置上花了较长的时间，画面就会偏移很远，造成全息图像的抖动或者拖影，严重时会造成全息图像的变形。一般来说，大于 20 ms 的时延对于 VR/AR 来说是不可接受的，5~7 ms 是一个理想的临界值。而对于具有更多数据和信息要求的全息交互通信而言，对时延的要求更加苛刻，达到亚毫秒级的要求。

（3）同步需求

为了支持多方全息通信或多主从控制，具有不同地理位置的多条传输路径或数据流应以有限的到达时间差进行同步，不同路径传输图像的不同步，将造成全息图像的扭曲变形、交互的时延和抖动以及景深的不匹配等，从而造成用户眩晕等不好的体验。对于 VR/AR，一般需要十几或几十路传输数据流的同步；而对于真正的全息交互，通常要求数百条传输数据流在毫秒级别进行同步。

（4）计算能力需求

基于全息图像的显示通常需要很高的计算能力才能在计算机生成全息图（Computer-Generated Hologram，CGH）之前合成、渲染或重建 3D 图像。全息通信对算力的高要求和对时延的极低要求需要靠近 3D 数据接收终端的边缘计算技术来支持。

（5）安全性与可靠性需求

对于未来的许多 6G 全息类应用，如远程全息手术等，应保证完全的安全性和可靠性。以远程手术为例，除了手术操作的精确性和敏感性要求外，任何网络中断的处理、攻击者可能的介入、通信过程中的任何丢包或干扰问题等都会影响到手术的成功，从而影响到人类的生命安全，因此对于网络的安全和可靠性有更高的要求。

对比 5G VR/AR 业务和 6G 全息类业务对网络的需求指标，见表 3-1。

表 3-1　5G VR/AR 业务和 6G 全息类业务对网络的需求指标

需求指标	5G VR/AR 业务	6G 全息类业务
峰值速率	20 Gbit/s	1～10 Tbit/s
用户体验速率	100 Mbit/s	1 Gbit/s
时延	5～7 ms	<1 ms
同步数据流	十几条	几百条
抖动	<50 ms	<1 ms
算力	/	高
可靠性	99.9%	99.99%

3.2.2　全感知类业务

全感知通信是指信息将携带更多感官感受，充分调动人类的视觉、听觉、嗅觉、味觉、触觉等功能，实现人—机—物间的全感官交互。

5G 时代，绝大多数业务都只调动了视觉和听觉这两类人类的感官。6G 时代，数字虚拟感知的引入，将调动人类更多的感官，包括视觉、听觉、嗅觉、味觉、触觉五感，甚至包括心情、病痛、习惯、喜好等个体感受。在此基础上，各种与人类生活需求密不可分的服务也将诞生，如远程遥感诊断、远程心理介入、远程手术、沉浸式购物与沉浸式游戏等。另一类与感官相关的业务是远程工业控制类业务，即触觉传感器通过动觉反馈，并伴以触觉控制来帮助操作员控制远程机器。这两类与感官相关的业务称为"全感知类业务"。

下面分析全感知类业务的特点和对网络的需求。

（1）带宽需求

带宽在全感知通信业务中尤为重要。对于很多全感知业务而言，涉及视觉传感技术、体感识别技术、眼球追踪技术、触觉反馈技术等，各种感觉类传感器通过对人体动作的追踪、对周围位置环境的感知，进而对用户形成动作反馈，从而完成用户在视觉、听觉、触觉、嗅觉等方面的全部人体感知体验。当仅存在视觉感知时，信息从传统的 2D 图像到 3D 视频，再到全息图像，视觉馈送的复杂性增加意味着带宽需求的急剧增加，仅高维度视觉感知（如全息影像）的带宽要求即可能达到太比特每秒级别。

若再加上触觉感知，以一个握手感知为例，为感知触觉信息，在触觉手套上面安装了 40×40 个柔性压阻传感器的阵列，基本可以覆盖全手掌。通过该手套可以感知握手或触摸时的压力和温度，假设压力感应的灵敏度为 0.1 kPa，则编码压力信息至少需要 12 位，温度感应的灵敏度为 0.1℃，则编码日常感受温度至少需要 11 位，此外编码作用力方向至少需要 9 位，理想的触觉感受灵敏度以 1 ms 计，即采样频率为 1 kHz，则传送握手触觉信息速率需要 $32 \ bit \times 1 \times 10^3$ 次/s × 1 600（个传感器）≈ 50 Mbit/s。这只是一个简单的感受压力的握手信号，如果考虑更多的触感，如纹理、柔韧度等，带宽要求还会增加。而听觉、视觉、触觉、嗅觉、味觉、感受等更加个性化的多态感官数据的同步传输和融合则需要更高的带宽。

（2）时延需求

低时延对于高精度的感知类业务非常关键。根据测算，人类听觉的反应时间为100 ms，人眼未注意到的最大时延约为 5 ms，一般视觉反应时间为 10 ms，而触觉的反应时间为 1 ms，传输全感官类业务的时延需要满足感官的最低时延需求。而且，为了使操作流畅且令人身临其境，对于触感而言，甚至要求亚毫秒级的端到端等待时间来实现瞬时触觉反馈。

（3）同步需求

人脑对不同的感觉输入有不同的反应时间，如上所述，人类听觉感受响应时间是 100 ms，视觉是 10 ms，而触觉响应时间为 1 ms。当网络时延超出人类感受响应时间时，大脑就能感知到时延，进而影响用户体验。因此，来自混合感官输入的实时反馈（可能来自不同位置）须严格同步。即使满足了超低时延要求，同步也很重要，并且需要比时延短得多。此外，当分配网络资源或计算资源时，不同感官反应的时间差异可能需要区分。同一应用程序往往涉及多个甚至数百个数据流，每个数据流都有自己不同的时延要求，并需最终实现数据的同步。

（4）对业务的感知需求

网络应该能够根据业务数据流的直接相关性和重要性对流进行优先级排序或其他相关处理，即网络应能够感知到业务。以沉浸式多媒体业务为例，不同的沉浸式多媒体业务可能都需要传递视觉、触觉、味觉、嗅觉、听觉等数据，但不同类业务的视觉、触觉、味觉、嗅觉、听觉等数据流的优先级是不同的。例如，对于采购鲜花业务而言，嗅觉数据和视觉数据优先级最高；对于餐馆外卖业务，味觉数据优先级最高；对于虚拟音乐会业务，听觉数据优先级最高等。因此，网络需要能够智能感知到业务，并根据业务的不同需求对不同数据流提供不同优先级的传输服务。

（5）安全性与可靠性需求

网络应保障全感知通信业务数据传输的安全性不受损害，尤其是对于与人类生命、生活健康等相关的感知业务；同时对可靠性的要求同样严格，数据丢失应尽可能少。未来，人类也许会在体内植入一些生物监测装置、仿生器官甚至纳米机器人，以监测人体健康状况或者进行医学治疗等。这些装置对网络有依赖性，必须确保网络的安全与可靠。此外，如何精准获取人类感官世界的各种数据是全感知通信类业务面临的重要挑战之一。6G 网络必须在强安全性和高可靠性的约束下实现感官数据的获取和超高带宽超低时延传输。

对比 5G 多媒体类业务与 6G 全感知类业务对网络的需求指标，见表 3-2。

表 3-2　5G 多媒体类业务与 6G 全感知类业务对网络的需求指标

需求指标	5G 多媒体类业务	6G 全感知类业务
峰值速率	20 Gbit/s	1~10 Tbit/s
人体体验速率	100 Mbit/s	1 Gbit/s
时延	<125 ms	<1 ms
抖动	<50 ms	<1 ms
网络对业务的感知	部分感知	精细感知
算力	/	高
可靠性	99.9%	99.99%

3.2.3　虚实结合类业务

虚实结合是指利用计算机技术基于物理世界生成一个数字化的虚拟世界，物理世界的人和人、人和物、物和物之间可通过数字化世界来传递信息与智能。虚拟世界是物理世界的模拟和预测，是一种多源信息融合的、交互式的三维动态实景和实体行为的系统仿真，可使用户沉浸到该环境中。虚拟世界将精准反映和预测物理世界的真实状态，帮助人类更好地提升生活和生命的质量，提高整个社会生产和治理的效率。

典型的业务示例如数字孪生（Digital Twin，DT），数字孪生是充分利用物理模型、传感器、运行历史数据等信息，集成多学科、多物理量、多尺度、多概率的仿真过程，在虚拟空间中完成映射，从而反映相对应的现实空间中的全生命周期过程。数字孪生目前已经在部分领域应用，主要应用于产品设计、智能制造、医学分析、工程建设等。数字孪生也被普遍认为是未来 6G 的重要应用，并将应用在更广泛的领域，如 AI 助理、智慧城市、虚实结合游戏、身临其境旅游、虚拟演唱会等。这类现实空间与虚拟空间共存且相互映射、相互影响的业务称为"虚实结合类业务"。

下面分析虚实结合类业务的特点和对网络的需求。

（1）带宽需求

虚实结合场景中的虚拟空间及虚拟实体会产生大量数据，如第 3.1 节提到的 AI 助理即一种虚实结合类业务。6G 创造的虚拟世界为每个用户构建 AI 助理，并随着生物科学、材料科学、生物电子医学等交叉学科的进一步发展，通过大量智能传感器对人类的重要器官、神经系统、呼吸系统、肌肉骨骼、情绪状态等进行精确实时的"镜像映射"，从而采集、存储和交互用户的所说、所见、所听、所触、所感和所思。虚拟世界体系使人类用户的各种差异化特征和需求得到了数字化的抽象与表达，并建立每个用户的全方位立体化模拟，构成人体的数字孪生，这样的数据量是巨量的。当虚拟空间内的实体之间，以及虚拟空间与现实空间之间需要进行信息交互时，对网络带宽的需求也是巨量的，需要 1～10 Tbit/s 级别的带宽。

（2）时延需求

虚实结合类业务的数据具有实时更新与高精度模拟的特征，尤其当应用于抢险救灾、军事行动、数字化工厂等应用时，虚拟世界中场景的快速切换，以及虚拟世界与现实世界之间的数据交换需要尽可能快，需要极低的时延来传输数据，部分场景的数据交换时延应降至毫秒级。

（3）移动性需求

现实世界中的物体移动性也体现在虚拟世界中，如汽车、地铁、飞机等具有较高的移动性或群体移动性。当现实世界中的实体处于高速移动环境中时，与虚拟世界中的实体的信息交互，以及虚拟世界内实体之间的信息交互等，也都同样面临着高速移动需求。因此，网络不仅需要支持高速移动性，还需要支持高速移动条件下的同步与低时延。

（4）算力需求

人工智能（AI）技术在虚实结合类业务中将发挥越来越重要的作用。以工业数字孪生为例，通过在虚拟世界中重构物理世界，并且要达到一个动态的重构，实现物理世界和虚拟世界的数据实时互动，同时在虚拟世界中实现快速的预测、决策、优化和反馈，在此过程中，需要不断地进行训练和尝试。再以 AIA 为例，AIA 需要映射现实世界的事物，通过大量的历史数据和经验来了解、学习与掌握人类的心理与生理特征，为人类提出及时准确的生活与工作建议等。这些工作都需要进行巨量的基于人工智能的训练和学习，需要强力的算力支持。

（5）安全性和隐私性需求

由于虚拟世界中的大多数数据都与现实世界中的人类或公共设施相关联，因此虚拟世界中的信息交换必须足够安全以避免攻击，且必须得到充分保护以维护数据隐私；同时虚拟世界的安全性和隐私也会反馈到现实世界中，因此，该类业务对网络的内在安全性和隐私保护机制有非常高的要求。

对比 5G 高带宽类业务和 6G 虚实结合类业务对网络的需求指标，见表 3-3。

表 3-3　5G 高带宽类业务和 6G 虚实结合类业务对网络的需求指标

需求指标	5G 高带宽类业务	6G 虚实结合类业务
峰值速率	20 Gbit/s	1～10 Tbit/s
用户体验速率	100 Mbit/s	1～100 Gbit/s
时延	<125 ms	<1 ms
抖动	<50 ms	<1 ms
移动性	500 km/h	1 000 km/h
算力	/	高
可靠性	99.9%	99.999%

3.2.4　极高可靠性与极低时延类业务

工业精准制造、智能电网控制、智能交通等特殊垂直行业业务由于业务自身的"高精准"要求，对通信网的可靠性、时延和抖动有相对更高的要求，这类业务称为"极高可靠性与极低时延类业务"。

典型业务如"精密仪器自动化制造"，对核心器件的协同控制不光要求超低时延，还要求高精准，也就是说协同控制信息的传递必须恰恰在指定的时隙中到达，迟一点不行，早一点也不行，这实际上对通信的确定性和智能调度提出了高精准要求。再如"全自动驾驶"业务，为了保障绝对的驾驶安全和人身安全，车辆装备不断升级，车载摄像头逐步从单目发展为双目甚至多目摄像，各类探测装置，如光探测和测距、雷达、GPS、声纳、里程计和惯性测量装置等进行同步测量，同时车辆在行进过程中需实时下载动态高精度地图，在这个业务场景中，除了对带宽同样提出了很高的要求外，更重要的是对传输可靠性和时延的要求。

下面分析极高可靠与极低时延类业务的特点和对网络的需求。

（1）带宽需求

通常该类业务（如工业精准制造、智能电网控制等）主要传递的信息是简洁高效的控制类信息，因此该类业务对带宽的需求相对较低，一般不高于 100 Mbit/s。个别业务除外，如全自动驾驶业务，为了更准确地掌握道路及道路周边的实时全景状态，全自动驾驶业务在车辆行进过程中需要实时下载动态高精度地图，这对带宽有较高的要求，需要 1～10 Gbit/s 级别的带宽。

（2）时延需求

极低时延要求是该类业务的重要特点，如工厂自动化和机器控制类业务通常要求亚毫秒到 10 ms 的时延，以满足关键的闭环控制要求。

（3）确定性需求

工业精准控制、智能电网控制、精密仪器自动化制造等类业务对时间确定性有着明确的要求。例如智能电网控制中的继电保护业务要求时延抖动不超过 100 μm；广域远程保护业务要求时延抖动不超过 10 μm，同步要求低于 1 μm；部分精密仪器自动化制造业务为保证产品质量，甚至要求亚微秒级的抖动。业务的精准要求网络传输信息要"不早也不晚"地到达，对网络的确定性指标能力提出极高的要求。

（4）可靠性和安全性需求

极高可靠性是该类业务的重要特点。为避免任何中断或丢包可能产生的风险，该类业务的服务可用性要求通常为 99.999%～99.999 99%。

不同的业务对通信性能有不同的具体要求，以智能电网控制中的继电保护业务为例，远程继电保护的通信性能需求见表 3-4[6]，其中，EHV 为超高压，HV 为高压，MV 为中压。

表 3-4　远程继电保护的通信性能需求

需求指标	模拟比较（差动电流）	命令	远程跳闸系统
方向	双向	双向	单向
报文大小	50～100 bit	少量比特（开/关）	少量比特（开/关）
报文周期性	3～12 次/周期	零星	零星
带宽	9.6～64 kbit/s	<10 kbit/s	<10 kbit/s
时延	3～10 ms	<10 ms	<10 ms
抖动	<100 μs	不要求	不要求
非对称时延	<200 μs	非关键	非关键
时间同步精度	<100 μs	非关键	非关键
误码率	10^{-8}～10^{-6}	<10^{-6}	<10^{-6}
恢复时间	<50 ms	<50 ms	<50 ms
不可用率	10^{-4} 单一系统（HV）；10^{-7}S 双冗余系统（EHV）	10^{-3}～10^{-2}	10^{-4}

此外，智能电网根据传送电压等级的不同，对通信性能指标的需求也不同。广域远程继电保护业务按照电压等级对通信指标的需求见表 3-5[6]。

表 3-5　广域远程继电保护业务按照电压等级对通信指标的需求

需求指标	A 等级	B 等级	C 等级	D 等级
应用场景	EHV	HV	MV	通用
时延	3 ms	10 ms	100 ms	1 000 ms
抖动	10 μs	100 μs	1 ms	10 ms
非对称时延	100 μs	1 ms	10 ms	100 ms
时间同步精度	1 μs	10 μs	100 μs	10～100 ms
误码率	10^{-7}～10^{-6}	10^{-5}～10^{-4}	10^{-3}	/
恢复时间	0	50 ms	5 s	50 s
不可用率	10^{-7}～10^{-6}	10^{-5}～10^{-4}	10^{-3}	/

如表 3-5 所示，EHV、HV、MV 的远程继电保护对通信的时延、抖动、非对称时延、时间同步精度以及误码率等都有不同的要求。

总体而言，从表 3-4 和表 3-5 中数据可知，该类业务对数据带宽要求不高，但对时延、抖动和可靠性要求很高，抖动要求在 100 μs 以下，超高压业务甚至要求在 10 μs 以下，可靠性要求为 99.999 9%甚至 99.999 99%以上。

对比 5G 超高可靠和低时延类业务与 6G 极高可靠性与极低时延类业务对网络的需求指标，见表 3-6。

表 3-6　5G 超高可靠和低时延类业务与 6G 极高可靠性与极低时延类业务对网络的需求指标

需求指标	5G 超高可靠和低时延类业务	6G 极高可靠性与极低时延类业务
峰值速率	1 Gbit/s	10 Gbit/s
端到端时延	3 ms	<1 ms
确定性	/	<100 μs，特殊情况要求<10 μs
同步精度	毫秒级	1～100 μs
可靠性	99.99%	>99.999 9%

3.2.5　大连接类业务

5G 的三大业务场景之一——海量机器类通信（mMTC）实现了对大连接类业务的支持，通过在连接方式上的突破，承担了人与人、人与物、物与物之间海量的联系，形成"万物互联"，每平方千米可支持高达约 10^6（100 万）个连接。随着各类传感器在工业、农林畜牧业、海洋、能源等行业的广泛使用，以及越来越多的生物类或感官类传感器的出现和应用，更多海量实体中将植入各类微型传感器，对连接的需求还会进一步呈指数形式上升。根据相关预测，至 2030 年，全球范围内应支持万亿级别的物联设备。这类对连接数量有较高要求的业务称为"大连接类业务"。

典型的大连接类业务有工业物联网、智慧城市、智慧农业、智慧林业等，该类业务中将密集部署不同类型的传感器，通过实时监测、上报数据实现对相关状态的感知和处理。未来全自动驾驶、智慧养老、全感知类业务等新型业务由于对全方位感知的高要求，也将对连接数提出要求。

下面分析大连接类业务的特点和对网络的需求。

（1）带宽需求

由于所传递的信息一般有明确的定义和要求，因此该类业务对单连接的带宽要求较低。

（2）时延需求

该类业务对时延要求相对较低。个别业务除外，如远程智慧养老业务，为了及时准确掌握老人的身体状态和生命体征信息，当出现特殊情况或指标异常时，要求以极低时延将数据传输到中心系统或指定目的地（如子女处）。

（3）连接需求

高连接性是该类业务的重要特征，预测是 5G 连接数密度需求的 $100\sim1\,000$ 倍，将需要满足 $10^8\sim10^9$ 个/km² 的连接数量需求。

对比 5G 海量机器类通信业务与 6G 大连接类业务对网络的需求指标，见表 3-7。

表 3-7　5G 海量机器类通信业务与 6G 大连接类业务对网络的需求指标

需求指标	5G 海量机器类通信业务	6G 大连接类业务
连接数密度	10^6 个/ km²	$10^8\sim10^{10}$ 个/km²
覆盖范围	陆地为主	陆海空天

3.3　6G 网络愿景

2018 年 7 月 16—27 日，国际电信联盟电信标准化部门（ITU-T）第 13 研究组成立了 ITU-T 2030 网络技术焦点组（FG NET-2030），旨在提出"面向 2030 年及其后未来数字社会和网络的愿景指南"。该焦点组预测了 2030 年及以后的网络能力，届时网络将支持新颖的前瞻性场景，如全息类通信、关键场景下的超快速响应以及新兴的高精度通信等。通过焦点组的研究，希望能够解答哪种网络体系结构和驱动技术将更适合此类前瞻性的应用场景，这项研究被统称为"网络 2030（Network 2030）"。

网络 2030 研究的基本原则是：网络 2030 可以建立在全新的网络体系结构上，可通过从广泛的角度探索新的通信机制来实现前瞻性应用，并不受限于现有网络范例概念或任何特定技术，可以通过与现网完全不同的方式来承载信息。但是基于网络 2030 的系统应确保它们保持完全向后兼容，从而支持现有的和新的应用。

6G 网络可被认为是网络 2030 的一种方式，以下是 ITU-T 2030 网络技术焦点组对网络 2030 的驱动力和愿景的阐述[7]。

3.3.1 网络 2030 的驱动力

综合来看，支撑网络 2030 发展的驱动力主要包括以下几个方面。

（1）工业和机器人自动化

工业和机器人自动化对机器通信的高度依赖是下一次工业革命的核心，通常称为"工业 4.0"。这种类型的机器通信需要非常精细的定时精度，以便实现分布式控制和遥测数据的收集。因此，网络 2030 需要支持极高可靠性、极高定时精度和极低的数据包传输时延。

（2）全息媒体的发展

全息影像、触觉和其他感官数据将提供身临其境和趋近真实的用户体验，提升媒介消费时的体验，促进用户在界限变得越来越模糊的现实世界和虚拟世界之间进行互动。要实现这一点，需要非常巨大的数据吞吐量，以及根据应用的需求在流内部和流之间快速确定数据优先级的能力。这就需要极高吞吐量、极低时延和多方流媒体协调的全息类通信的支撑。

（3）关键应用的需求

一些关键的应用，如自动驾驶车辆、无人驾驶飞机、自动交通控制系统等，需要进行故障保护，以便基础设施可以快速适应和应对突发事件。同样，这些服务对网络安全提出了极高的要求，要确保保持高度的网络安全性和可靠性。此外，这些关键应用通常也需要严格保障数据传输的时延。

（4）不同失真容忍度的需求

可以忍受间歇性或部分数据丢失并仍然正常工作的应用称为失真容忍。虽然许多网络 2030 应用的特点是高精度，但也有其他类别的应用可以在一定程度上容忍失真。因此网络和应用需要新的能力来区分可容忍失真的程度和内容，选择比目前更复杂的方法来处理此类失真，如在基础设施上应用网络编排的能力，或对特定的内容执行优先级和保护等。

3.3.2　网络 2030 愿景

根据"网络 2030 白皮书"[7]，网络 2030 的主要愿景如图 3-6 所示。

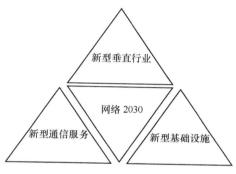

图 3-6　网络 2030 的主要愿景

（1）支持新型应用

网络 2030 将支持 2030 年及以后的数字社会所需的新型应用，如全息媒体应用、数字孪生应用等，网络 2030 将提供丰富的方法以支持这些新型应用。

（2）提供泛在接入

为越来越丰富的接入和边缘网络提供合适的、高性能的互联，不同的接入在时延和容量方面将具有更严格的要求和更多的变化。网络 2030 将容纳这种边缘访问的激增，并通过精简但功能丰富的互联来支持这些日益丰富的泛在接入需求。

（3）确保严格的资源需求

对于某些特殊的垂直行业应用，需要通过严格的资源管控、时间感知和保障服务来驱动。网络 2030 将在现有的互联网尽力而为服务的基础上，面向特殊的垂直行业应用提供超高带宽和严格时间保障的通信服务。

（4）丰富的网络连接

在新的连接技术的驱动下，面向未来的基础设施将支撑更为丰富的网络连接，包括卫星、空间网络以及其他新的公有、私有和终端用户网络等。网络 2030 将在基础架构集成基础上，涵盖更加丰富的网络连接。

3.3.3　网络 2030 服务

网络 2030 预计将出现一些新的网络服务，这将使新的商业模式成为可能，进而推动进一步的基础设施建设和管理需求。

（1）具有精确定时要求的服务

这类服务包括以下几类。

1）触觉类应用，要求端到端的网络时延为 5 ms 或更短。考虑到往返控制，触觉类应用的网络时延可允许在 10 ms 或以下，甚至在某些情况下低至 1 ms。如果不能满足这些要求，不仅用户体验质量会下降，应用本身也可能变得无法使用。

2）特殊行业应用，要求时延必须非常短，如自动驾驶，以避免远程操作和控制时车辆之间出现碰撞等场景。

3）工业和机器人自动化，不仅要求"不超过"时延，而且要求时延是"确定的"，数据包的传输不仅不能超过一定的时延，也不能提前交付，即要求在正好的时间内完成信息传输。

对于这类网络服务，仅仅要求"尽可能短"的时延是不够的，还需要满足量化的确切时延要求。

（2）支持细粒度优先级的服务

这类服务可对选择性丢弃进行细粒度控制，并在需要时对数据进行重传。这类服务通过在非必要时避免端到端重传来最小化端到端时延，可更好地利用新的网络编码方案来增加通信的弹性。

（3）全息类通信服务

全息类通信使网络能够利用全息显示技术来构建高度沉浸式的网络应用。全息类通信需要大量的数据传输作为支撑，这就导致了网络带宽的巨大需求。在实现中，由于用户观察角度的限制，有很大一部分数据或信息将隐藏在视图中，因此可通过巧妙的压缩来减少实际需要传输的全息数据。同时，用户的焦点、位置等会随时发生变化，这就要求网络能够做到快速的数据调整及非常低的端到端时延。

（4）触觉类通信服务

触觉类通信服务围绕触觉（如纹理、振动和温度）和动觉（包括力的感觉，如引力和拉力）数据进行传输。触觉类通信预计将与其他应用领域（如远程健康、在线沉浸式游戏、远程协作等）一起构成工业 4.0 的支柱。触觉类通信强调真正的沉浸式，同全息类通信类似，要求网络能够支持巨大的数据传输和非常低的端到端时延。

3.3.4　网络 2030 新兴特征

网络 2030 还将支撑一系列新兴的网络特征，包括以下几种。

（1）从尽力而为到高精度

当前的互联网基础设施提供的网络服务是建立在"尽力而为"基础上的。但是，未来许多新的应用都有严格的服务标准，服务质量的劣化将导致服务能力的迅速崩溃。因此为了支持新应用，网络 2030 需要超越"尽力而为"，支持"高精度"，即根据严格的服务级别保证提供一致的服务，对于端到端的时延和丢包率有严格的边界。高精度包括在可量化时延方面的高精度、在多个通信信道的不同数据流同步方面的高精度以及在面对拥塞和资源竞争时的行为的高精度等。这种类型的服务称为"及时服务"和"精准服务"，其中，"及时服务"是确保以不超过要求的时延来交付数据包的服务；而"精准服务"是确保数据在特定时间窗口内到达的服务。

（2）从低时延到超低时延

如何控制端到端的时延，实现超低时延传输是目前 IP 网络面临的重要问题之一。未来服务的端到端时延预算将不再以 100 ms 为单位来衡量，而是至少低一个数量级。例如，在精准工业控制、远程医疗、机器人、高保真 VR 游戏、导弹控制等场景，需要端到端时延的精准控制，要求毫秒级的时延和微秒级的抖动。在数据中心、工业物联网等场景，高性能计算、大数据分析和浪涌型 I/O 高并发等技术要求网络满足超低时延的要求。这意味着物理距离成为一个重要的考虑因素，许多新的服务将局限于通信系统位于有限地理半径内的场景。在这种情况下，需要新型网络体系架构来支持，如将内容和计算放在更靠近边缘的位置。

过去的网络体系架构主要是在集中式架构和分布式架构之间进行选择，但由于超低时延的要求，是否以分布式、分散式或集中式方式设计体系架构已不再是简单的选择，而是必须考虑如何避免服务出现长距离请求来满足低时延目标。

（3）空前的规模和范围

智慧城市、物联网、车联网（V2X）等应用都涉及传统网络设施之外的其他基础设施，对于这些应用而言，传统网络被视为服务的一个组成部分。因此，通信服务所包含的范围早已发生了变化，超出了传统的网络范围。网络 2030 将越来越多地涉及其他基础设施，随着网络范围的扩大，需要管理的组件类型、组件数量以及由此产生的连接规模也在不断地扩大。

（4）敏捷性需求持续增长

敏捷性一直是网络发展的关键驱动力，未来网络对敏捷性的需求也会继续增长。定制现有网络或引入新的网络行为和通信服务的需求将超越服务提供商和运营商，向网络服务的用户延伸，使行业从"运营商定义网络"向"用户定义网络"发展。用户定义网络最终将导致用户和应用程序能够定制网络行为，并在现有基础设施基础上引入新的网络功能，而运营商只提供运行和调整用户自定义网络和通信服务的基础设施的能力。

（5）隐私和信任

随着新型服务的普及，物理世界和虚拟世界越来越融合，如何保护隐私和建立信任将成为更加重要的关键问题。隐私保护，以及在通信对等点之间、用户与网络之间建立信任的能力，都需要作为网络 2030 的一个整体和内在特征加以解决，新技术的设计必须确保隐私和安全，即网络 2030 应实现内生安全。

| 3.4　6G 能力愿景 |

基于上述对 6G 业务愿景和网络愿景的分析和展望，对 6G 网络的能力指标做了如下的总结和预测，如图 3-7 所示。

图 3-7 中，从里向外依次表示 LTE、mMTC、uRLLC、eMBB 和 6G 的能力指标，可以看出 mMTC、uRLLC、eMBB 虽然都属于 5G，但它们具有不同的能力，有不同的侧重。最外侧为 6G 能力指标，各方面都有显著的提升。

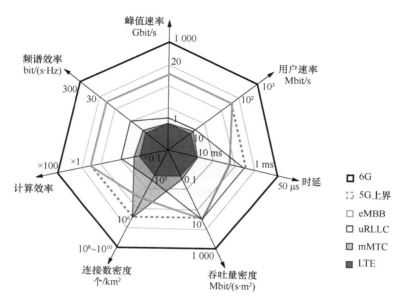

图 3-7　6G 能力愿景蛛网示意

3.4.1　覆盖

随着科学技术的进步和人类探索宇宙需求的不断增长，人类活动空间将进一步扩大，除陆地外，还将向高空、外太空、远洋、深海、岛屿、极地、沙漠等扩展。目前，移动通信网络的覆盖还远远不够，未来 6G 需要构建一张无所不在的空天地海一体化覆盖网络，实现任何人在任何时间、任何地点可与任何人进行任何业务通信或与任何相关物体进行信息交互。

3.4.2　速率

移动通信系统最重要的需求指标是峰值速率，峰值速率是指用户可以获得的最大业务速率，这是从第一代无线移动通信系统开始就一直追求的关键技术指标之一，6G 也必将进一步提升峰值速率。从无线通信系统每 10 年一代的发展规律和对 6G 业务愿景的分析两个角度可知，6G 峰值速率将进入太比特每秒时代。

首先，基于 1G~5G 移动通信系统峰值速率提升的统计规律定量预测 10 年后（2030 年）的峰值速率需求。1G~5G 移动通信系统峰值速率的增长服从指数分布（按照各代系统标准化的时间点计算），预测未来 10 年的发展趋势，可知 2030 年可能达到太比特每秒峰值速率。其次，根据对 6G 业务愿景的分析对 6G 峰值速率进行定性预测。无论是全息类业务、全感知类业务，还是虚实结合类业务，对峰值速率的需求都达到 1 Tbit/s 甚至 10 Tbit/s。

此外，5G 时代首次将用户感知速率作为网络关键性能指标之一。用户感知速率是指单位时间内用户实际获得的 MAC 层用户面数据传送量。实际网络应用中，用户感知速率受到众多因素的影响，如网络覆盖环境、网络负荷、用户规模和分布范围、用户位置、业务应用等因素，一般采用期望平均值和统计方法进行评估分析。5G 系统可以达到的用户实际感知速率最高为 100 Mbit/s，到 6G 时代，用户感知速率将至少提升 10 倍，达到 1 Gbit/s。

3.4.3　时延

时延一般指端到端时延，即从发送端用户发出请求到接收端用户收到数据之间的时间间隔。可采用单程时延（Oneway-Trip Time，OTT）或往返时延（Round-Trip Time，RTT）来测量，OTT 是指发送端发出数据到接收端接收数据之间的间隔，RTT 是指发送端发出数据到发送端收到确认的时间间隔。移动通信网络的时延与网络拓扑结构、网络负荷、业务模型、传输资源、传输技术等因素密切相关。

从 2G 到 4G，移动通信网络的演进以满足人类的视觉和听觉感受为主要诉求，因此时延取决于人类的视觉和听觉的反应时间，据实验统计测算，人类听觉反应时间约为 100 ms，视觉反应时间约为 10 ms，因此，LTE 可支持的最短时延为 10~100 ms。在 5G 时代，由于智能驾驶、工业控制、增强现实等业务应用场景对时延提出了更高的要求，端到端时延要求最低达到了 1 ms。

到 6G 时代，随着触觉、嗅觉、味觉等感官以及情绪、意识等的引入，对时延要求将进一步提高，如人类大脑对触觉的反应时间约为 1 ms。因此对于全感官类业务，对 6G 网络时延的要求为 < 1 ms。此外，对于具有极低时延要求的工业物联网（IIoT）应用（如工业精密制造、智能电网控制）和远程全息手术类应用而言，时延

要求更低。因此 6G 的时延目标为 < 1 ms，以此来支持工业精密制造、智能自动驾驶、远程全息手术等应用。

3.4.4　连接

网络的连接能力采用连接数密度来衡量，连接数密度是指单位面积内可以支持的在线设备总和，是衡量移动网络对终端设备的支持能力的重要指标。

5G 之前，移动通信网络的连接对象主要是用户终端，连接数密度要求为 1 000 个/km²。5G 时代由于存在大量物联网应用需求，要求网络具备超千亿连接的支持能力，满足每平方千米高达约 10^6 个连接的连接数密度指标。

到 6G 时代，由于物联设备的种类和部署范围的进一步扩大，如部署于深地、深海或深空的无人探测器、中高空飞行器、深入恶劣环境的自主机器人、远程遥控的智能机器设备，以及无所不在的各种传感设备等，一方面极大地扩展了通信范围，另一方面也对通信连接提出了更高的要求。与 5G 目前可连接十亿级移动设备的能力相比，6G 将能够灵活有效地连接上万亿级对象。因此，6G 网络将变得极其密集，其容量需求是 5G 网络的 100～1 000 倍，需要支持的连接能力为 10^8～10^{10} 个/km²。

3.4.5　效率

在无线通信系统中，由于可用的频谱资源有限，频谱效率是一种重要的性能指标。频谱效率越高，意味着在一定的频谱资源内可支持的用户数越多，网络运行成本越低。频谱效率（Spectral Efficiency，SE）简称为谱效，又称为频带利用率或链路频谱效率，定义为单位带宽传输频道上每秒可传输的比特数，单位为 bit/(s·Hz)，它是对单位带宽通过的数据量的度量，以此来衡量一种信号传输技术对带宽/频谱资源的使用效率。除链路频谱效率外，无线通信系统的频谱效率还可以通过系统频谱效率来衡量，是指每消耗单位面积单位赫兹能量可以传送的数据量，系统频谱效率的测算方式可包括二维面积频谱效率（单位：bit/(s·Hz·m²)）或三维体积频谱效率（单位：bit/(s·Hz·m³)）。提高频谱效率的方法很多，如采用密集组网、新的多址技术、高效的调制技术、干扰抑制技术、多天线技术、高效的资源调度方法等。

LTE 要求的下行频谱效率为 5 bit/(s·Hz)（即在 20 MHz 带宽上实现 100 Mbit/s 的峰值速率），与 4G 相比，5G 网络通过采用密集组网、高阶调制、动态频谱共享、载波聚合、灵活帧结构、大规模 MIMO 等技术，其理论频谱效率提升了 3 倍。预计 6G 频谱效率将比 5G 再提升 10 倍。

另一种衡量无线通信系统效率的指标为能量效率（Energy Efficiency，EE），简称为能效。能量效率定义为有效信息传输速率（单位：bit/s）与信号发射功率（单位：W）的比值，单位为比特每焦耳（bit/J，或 bit/(s·W)）。能量效率描述了系统消耗单位能量时可以获得的传输比特数，代表了系统对能量资源的利用效率。通过低功率基站、D2D 技术、波束成形、小区休眠、功率控制等技术可以提高系统的能量效率。

频谱效率主要衡量的是系统容量，能量效率主要衡量的是系统成本，这两个指标之间彼此关联又相互矛盾，因为一般来说容量的提高意味着部署更多基站或增加网络内的频谱带宽，成本会随着容量的提高而增长，但成本不能无限地增长，因此需要解决如何在提升整个网络容量的同时降低网络运行成本的矛盾，6G 同样面临着这样的问题。

3.4.6　吞吐量

系统吞吐量可用流量密度指标来衡量，流量密度是指单位面积内的总流量数，衡量移动通信网络在一定区域范围内的数据传输能力。通信系统的流量密度与多种因素相关，如网络拓扑结构、用户分布、业务模型等。

5G 时代需要支持局部热点区域的超高速数据传输，要求数十 Tbit/(s·km²) 或局部 10 Mbit/(s·m²) 的流量密度。6G 对流量密度的要求将是 5G 的 10～100 倍，达到 1 Gbit/(s·m²)。

3.4.7　移动性

移动性是历代移动通信系统重要的性能指标之一，指在满足一定系统性能的前提下，通信双方最大的相对移动速度。在移动环境下，无线通信系统会产生多普勒频移，信道发生变化，从而降低移动通信系统的性能。移动速度越快，多普勒频移越大，对移动通信系统的性能劣化程度越高，同时还会引起频繁的切换，影响系统运行质量。

4G 要求支持的移动性为 250 km/h，5G 系统要求支持高速公路、城市地铁等高速移动场景，同时也需要支持数据采集、工业控制等低速移动或中低速移动场景。因此，5G 移动通信系统的设计需要支持更广泛的移动性，最高可支持的移动速率达到 500 km/h（可支持用户在高铁中保持通畅的通信能力）。

6G 时代对移动性的要求将更高，包括空中高速通信服务。为了给乘客提供飞机上的空中通信服务，4G/5G 时代通信界为此付出了大量努力，但总体而言，目前，飞机上的空中通信服务仍然有很大的提升空间。当前空中通信服务主要有两种模式——地面基站模式和卫星模式。如采用地面基站模式，由于飞机具备移动速度快、跨界幅度大等特点，空中通信服务将面临高机动性、多普勒频移、频繁切换以及基站覆盖范围不够广等带来的挑战。如采用卫星通信模式，空中通信服务质量可以相对得到保障，但是目前卫星通信的成本太高，且最主要的问题是终端不兼容。

因此，6G 在提供空中高速通信服务方面还面临很大的挑战，为支持空中高速通信服务，6G 对移动性的支持应达到 800～1 000 km/h。

3.4.8　计算能力

智能化是 6G 的重要特征，智能是知识和智力的总和，在数字世界中可以表现为"数据+算法+计算能力（简称"算力"）"，其中巨海量数据来自各行各业、各种维度；算法需要通过科学研究来积累；而数据的处理和算法的实现都需要大量计算能力，计算能力是智能化的基础。在以智能化为重要特性的 6G 时代，计算能力将成为 6G 的重要标志性能力指标，因此率先在 6G 中引入计算能力指标。

之前提到，纵观移动通信的发展历程，6G 最核心的内容是用户智能需求将被进一步挖掘和实现，因此引入第四维元素——灵，灵在 6G 的智能化过程中将起决定性的作用。而高效的信息处理是保障人—机—物—灵各通信对象和谐共存和高维信息空间解耦的关键，计算能力则成为信息处理解析的核心能力。

以目前 5G 的计算能力/计算效率为基准，预计 6G 将至少达到目前计算能力的 100 倍，才可能支持 6G 业务对计算能力的要求。计算能力/计算效率的提高一方面通过部署更密集的计算节点，但由于计算节点同样需要占用通信资源，不可能无限制地增加；另一方面通过提高单节点的计算能力，然而，集成电路中晶体管的尺寸已逼近物理极限，人们无法快速简单地通过集成电路的规模倍增效应来满足 6G 计算能力需求，因此如何应对信息处理的复杂性是 6G 网络工程实现面临的难题之一。

| 3.5　6G 网络的演进展望 |

从上述对 6G 业务愿景、网络愿景和能力愿景的展望中看出，与 5G 网络相比，由于代表智慧或意识的"灵"的引入，6G 网络的智能性与泛在性将成为其核心特征。"灵"可驻留于网络任意位置的通信节点或计算节点中，或驻留于用户周边形成的虚拟世界行为空间中，人—机—物接入构成的物理世界行为空间与"灵"驻留的虚拟世界行为空间之间存在自我相关、社交相关和拓扑相关等。由于与人类及社会耦合更紧密，6G 网络将呈现出与现有人类社会、生物群体等复杂系统相似的特性。基于"灵"的 6G 网络概念示意如图 3-8 所示[1]。

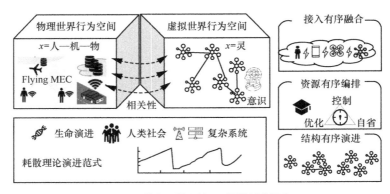

图 3-8　基于"灵"的 6G 网络概念示意

在 1G/2G 时代，由于移动网络中只存在单一语音信息流，整个系统处于低平衡态。随着 3G/4G 的演进，语音业务逐步让位于数据业务，呈现出分叉演化的特征。到 5G 时代，虽然全球统一到一种标准，但引入了 3 种不同的应用场景——eMBB、mMTC 和 uRLLC，也呈现出分叉演化特征。所以，5G 网络最初的运行过程是开放但非平衡的，通过一系列技术演进最终将达到新的平衡态。考虑到 6G 网络包含了人—机—物—灵 4 类通信对象，存在通信对象之间的复杂交互、丰富多样的信息流之间的动态交换等，这些高维信息空间中的动态变化将在一定时间后达到临界阈值，从而使得 6G 网络发生非平衡相变。由此，6G 网络将转变为一种有序结构，在信息空间或状态空间达到高水平的平衡态。简单示意如图 3-9 所示。

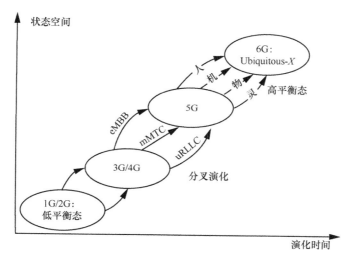

图 3-9　移动通信网络演化平衡态示意

由于引入了第四类通信对象——"灵"，6G 网络将构成人—机—物—灵 4 类通信对象协同通信的复杂系统，信息量剧增，为了应对 6G 的诸多技术挑战，需要在无线接入与网络技术方面进行重大变革，6G 网络演进的三大核心趋势为：接入有序融合、资源有序编排、架构有序演进[1]，分别阐述如下。

3.5.1　接入有序融合

为应对 6G 时代信息传播的非线性挑战，6G 网络应是人—机—物—灵 4 类通信对象在多样场景下有序融合的网络。6G 网络将"灵"承载于频率—时间—码域—空间等物理资源之上，并将多模态数据与多接入方式进行有序融合，以保持 4 类通信对象的信息同步。

6G 网络中，"灵"被承载于现有的物理资源之上，与物理世界的通信对象对等存在，可部署于任意异构终端、边缘节点或网络设备中，以达到"随身而动、随需而变"的个性化通信功能。6G 网络利用人体五感与多种编码技术，将人类的感官输入转换为信息，并将感觉反馈信息再转换为人类可感知的信息，其中包括触觉、听觉、视觉、嗅觉和味觉等多模态数据。同时，基于脑机接口和脑电信号，建立生物脑与电子设备的通信和控制系统，使"灵"具备与人的意识进行信息交互的能力。通过脑机双向信息的感知、解析与融合，达到机器智能与生物智能的互联与协同。在此基础上，通过对感官、情绪和心流等主观感受进行编码、计算与传输，实现"灵"之间意识信息的相互转移、共享与融合。

多感官协调配合是人类大脑感受周围环境和认知事物的一般方式，人类不需要刻意进行处理，各类感官即可默契配合、完美协作，这是因为人类神经和人体器官组成是非常复杂精密的。而对于 6G 网络，源自人—机—物—灵 4 类通信对象的多模态信息在非线性传播的条件下，其信息同步程度将影响人类感官的和谐度，6G 网络需要对此进行精密处理。6G 网络将通过智能化的多接入与多路径传输机制，将人—机—物—灵 4 类通信对象提供的多模态数据，进行接入融合与协同学习，保持信息有序同步。

支持多模态数据有序接入的多路径传输如图 3-10 所示，通过多种接入方法、多路径路由和传输，快速汇聚为部署的边缘计算节点，由其将多模态信息转换为共用语义空间中的向量信息，实现多模态数据的表征。其中，多路径路由和传输要解决多模态数据的乱序问题和同步问题，使其具有平滑性、时间和空间相干性等，便于融合与对齐。

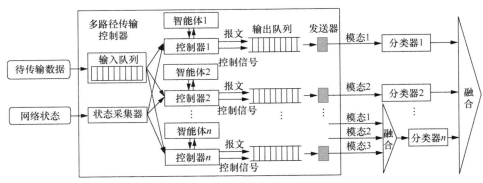

图 3-10　支持多模态数据有序接入的多路径传输

通过"灵"与网络传输设备的有效协作，可利用多智能体深度强化学习方法来设计智能多路径传输和路由。在多路径传输控制协议的基础上，初步实验结果如图 3-11 所示，基于"灵"的多智能体多路径传输方法，与其他多路径传输方法相比，可有效实现吞吐量提升，并降低流量的时延抖动，为多模态数据的有序接入提供了保证。

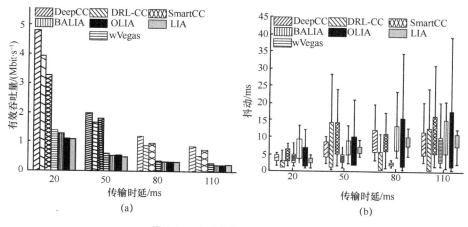

图 3-11　多路径传输方法性能对比

如图 3-11 所示，利用 MPTCP（Multi-Path Transmission Control Protocol）工具，在 CPU 为 Intel i7-8700 3.2 GHz，内存为 32 GB DDR4L 2 666 MHz，操作系统为 64 bit Ubuntu 16.04 的台式机上部署仿真环境。建立 3 条带宽均为 8 Mbit/s、丢包率均为 0.5% 的并行路径，设置传输时延为 20～110 ms，进行传输实验，每次实验重复 60 次。实验对基于多智能体强化学习的多路径传输控制（DeepCC）与两种深度强化学习 DRL-CC、SmartCC 和 4 种启发式多路径传输算法进行了对比分析[1]，结果表明，DeepCC 可大幅提高吞吐量，降低时延抖动。

3.5.2　资源有序编排

为了实现物理世界与虚拟世界融合的 6G 业务，6G 网络需要应对多层次信息高维度资源控制的重要挑战。传统人—机—物以及与人的感官、情感、行为相近的"灵"，构成可全面感知世界的 6G 网络通信对象，其高维度信息空间和差异化资源需要实现精准控制。例如，触觉网络中"灵"参与多维度传感器与用户身体的交互，需通过多模态数据的全面感知和精准控制，才能使用户的手、眼、耳、鼻等感官同时协调参与反馈。每个维度的信息量与传输性能不同，不同类型信息的精准同步，需要网络支持严格时延和极高可靠性要求的精准传输。与此同时，为支持"灵"作为跨接物理空间与人类意图的通信对象，传输节点组织、承载控制、交互管理等网络能力亟待增强，以支持人—机—物—灵的动态协作需求。因此，6G 网络在人—机—物—灵有序接入的基础上，需引入知识定义网络，提供高于人类经验的差异化精准有序的资源编排与控制。

知识是人类从各个途径中获得的经验提升总结与凝练的系统认识，是在实践中认识客观世界的成果，包括事实、信息的描述以及在实践中获得的技能。随着网络、集群系统以及业务数据的大规模增长，作为复杂系统的 6G 网络，难以直接依赖于人类的经验见解和对规律的认知，由人工提取网络相关知识以完成系统的建模、求解和实施等过程，必须借助于自动化、智能化途径来完成。将在 6G 网络中引入一个"知识平面"来完成这一过程，即以互相连接、共享意识的"灵"来构建知识平面，提供有序数据传输和在线学习更新，以代替传统数据中心和大型数据集的学习模式，从而实现连通分散的、碎片化的计算和存储等资源，构筑信息社会基础设施，并向各相关产业提供网络、计算及存储等传统服务以及其他更多具有应用价值的服务。

如何针对复杂不确定的网络环境，设计以"灵"构筑的知识平面是 6G 网络的重要挑战之一。设想包括：通过持续自主学习方式，从人工经验数据中提取组网与管控规律，抽象为通用知识；基于新型网络架构与控制策略，实现以知识定义连接、以知识定义协议、以知识优化策略的闭环，作用于网络的不同层级与不同功能，建立可表达、可计算、可调控的自驱动网络功能，通过知识平面实现资源精准控制与个性化需求。如图 3-12 所示，6G 网络通过全局知识与个性化知识，实现泛在资源的有序编排，支持人—机—物—灵的大规模协同应用。

知识定义网络的难点在于对不可观测的网络状态进行分析，克服网络数据难以获取、数据复用性差等问题。因此设计知识平面，需要使互联的"灵"可从多模态数据中获取可复用的知识，再通过网络管控和与智能应用相关的知识生成与知识更新，利用多任务学习、终身学习、跨领域协同学习和多模态表示学习等，实现网络资源有序编排。

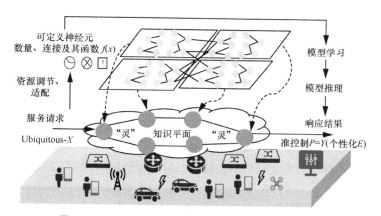

图 3-12　通过知识平面实现资源精准控制与个性化需求

　　以网络资源调度为例，可定义 3 个层次的知识：网络状态知识，包括网络拓扑、链路时延、网络带宽和网络流量特征等；业务状态知识，包括业务需求、业务质量、业务体验等；实践技能知识，包括流量调度策略、资源分配方法、路径选择算法等。通过知识平面的生成式对抗网络（Generative Adversarial Network，GAN）自主学习网络状态知识和业务状态知识，从而为每个用户提供相应的路由策略。基于 GAN 拓扑知识学习的路由性能如图 3-13 所示，与传统方法相比，知识定义网络可快速适应网络拓扑和流量变化，为数据包选择最佳路径。

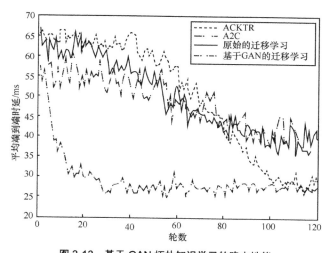

图 3-13　基于 GAN 拓扑知识学习的路由性能

以 Mininet 搭建数据平面,部署于 Intel Xeon E5-2407 v2 @ 2.40 GHz CPU、24 GB DDR3 RAM 内存的服务器上。知识平面的 SDN 控制器和深度强化学习模型部署于 8 核 Intel i7-9700K@3.60 GHz CPU、64 GB DDR4 RAM 内存的服务器上。基于 GAN 的迁移学习路由在新环境中的收敛速度相对于 ACKTR（Actor Critic with Kronecker-Factored Trust Region）和 A2C（Advantage Actor-Critic）分别提高了 8.08 倍和 9.25 倍。算法收敛后数据包平均时延如下：ACKTR 约为 29.06 ms，A2C 约为 40.06 ms，原始的迁移学习算法约为 39.64 ms，基于 GAN 的迁移学习约为 27.83 ms[1]。

3.5.3 架构有序演进

5G 网络支撑面向垂直行业的通信与协同计算,此时人—机—物仍是作为静态的通信对象，网络架构仍有边界确定性问题，可通过网络切片等技术构建不同类型的逻辑网络以满足需求。6G 网络中，具有高移动性和多样性的"灵"动态遍布于多层多域的网络设备中，呈现出复杂性，形成了边界不确定性问题。为此，6G 网络需通过泛在的有序接入、资源的有序编排和动态包容的网络体系架构，实现网络灵活自主聚合、自适应地满足复杂多样的场景及业务需求。

网络通过动态架构的有序演进，实现耗散过程的运行态优化，使其具有复杂系统的自调节和自演进属性。以人和灵为主体的交互行为可通过自协同和连续一致的控制策略，形成网络节点组织与信息流的有序性，进而使网络演进可规划、可预期。6G 网络连接的自组织性源于人—机—物—灵的功能、空间和时间等有序性的构建和配置，多维度信息流的解析优化，人—机—物—灵的协同优化，以及网络节点结构的重构优化。

6G 智能化通信与控制的全网渗透,可在网络各层节点提供面向业务的学习与推理，实现网络架构的有序演进。网络共享生态系统如图 3-14 所示，网络结构从集中式、分布式、自组织、逐渐演进至多层次去中心结构。利用"灵"接入与组网的动态性，根据应用与环境生成不同网络群体。通过将网络设计理论与机器学习方法有机结合，研究开放、动态环境下大规模节点的组织结构、行为模式和角色功能，对网络中多样化群体协作行为进行建模，探索个体贡献汇聚成群体行为的机理和演化规律，突破面向全局目标的智能演进方法。

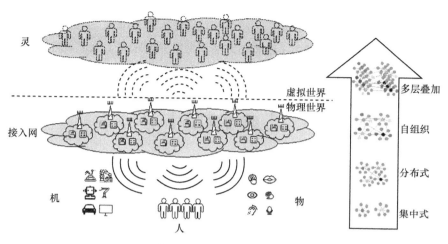

图 3-14　网络共享生态系统

打破现有大规模深度学习依赖于高性能云数据中心的局限，利用遍布全球的网络节点并行学习和训练，设计拥有自学习能力的网络基础设施，实现全网的推理和演化。通过设计支持分布式训练的新型网络控制器，实现联盟学习、节点分组、资源调度等功能，使网络具备自驱动能力。边缘计算节点分布式训练的性能提升如图 3-15所示，在多个 100 Mbit/s 无线带宽网络边缘节点中，采用通用梯度稀疏方法，分布式训练经典卷积神经网络，可明显提升加速比。

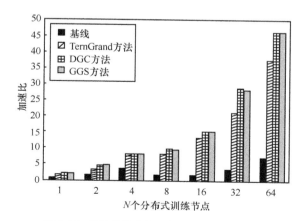

图 3-15　边缘计算节点分布式训练的性能提升

仿真实验比较 1～64 个分布式训练节点，带宽为 10 Mbit/s，分布式训练 AlexNet 网络的加速比。通用梯度稀疏（GGS）方法与深度梯度压缩（DGC）方法，在分布式节点为 64 时，与基线方法相比，可以实现近 46 倍的加速比[1]。

▎参考文献 ▎

[1] 张平, 张建华, 戚琦, 等. Ubiquitous-X：构建未来 6G 网络[J]. 中国科学: 信息科学, 2020(6).

[2] 张平, 牛凯, 田辉, 等. 6G 移动通信技术展望[J]. 通信学报, 2019, 40(1): 141-148.

[3] HARARI Y N. 未来简史[M]. 林俊宏, 译. 北京: 中信出版集团, 2020.

[4] GSMA Intelligence. Global mobile trends what's driving the mobile industry?[Z]. 2018.

[5] 中华人民共和国工业和信息化部. 2019 年上半年通信业经济运行情况[Z]. 2019.

[6] IEC. Communication networks and systems for power utility automation-part 90-12: wide area network engineering guidelines: TR61850-90-12[S]. 2015.

[7] FG-NET-2030. Network 2030-a blueprint of technology, applications and market drivers towards the year 2030 and beyond[R]. 2020.

第 4 章

6G 网络架构及需求

基于第 3 章阐述的 6G 总体设计思路以及 6G 业务愿景、网络愿景和能力愿景，本章提出了 6G 网络架构及对网络的需求。为满足 6G 在信息速度、覆盖广度和智能深度上的需求，首先需要解决面向人—机—物—灵融合的网络体系架构问题。一方面是空天地海一体化网络的全覆盖式和全频谱式发展；另一方面是通信与计算的融合式发展，在此过程中有很多新型的网络体系架构值得探讨。

| 4.1 空天地海一体化通信 |

4.1.1 概述

空天地海一体化通信的目标是扩展通信的覆盖广度和深度，即在传统蜂窝网络的基础上分别与卫星通信和深海远洋通信（水下通信）深度融合。空天地海一体化网络是以地面网络为基础、以空间网络为延伸，覆盖太空、空中、陆地、海洋等自然空间，为天基（卫星通信网络）、空基（飞机、热气球、无人机（UAV）等通信网络）、陆基（地面蜂窝网络）、海基（海洋水下无线通信及近海沿岸无线网络）等各类用户的活动提供信息保障的基础设施。

本节将分别探讨卫星通信、UAV 通信、海洋通信以及一体化通信。

4.1.2 卫星通信

4.1.2.1 卫星通信系统的组成

陆地移动通信要实现远距离通信和广域覆盖，需要部署大量通信基础设施，但仍有很多边远地区、崇山峻岭、海洋覆盖等区域无法部署通信基础设施，卫星通信网络可以有效扩展地面通信网络，可极大限度地解决地面基站覆盖的难题，为用户提供无缝的无线覆盖，是实现全球无缝覆盖的重要组成部分。

卫星通信是指人们利用人造地球卫星作为中继站转发或发射无线电信号，从而实现在两个或多个地球站之间的通信。卫星通信系统包括空间段、地面段和用户段3 个部分。

1）空间段由空间轨道中运行的通信卫星构成，是系统的核心，根据卫星轨道的高度，可以分为低轨道（LEO）卫星、中轨道（MEO）卫星、高椭圆轨道（HEO）卫星和地球静止轨道（GEO）卫星。

2）地面段由各类地球站组成，地球站是指设置在地球表面（包括地面、海洋或大气层）的无线电通信站，主要完成向卫星发送信号和从卫星接收信号的功能，同时也提供了到地面网络或用户终端的接口，包括固定地球站、便携式地球站和移动地球站 3 类，一般由天线/馈线设备、发射/接收设备、信道终端设备、接口设备及其他辅助设备等组成。

3）用户段由各类用户终端组成，是为用户提供各种服务和应用的载体，包括直接连接到卫星链路的终端或通过地面网络连接到卫星链路的终端等，有手持终端、移动终端、固定终端、计算机等类型。

卫星网络的构成示意如图 4-1 所示。

图 4-1 卫星网络的构成示意

4.1.2.2　卫星通信的特点

与其他通信方式相比较，卫星通信具有以下特点。

（1）无缝覆盖能力强

卫星通信具有广域复杂网络覆盖能力，利用卫星通信，可以不受地理环境、气候条件和时间的限制，建立覆盖全球的通信系统。

（2）通信距离远

卫星通信在远距离通信方面，比微波接力、电缆、光缆、短波通信等都有明显的优势，且费用与通信距离无关。例如，利用地球轨道静止卫星，最大通信距离高达 18 000 km，且建站费用和运行费用不因通信站之间的距离远近、两通信站之间地面上的自然条件恶劣程度而变化，因此通信距离越远，相对的通信成本越低。

（3）通信容量大、质量高

卫星通信使用微波频段（300 MHz～300 GHz），可使用的频带很宽，有近 275 GHz，一般 C 和 Ku 频段的卫星带宽可达 500～800 MHz，而 Ka 频段可达到几个吉赫兹。卫星通信的正常运转率达到 99.8%以上，通信链路稳定，且卫星通信的电波主要在自由空间传播，传输环节少、噪声小、不受地理条件和人为干扰的影响、通信质量高。

（4）广播方式工作

卫星通信以广播方式进行工作，在卫星天线波束覆盖区域内的任何一点都可以设置地球站，这些地球站可共用一颗通信卫星来实现双边或多边通信，易于实现多址通信。

（5）机动灵活性强

一颗在轨卫星，相当于在一定区域内铺设了可以到达任何一点的无数条无形电路，它为通信网络的组成提供了高效率和灵活性。卫星通信地球站的建立不受地理条件的限制，可建在边远地区、岛屿、汽车、飞机和舰艇上，机动性好。同时，卫星通信不仅可以实现陆地上任意两点间的通信，还能实现船与船、船与岸、空中与陆地之间的通信，可以组成一个多方向、多点的立体通信网，并能在短时间内将通信网延伸至新的区域，或使设施遭到破坏的地域迅速恢复通信。

（6）传输时延大

卫星电波传输时延大，一般信息往返有 500～800 ms 的时延，且存在回波干扰，会出现不可忍受的回音，必须加装回音消除器以抑制回波干扰。

（7）静止卫星存在星蚀和日凌中断现象

每年春分和秋分前后各 23 天，每天当卫星星下点（卫星向径与地球表面交点的地心经纬度）进入当地时间午夜前后时，卫星、地球和太阳共处一条直线上，且地球挡住了阳光，此时静止卫星处于地球的阴影区，导致卫星上的太阳能电池无法正常工作，称为星蚀。每年春分和秋分前后，当卫星星下点进入当地时间中午前后时，卫星处于太阳和地球之间，地球站的天线对准卫星的同时，也对准了太阳，这样大量的太阳噪声进入地球站接收设备，导致通信中断，称为日凌中断。这两种现象会中断和影响卫星通信，需要采取相应的措施。

4.1.2.3　6G 对卫星通信的需求与挑战

在未来的 B5G/6G 网络中，卫星通信将成为在海洋和偏远地区扩展覆盖范围的有效手段，高质量的卫星通信系统不仅将成为陆地移动通信系统的有力补充，还将成为未来空天地海一体化通信中的重要组成部分。面对未来 B5G/6G 对网络和业务的极高需求和挑战，卫星通信将在下述方向展开进一步的研究。

（1）高、中、低轨星座立体化覆盖

B5G/6G 愿景对移动通信的广度、速度和时延都有不同程度的需求。虽然陆地通信网高度发达，但其地域覆盖能力非常有限，要实现全球覆盖，还需要不同高度轨道的卫星网络来支持。例如，地球静止轨道（GEO）卫星可以服务机载和海事通信，非静止轨道（NGSO）卫星可以服务 IP 网和基站中继、低时延物联网类应用需求。

为支持未来应用的超高带宽、超高速率需求，高通量卫星（High Throughput Satellite，HTS）已成为卫星通信行业的研究热点。HTS 是指使用相同带宽的频率资源，而数据吞吐量是传统通信卫星数倍甚至数十倍的通信卫星，可实现通信容量达数百吉比特每秒甚至太比特每秒量级。HTS 能大幅降低每比特成本，可以经济、便利地实现各种新应用。目前 GEO 通信卫星已逐渐步入高通量时代，而中、低轨通信卫星也向着大容量、高速率方向发展。

高、中、低轨各种卫星通信网与多种地面业务传输网将进一步互联互通，成为地面业务通信网不可或缺的补充和延伸，并将与地面通信网一起组成全球无缝覆盖的空天地海立体通信网。

（2）提高频谱利用率

频谱资源匮乏是目前移动通信面临的主要问题，也是建设卫星通信网的基本现状。目前适合卫星通信的 UHF（300 MHz～1 GHz）、L（1～2 GHz）、S（2～4 GHz）、C（4～8 GHz）、X（8～12 GHz）、Ku（12～18 GHz）、K（18～27 GHz）和 Ka（26.5～40 GHz）频段已趋于紧张，部分低轨卫星通信系统（如美国的 OneWeb、Starlink 等）已在第二阶段布局了 Q（30～50 GHz）、V（50～75 GHz）、W（75～110 GHz）等毫米波频段。对于高通量通信卫星而言，频率是影响其吞吐量的重要因素，高通量通信卫星可工作于 Ku 或 Ka 频段，目前大多数工作于 Ka 频段。

随着频率资源的日趋紧张，未来 6G 移动通信网络中卫星系统工作频段将向着更高频段开发，太赫兹频段和激光频段成为候选频段。太赫兹波是指频率为 0.1～10 THz（波长为 30～3 000 μm）的电磁波，目前国际上已开放 95 GHz～3 THz 频段供 6G 实验使用，是未来 6G 移动通信的可选频段[1]，卫星系统选用太赫兹频段可实现与陆地移动通信系统的一体化设计。激光通信是利用激光传输信息的一种通信方式。激光卫星通信技术可将光功率集中在非常窄的光束中，相当于在卫星与卫星、卫星与地面之间开通了无形的高速光缆，使通信带宽显著增加，卫星的尺寸、重量、功耗可明显降低，同时还可大大减小各卫星通信链路间的电磁干扰，有利于增强卫星通信的保密性。激光通信技术已日渐成熟，目前已在多颗卫星搭载试验，是卫星系统实现宽带高速通信的有效手段。

此外，在移动通信系统与卫星通信系统之间动态共享频率资源将极大地提高两类系统的频率资源利用率，在未来空天地海一体化系统中可以采用认知无线电等技术实现频率资源的共享。

（3）星际组网与新型路由协议设计

星际链路（Inter-Satellite Link，ISL）是指卫星之间通信的链路。通过星际链路把多颗卫星互联在一起，每颗卫星都成为空间通信网络中的一个节点，以此形成一个以卫星为交换节点的空间通信网络，使通信信号不依赖于地面通信网络进行传输，从而提高空间通信网络的传输效率和系统的独立性。通过星际链路，卫星可以实现独立组网，从而不依赖地面网络提供通信服务，同时也可以在一定程度上解决地面蜂窝网的漫游问题。

在面向 6G 的空间通信网络中，卫星间将建立更加广泛和全面的连接，包括不同轨道面之间、同一轨道面之内的卫星之间等，都将建立高速的星际链路，多层卫星系统将在空中建立一张与地面系统规模相当的空间通信网络，既可以独立存在，又可以与地面网络相互融合，真正实现空天地一体化发展。

多层卫星网络构成的空间通信网络的组网架构设计、高中低轨各层卫星星座设计、不同类型的星际链路设计、空间通信网络新型寻址以及路由协议的设计等是空间通信网络的研究重点。除此之外，星地组网架构、星地链路、星地通信协议的设计同样也是空间通信网络的研究重点。

（4）无线通信物理层技术

与卫星通信相关的物理层技术主要包括信道建模、天线技术、一体化通信等。

卫星信道的准确建模对于卫星通信网络的物理层传输设计至关重要。由于卫星无线信道传播与地面传播环境不同，其通常表现出独特的传播特性，如电离层/对流层影响、视距传播特性、低秩特性、长传播时延等。随着卫星通信向毫米波/太赫兹/激光等更高频段发展，高频电磁波/激光的新特性对卫星信道的影响需要进一步研究和表征，卫星信道建模理论及测量理论是重点研究方向。

为满足 6G 移动通信网络接入的高速率和高灵活性等需求，未来卫星天线将向多频点多波束相控阵天线发展，每颗卫星可形成上百个点波束，每个点波束的覆盖范围较小，可根据任务需求在卫星对地视场内自由移动[1]。波束宽度大幅缩小，可极大地提高通信天线增益；波束覆盖范围的缩小，可增加波束间的空间隔离度，系统可根据用户位置，单独调整卫星天线指向，为特定用户建立通信连接，从而极大地增加频率复用次数，提高系统容量和通信速率。虽然目前相控阵天线技术已经很成熟，但当卫星通信工作于太赫兹频段时，星载太赫兹相控阵天线仍有很多技术问题亟待解决。

为增强频谱效率和能量效率，大规模 MIMO 技术也可被引入卫星通信网络中，但由于天线的大小、重量、成本、功耗、馈线链路限制等问题，大规模 MIMO 在卫星通信网络中的应用还具有较大的挑战性。

通信、导航、遥感 3 种载荷相互配合可极大地提高系统整体效能[1]。导航为通信提供精准的用户位置信息，方便用户随遇接入；遥感为通信提供频率使用和干扰信息，方便系统动态调整频率的使用；通信为导航、遥感提供数据传输通道，方便系统管理和信息传输。因此，为了提高卫星系统效能，通信导航遥感一体化通信技术也是目前和未来的研究热点。

（5）增强的星上处理技术

随着软件定义网络（Software Defined Network, SDN）、软件定义无线电（Software Defined Radio, SDR）等技术的发展，软件化、云化和开源化等也将成为未来卫星通信星上处理技术的发展趋势，未来星上处理技术将得到极大的增强。在空间通信系统的统一组网架构下，在云计算和边缘计算技术的支持下，每一颗卫星都将是一个处理节点，都具有星上信号再生处理、路由交换、管理控制、信息存储和应用服务等功能，系统在满足随时接入、按需服务以及 QoS 保障等前提下，可以实现跨网元、跨区域的存储和计算能力的分发与调度，全面提高系统性能。

我国在 2018 年 11 月 20 日发射了国内第一颗软件定义卫星——"天智一号"，软件定义卫星是以天基先进计算机平台和星载通用操作环境为核心、采用开放系统架构、支持有效载荷即插即用、通过"航天应用商店"实现应用软件按需加载、系统功能按需重构的新一代卫星系统，具有强大的星上计算能力，能够完成多种不同的空间任务，可被众多用户共享使用，为更多用户提供服务。"需求可定义、硬件可重组、软件可升级、功能可重构"的软件定义卫星为未来天地一体化信息网络的建立提供了基础。

（6）人工智能的应用

6G 网络是人—机—物—灵融合的网络，智能化是 6G 网络的内在特征，面向 6G 的卫星通信系统也将以智能化作为其发展的基础。卫星通信的智能化主要表现在卫星网络的自组织和网络自管理等方面。

未来的卫星通信网络将是一个自治系统，能够自主学习、预测和处理，能够自主调整拓扑结构。尤其对于低轨卫星通信系统，可具备自主动态组网能力，即低轨星座系统根据用户、馈电、星间链路的实时变化，基于人工智能技术，自主保持各低轨卫星间的相对位置，自动更新维护网络拓扑，自主维护卫星轨道姿态，并根据资源使用和干扰情况进行协商调度和干扰控制。

基于人工智能技术实现卫星网络的自管理和自优化，包括基于人工智能技术实现星际链路和星地链路的动态连接、路由选择、负载均衡、干扰协调；基于云计算和边缘计算实现不同卫星节点之间计算存储的协同处理和分发；基于人工智能和意图网络实现网络规划、资源柔性调度等以满足用户的 QoS 保障需求。

综上所述，卫星通信是 6G 移动通信网络中的重要组成部分，是实现空天地海一体化通信的关键环节。未来卫星通信系统将与地面移动通信系统进行深度融合，朝着立体化覆盖、高通量、软件化、智能化方向发展。

4.1.3　UAV 通信

4.1.3.1　UAV 通信概述

无人机（Unmanned Aerial Vehicle，UAV）是由电子设备自动控制飞行过程而无须驾驶员的一种飞行装置。近年来，随着应用需求的快速增长和多样化发展，无人机市场规模增速显著，应用场景不断拓展，逐渐向各行各业渗透，在空中基站、物流、搜救、监控、巡检、农业植保、气象检测等领域发挥着越来越重要的作用。

无人机可从不同角度进行分类：从机翼角度，无人机可分为固定翼无人机和旋转翼无人机，固定翼无人机可在空中持续高速飞行，不能悬停，旋转翼无人机可在空中低速盘旋飞行或悬停；根据不同的飞行高度，无人机可分为低空平台（Low Altitude Platform，LAP）无人机和高空平台（High Altitude Platform，HAP）无人机，LAP 无人机的最大海拔高度为 1 000 m，HAP 无人机则可高达 17 km。

由于无人机具有灵活性、移动性和部署高度适应性等特点，被认为是未来无线网络中必不可少的组成部分。目前无人机通信的应用主要有以下 3 个方向。

（1）无人机作为空中基站提供无缝覆盖

无人机可作为空中基站辅助地面无线通信基础设施提供无缝覆盖，一般有两种场景：一种是针对灾后快速恢复通信服务的应急救援通信覆盖场景，与卫星通信相比，在灾后应急救援方面，无人机具有更低的成本、更低的时延和更好的信噪比；

另一种是针对高热点业务区域的容量补偿场景[2-3]，与地面应急通信保障车相比，无人机的广域覆盖能力、快速部署能力以及对时空通信需求的快速响应能力更优。这两个场景是目前无人机最具有应用价值的业务场景。这一方向的主要研究内容包括无人机作为空中基站的覆盖模型、空对地信道模型以及空中基站部署、能效最大化、数据卸载、吞吐量优化等。

（2）无人机作为移动中继提供通信连接

传统的中继是固定的静态中继，固定中继不适用于临时突发的数据传输情况，如大规模灾害发生，或者军事行动中突然有大批量数据传输需求，又或者在长距离场景下需要临时传输数据到远程基站。在这种情况下，无人机可作为移动中继为用户之间提供无线通信连接。比如在灾害发生，现有的有线或无线通信网络被破坏的情况下，利用多旋翼无人机可迅速建立起新的通信系统，以最快的速度与灾区取得联系，保障救援工作的顺利进行。这一方向的主要研究内容包括移动中继辅助增强网络的链路可靠性研究、空对空信道模型、数据传输时延优化、资源分配、吞吐量优化等。

（3）无人机作为信息采集和传播设备

无人机的移动性和灵活性特别适合于信息采集和数据传播，尤其在遥测遥感和物联网应用方面，如偏远地区视频图像数据的采集和传送，利用增强现实（Augmented Reality，AR）或虚拟现实（Virtual Reality，VR）眼镜实时观看偏远地区的图像，以及电力石油林业防火检测、长距离交通道路巡检、大范围无线传感器网络数据采集分发等。这一方向的主要研究内容包括数据传输优化、吞吐量优化、能耗、链路可靠性等。

4.1.3.2　6G 对 UAV 通信的需求与挑战

无人机通信系统的关键是确保无人机与基站之间大容量、低时延和高可靠的双向无线通信。现有的无人机通信解决方案主要是依赖非授权频段上的点对点通信，具有传输速率低、不可靠、不安全、难以统一监管、易受干扰、活动范围有限等缺陷，因此无人机通信对未来 B5G/6G 网络的超高速、超高可靠性、超低时延的新兴应用需求的支持度有限，但是对于应急通信、智能巡检、特殊区域信息采集和传播等应用具有得天独厚的优势。

为支持 B5G/6G，未来在无人机通信方面的研究方向可包括以下几种。

（1）新型传输技术

当无人机未来工作在毫米波频段或者太赫兹频段时，需要研究与环境相适应的复杂信道模型，如不同的频段、高度、湿度、温度、恶劣天气条件、障碍物、郊区和城市等环境下的信道模型；研究新型多址技术以支持未来大连接的物联网应用需求；研究高速移动状态下的业务接入和碰撞避免机制；研究无人机干扰控制技术等。

（2）动态部署及轨迹控制

无人机或无人机群的动态部署及轨迹控制是无人机灵活性的具体体现，而无人机的高度移动性也导致了无人机通信网络拓扑的高动态变化，需要研究应用深度机器学习方法来对用户或目标的移动性以及相应区域的业务负载等进行预测，从而动态优化无人机的部署和运行轨迹。

（3）无人机能耗

当无人机用作空中基站或移动中继时，能量不足将导致网络节点出现故障，从而影响网络全覆盖能力；同时，无人机的大小、重量、功率等有限，极大地限制了无人机的通信性能。因此，对无人机能耗的研究，包括无人机空中充电机制或电池更换方案等，是确保网络连续覆盖和良好通信性能的重要条件。

（4）无人机管控与安全机制

无人机将成为未来 B5G/6G 无线通信系统的一个有机组成部分，对无人机的管控也将成为无线通信网络管控的一部分，包括无人机性能及告警监测、无人机智能优化调度、无人机计算/存储/通信能力的协同管理等。此外，无人机通信还会涉及网络及用户的安全和隐私问题，如窃听和干扰，对此也需要开展相应的研究。

4.1.4　海洋通信

4.1.4.1　概述

海洋覆盖了地球表面的 71%，其面积约为 3.6 亿平方千米，远大于陆地面积。同时，国际海洋运输业是国际贸易中最主要的运输方式，负责运送近 90% 的世界贸易量，保障国际海洋运输过程中的通信畅通和信息服务是海洋通信的基本要求。

此外，油气勘探开发、海洋环境监测、海洋科学考察、海洋渔业、海水养殖等领域的海上作业现代化也需要更多更高效的信息服务能力。但由于海洋环境复杂多变、海上施工困难等，与蓬勃发展的陆地通信相比，海洋通信尚未得到足够的重视，其发展远远滞后于陆地通信和需求。

海洋通信包括海上通信和水下通信，其组成示意如图 4-2 所示。

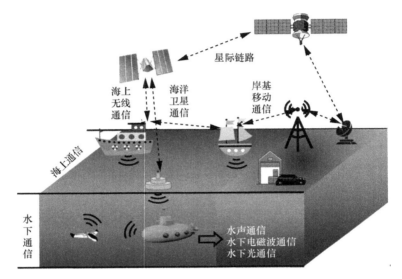

图 4-2　全球海洋通信组成示意

其中，海上通信主要包括海上无线通信、海洋卫星通信和岸基移动通信；水下通信主要包括水声通信、水下电磁波通信和水下光通信（UnderWater Optical Communication，UWOC），它们共同构成了覆盖全海洋的通信网络，可以保障近海、远海和远洋的船—岸、船—船的日常通信，以及水上、水下各类基本的通信需求。

4.1.4.2　海上通信

随着国际海洋运输业的迅速发展，海上船只数量不断增多，海上运输量急速增长，使得海上安全问题变得越来越重要，而海上通信成为保障海上运输安全的重要手段。为了保障海上航行安全，国际海事组织（International Maritime Organization，IMO）提出了全球海上遇险与安全系统（Global Maritime Distress and Safety System，

GMDSS）。该系统是用于海上遇险、安全和日常通信的综合性海洋通信系统，具有以下通信功能。

（1）遇险报警

向能提供协调援助的单位迅速成功地报告遇难事件，这类单位是救援协调中心（Rescue Coordination Center，RCC）或是在事故地点附近的船舶等。遇险报警时应指出遇难船舶的标识、地理位置、事故的性质和其他可能有利于救助行动的信息。遇险报警有船到岸、船到船和岸到船3个方面，通常以卫星和海面两种方式传送。

（2）搜救协调通信

搜救协调通信指在遇险报警之后，继续协调参加搜救行动的飞机和船舶进行必要的通信，包括RCC和遇险事件海区任何"现场指挥者"（OSC）或"海面搜寻协调人"（CSS）之间的通信等。这类通信通常使用无线电话和直接印字电报进行。

（3）救助现场通信

救助现场通信是遇险船舶与现场救助单位之间的通信联系，通常使用无线电话或直接印字电报，在中频或甚高频指定用于遇险和安全通信的频率上通信。

（4）海上安全定位

海上安全定位是寻找遇险船舶/飞机或其救生艇（筏）或幸存者的信号，由遇险船只和它的幸存者用9 GHz的搜救雷达应答器完成。当搜救单位的9 GHz雷达收到搜救雷达应答器的询问信号时，则可显示出遇险船只和幸存者的位置。

GMDSS按照通信的覆盖范围不同可将全球海洋分为以下4个区域。

（1）A1海区

A1海区是指至少由一个具有连续数字选择呼叫（Digital Selective Calling，DSC）报警能力的甚高频岸台的无线电话所覆盖的区域。DSC系统是指可与指定的船舶建立通信联络，并能使指定的船舶电台知道有另一个电台准备与其进行通信的一种自动呼叫系统。

（2）A2海区

A2海区是指除A1海区以外，至少由一个具有连续DSC报警能力的中频岸台的无线电话所覆盖的区域。

（3）A3 海区

A3 海区是指除 A1 和 A2 海区以外，由具有连续报警能力的国际移动卫星组织（INMARSAT）静止卫星所覆盖的区域。

（4）A4 海区

A4 海区是指除 A1、A2 和 A3 海区以外的区域。

GMDSS 是目前最主要的海上通信系统，下面以 GMDSS 为例介绍海上通信技术。

4.1.4.2.1　海上无线通信系统

海上无线通信系统能提供中远距离通信覆盖。目前世界上典型的海上无线通信系统包括中频的 NAVTEX、高频的 PACTOR 系统、甚高频的船舶自动识别系统（Automatic Identification System，AIS）等[3]。

（1）NAVTEX 系统与 NAVDAT 系统

NAVTEX 系统是一个中频海事安全信息直印服务系统，工作在 A1 和 A2 海区，为离岸 370 km 距离以内的海上用户提供服务并直接打印气象预警信息、紧急海事通告、导航数据等。NAVTEX 系统由信息提供和协调部门、NAVTEX 发射台和 NAVTEX 接收机 3 个部分组成。

1）信息提供和协调部门：负责提供海上安全信息并进行播发协调，包括航行警告、遇险及搜救信息、气象及冰矿信息等。这些信息经过协调机构协调一致后送到 NAVTEX 发射台发送。

2）NAVTEX 发射台：由若干岸基台链组成，在规定频率（518 kHz）上定时播发海上安全信息（Maritime Safety Information，MSI）。

3）NAVTEX 接收机：用来自动接收、选择、存储并打印发射台播发的 MSI 等有关信息。

NAVTEX 系统采用移频键控调制方式，在 518 kHz 频段广播英文信息，在 490 kHz 频段广播其他语言信息。在 NAVTEX 业务中采用极重要、重要和常规 3 种信息优先级来决定警告的首播时间，其中极重要信息需要收到立即转发；重要信息在下一个可用时间间隙内发送；常规信息正常发送。

NAVTEX 系统使用简单直接的窄带直印服务方式，成本较低，得到了较为广泛的应用，但无法提供其他业务信息，也不能获取用户的即时信息。为了改善系统性能，在此基础上，研制了新一代海上数字广播系统——NAVDAT 系统。

NAVDAT 系统是新一代数字化海上安全信息播发系统，工作于 495～505 kHz 频段，近海覆盖范围达到 400 海里（约 740.8 km），数据传输速率可达 12～18 kbit/s，远高于现有的 NAVTEX 系统，约为 NAVTEX 系统传输速率的 300 倍，可以传输文本、图片、图表、影像和电子海图等信息，能够进一步满足沿海不断增长的数据要求。

在技术上，由于集成了船舶位置和水上移动识别码（MMSI），NAVDAT 支持一般性广播、区域性广播和选择性广播等多种播发方式，并在需要时可实现对授权用户的加密广播。此外，NAVDAT 采用与 NAVTEX 类似的时隙分配方式，可重用现有的 NAVTEX 系统基础设施，并支持通过数字接口进行扩展，对 GMDSS 现代化建设和技术开发提供了良好的开放性。

（2）PACTOR 系统

PACTOR 系统是采用时分双工（TDD）方式接收与发送电子邮件的数字信息系统。2010 年，国际电信联盟无线电通信部门（ITU-R）提出了 3 个用于海上通信的高频无线电系统和数据传输协议，采用正交频分复用（OFDM）技术以提高频谱效率，其中应用广泛的是 PACTOR-Ⅲ协议。基于 PACTOR-Ⅲ协议的网络可以传输任意文件，可替代窄带直接打印服务方式进行日常通信。

PACTOR 也采用移频键控调制方式，系统工作在 A1 和 A2 海区，典型覆盖范围为 4 000～40 000 km，可实现 9.6 kbit/s 和 14.4 kbit/s 的数据传输速率。目前，PACTOR 系统的最新版本 PACTOR-Ⅳ采用自适应信道均衡、信道编码和信源压缩技术，在与 PACTOR-Ⅲ相同的功率与带宽下，可实现其两倍的数据传输速率。但是 PACTOR 系统仍属于窄带通信系统，传输能力弱，且时延较长，无法传输实时业务。

（3）船舶自动识别系统

船舶自动识别系统（Automatic Identification System，AIS）诞生于 20 世纪 90 年代，是一种用于船舶之间以及船舶与岸台之间进行信息交换的系统。其主要功能是配合全球定位系统（GPS）将船舶的识别信息（如船名、呼号、船型、吃水）、位置信息、运行参数和航行状态（如船位、船速、改变航向率及航向）等与船舶航行安全有关的重要信息，通过甚高频数据链路向附近水域的船舶及岸台广播，实现对本海域船舶的识别和监视，使邻近船舶及岸台能及时掌握附近海面所有船舶的信息，并采取必要的避让行动，有效保障船舶航行安全。AIS 的功能有识别船只、协助追踪目标、简化信息交流、提供其他辅助信息以避免碰撞发生等，被广泛应用于船舶监控、海上搜救、船舶避障、航海导航等实时工作场景。

AIS 工作在甚高频（VHF）的 87 和 88 频道，工作频点分别为 161.975 MHz 和 162.025 MHz，工作在 A1 海区，采用 GMSK/FM 调制方式，远海区域信道带宽为 25 kHz，近海区域信道带宽为 12.5 kHz 或 25 kHz，实时数据传输速率为 9.6 kbit/s，通过自组织时分多址接入（SOTDMA）技术进行信息交换。

AIS 由岸基系统和船载设备组成，其中岸基系统包括 AIS 基站和 AIS 中心，并通过各种方式与船舶交通服务（Vessel Traffic Service，VTS）系统相连接，AIS 中心之间也可相互连接进行信息交换，从而可实时获取其他 AIS 中心相应范围内所有船舶的动态。船载设备主要包括一台 VHF 发射机、两台 VHF TDMA 接收机、一台 VHF DSC 接收机、一台内置 GPS 接收机以及 AIS 信息处理器等。

（4）甚高频数据交换系统（VDES）

甚高频数据交换系统是对 AIS 的加强和升级，集成了 AIS、特殊应用报文（ASM）和宽带甚高频数据交换（VDE）3 项功能，通过引入 ASM 和 VDE 来强化船舶通信的数据传输能力，不仅能实现船—船、船—岸间的数据交换，还为未来实现卫星与船舶的远程双向数字通信预留了空间。

VDES 频道范围包括甚高频通道 24、84、25、85、26、86、27 和 28，频段范围包括 157.200～157.325 MHz 和 161.800～161.925 MHz，可以有效缓解现有 AIS 数据通信的压力，为保护船舶航行安全提供有效的辅助手段，同时也将全面提升水上数据通信的能力和频率使用效率。

该系统的优点是在保障 AIS 已有功能应用的基础上，通过 ASM 和 VDE 全面强化船舶通信的数据传输能力。具体来说，VDES 为不同内容和格式的信息划分了专用频谱：与航行安全密切相关的船舶位置和航行状态信息仍保留在 AIS 专用信道下，以减轻该信道的负担，并保证其不被占用；与导航无关的水文气象等非安全类信息由 ASM 承载，并为其配置两个 25 kHz 信道；而其他内容更丰富、格式更灵活的信息则依托 100 kHz 的双频信道，由 VDE 完成传输，这样的通信划分大大提高了船—船和船—岸的数字通信速度。

　　国内外对 VDES 建设均高度重视，VDES 将会在未来航海通信保障中占据非常重要的地位，在保障海上航行安全、实现全球航海信息资源的利用与共享、促进航运事业发展等方面发挥重要作用。

4.1.4.2.2　*海洋卫星通信*

　　由于无线电波传播特性不稳定、海上信道环境复杂多变、传输距离受限等，海上无线通信网络无法为任意海域的用户提供满意的通信服务。相对应地，卫星通信能实现对全球的无缝覆盖，因此海洋卫星通信在海上通信中占有不可替代的地位。

　　在世界范围内，批准纳入 GMDSS 的主要海洋卫星通信系统如下。

　　（1）国际海事卫星系统（INMARSAT）

　　国际海事卫星系统是由国际海事卫星组织运营的全球卫星移动通信系统，于 1982 年正式开始投入运行，由分布在大西洋、印度洋和太平洋上空的 3 颗静止同步高轨道卫星构成，覆盖了几乎整个地球。它通过卫星提供海事救援、安全通信和商业通信等服务，是 GMDSS 卫星业务的服务提供商。随着第四代海事卫星的发展，其技术能力有了显著提高，业务范围也不断扩大，目前已成为集全球海上常规通信、陆地应急遇险、航空安全通信、特殊与战备通信一体的高科技通信卫星系统。但 INMARSAT 的局限性在于不能覆盖南北两极新航线区域。

　　（2）铱星（Iridium）系统

　　铱星系统是由美国铱星公司提供的卫星移动通信系统，由 66 颗分布在 6 个极平面上的低轨道卫星和 13 颗备用卫星组成。铱星系统的通信传播方式首先是空中星与星之间的传播，之后是空中和陆地的传播，因此不存在覆盖盲区，是目前真正实现全球通信覆盖的卫星通信系统。铱星系统提供的安全语音、短脉冲数据和群呼等已作为 GMDSS 的海上移动卫星业务。

　　（3）北斗卫星导航系统（BeiDou Navigation Satellite System，BDS）

　　北斗卫星导航系统是我国自主建设、独立运行的卫星导航系统，可为全球用户提供全天候、全天时、高精度的定位、导航和授时服务，并具备短报文通信能力，定位精度 10 m，测速精度 0.2 m/s，授时精度 10 ns。

　　北斗系统由空间段、地面段和用户段 3 部分组成。

　　1）空间段。北斗系统空间段包含若干地球静止轨道卫星、倾斜地球同步轨道卫星和中圆地球轨道卫星 3 种轨道卫星，组成了混合导航星座。

2）地面段。北斗系统地面段包括主控站、时间同步/注入站和监测站等若干地面站。

3）用户段。北斗系统用户段包括北斗兼容其他卫星导航系统的芯片、模块、天线等基础产品，以及终端产品、应用系统与应用服务等。

（4）SAILOR 船载宽带（Fleet BroadBand，FBB）系统

SAILOR 船载宽带系统是由 Inmarsat 公司提供的新一代应用 INMARSAT 系统的卫星通信设备，能够提供可靠、高速的 IP 通信和常规语音通信。在全球范围内，可同时接入语音和高速数据服务，即用户可以在保持着一条或多条高速数据链路的同时，进行语音通话，且 FBB 提供的数据速率最高可达到 432 kbit/s，是船舶海上数据传输中的重大改进。

（5）低极轨道搜寻救助卫星（COSPAS-SARSAT）系统

低极轨道搜寻救助卫星系统是由加拿大、法国、美国等国联合开发的全球性卫星搜救系统，于 1985 年开始运转，是 GMDSS 的一个重要组成部分，用于陆海空遇险事件的搜救业务，并向全球开放。

COSPAS-SARSAT 系统由示位标、卫星星座和地面分系统组成。

1）示位标：遇险示位标是一台可以完全独立工作的全自动发信机，当用户遇险后，遇险示位标可通过人工触发或自动由遇险时的撞击、水浸而激活，发出 121.5 MHz/406 MHz 的遇险报警信号，经卫星转发后，由遍布全球的本地用户终端（LUT）接收并迅速计算出遇险目标的位置，随后经国际通信网络通知遇险地区的相关搜救部门进行搜救。

2）卫星星座：由近地轨道卫星（LEOSAR）、中轨道卫星（MEOSAR）和静止轨道卫星（GEOSAR）组成。

3）地面分系统：包括本地用户终端和搜救任务控制中心（MCC）两部分。LUT 的作用是跟踪搜救卫星并接收卫星转发下来的遇险示位标信号和数据，然后解码、计算并给出示位标识别码和位置数据，把示位标的报警数据和统计信息发送给相应的 MCC，目前 LUT 已可以把地球的大部分表面覆盖。MCC 的作用是和 LUT 相连接，收集、整理、存储和分类从 LUT 与其他 MCC 送来的数据，并将报警和定位数据分发到相关

的搜救协调中心（RCC）或搜救协调点（SPOC）。

除 GMDSS 要求的报警、搜救等安全功能之外，海洋卫星系统还应用于海洋监视、海洋水色监测、海洋动力环境监测等领域。我国的海洋卫星主要包括海洋一号（HY-1）、海洋二号（HY-2）和海洋三号（HY-3）3 个系列。其中，HY-1 系列卫星主要用于海洋水色环境信息获取，载荷包括海洋水色扫描仪和海岸带成像仪；HY-2 系列卫星主要用于海洋动力环境信息获取，载荷包括微波散射计、微波辐射计、雷达高度计等；HY-3 系列卫星主要用于海洋监视监测，载荷为多极化多模式合成孔径雷达。

4.1.4.2.3　岸基移动通信

由于陆地通信网络具有安全、稳定、容量大、速度快、价格低廉、技术成熟等特点，将蜂窝网、无线城域网（Wireless Metropolitan Area Network，WMAN）、无线局域网（Wireless Local Area Network，WLAN）等成熟的网络技术应用于岸基近海海洋通信是一个很好的组网选择[4]。

岸基移动通信系统主要由近海岸的陆地蜂窝网基站与船只用户构成，我国近海岸、海岛及海上漂浮平台上布置了大量的 2G/3G/4G 基站，为近海船只用户提供语音及数据服务。随着 5G 技术的发展，未来的岸基移动通信系统不仅能为近海船只用户提供稳定可靠的通信服务，而且还能为智慧港口、智慧码头建设等提供有力的技术支撑。

在海上移动通信领域，目前尽管基础设施完备的 4G 公众移动通信网络为我国近海海上用户的高速数据业务提供了一定的便利，但是陆地通信网络最大的不足就是覆盖的沿岸海域范围太小，海洋覆盖永远是岸基移动通信亟待克服的困难。无线城域网、无线局域网等技术的海洋利用，在我国起步较晚且应用不足，导致成效甚微，因此，将陆地通信网络拓展到近海海洋的关键难点是如何扩大其覆盖范围。

4.1.4.3　水下通信

水下通信（Under Water Communication，UWC）一般指水上实体与水下目标（潜艇、无人潜航器、水下观测系统等）之间或水下各目标之间的通信。水下通信在军事中起到了至关重要的作用，同时也是实现海洋观测的关键技术，通过水下通信技术进行海洋观测，可以采集有关海洋学的数据，监测环境污染、气候变化、海底异常地震、火山活动，探查海底目标以及传输远距离图像等。水下区域不但蕴含着丰富的资源，也与人类社会的发展息息相关。随着水下作业的增多，水下通信应用也逐渐增多，主要包括以下几类。

1）为潜水员、无人潜航器（Unmanned Underwater Vehicle，UUV）、水下机器人等水下运动单元之间提供信息交换。

2）为海岸检测、水下节点的数据采集、导航与控制、水下生态保护监测、海洋气候火山监测等传感网应用提供通信支持。

3）为水下传感网、水下潜航单元与水面及陆上控制台或中转平台之间提供信息交换。

水下通信主要采用声波、电磁波和光波等作为信息载体，利用不同形式的载波传输数据、指令、语音、图像等信息。根据承载信息的载体不同，水下通信分为水声通信（Underwater Acoustic Communication，UAC）、电磁波通信和光通信，分别使用声波、电磁波和光波实现信息的传递。电磁波受水文条件影响甚微，使得水下电磁波通信非常稳定，但由于海水对电磁波的吸收严重，电磁波在水下通信距离很短，因此水声通信成为解决水下长距离通信问题的重要手段；但水声通信技术的数据传输速率较低，而水下光通信的最大优势是能提供超过 1 Gbit/s 的数据传输速率，近年来水下传感器网络和海底探测的需求增长，极大地促进了短距离高速率的水下光通信技术的发展。这 3 类水下通信技术具有不同的特性及应用场合，各有优缺点，总结见表 4-1。

表 4-1　3 类水下通信技术的比较

水下通信技术	优点	缺点
水声通信	通信距离长（可达几十千米） 使用最广泛	传输速率低（千比特每秒） 通信时延长 收发器体积大、成本高 安全性较差
水下电磁波通信	可跨水/空气边界平滑过渡 耐水流和耐浊度高 近距离传输速率高（100 Mbit/s）	通信距离短（小于 100 m） 收发器体积大、成本高 安全性好
水下光通信 （蓝绿激光）	传输速率高（可达吉比特每秒） 传输时延低 收发器体积小、成本低	不能跨水/空气边界平滑过渡 水下吸收和散射严重 通信距离较短（可达几百米） 安全性好

4.1.4.3.1　水声通信

水声通信是一项在水下收发信息的技术。该技术最初应用于军事领域，提供水下目标的探测、定位、识别、通信、导航等服务。随着人类海洋活动的增加和对海洋资源利用程度的提高，水声通信技术开始应用于民用领域，为海上科学考察、水下资源探测等活动提供服务。

水声通信的工作原理是首先将文字、语音、图像等信息，通过电发送机转换成电信号，并由编码器将信息数字化处理后，通过发射换能器将电信号转换为声信号，声信号通过水介质（水声信道）将信息传递到接收换能器，由接收换能器将声信号转换为电信号，经解码器将数字信息破译后，电接收机将信息转变成声音、文字及图片等信息。水声通信系统的工作原理示意如图 4-3 所示。

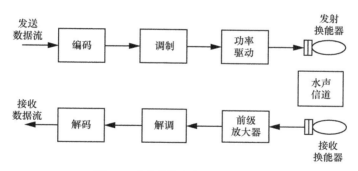

图 4-3　水声通信系统工作原理示意

考虑到海洋的极度宽广和海水对其他传输源（如光波和射频波）的强烈衰减作用，水声通信最吸引人的优点是它可以实现长达几十千米的远距离传输。但它也具有一定的内在技术局限性，水声通信系统的性能受水声信道的影响非常大。水声信道是由海洋及其边界构成的一个非常复杂的介质空间，是最为复杂的无线通信信道之一，其固有的窄带、高噪、强多径、时空频变、时延等特性给水声通信带来了极大的挑战。水声通信的特点包括以下几个方面。

（1）水声信道具有强多径效应

当传输距离大于水深时，同一波束内从不同路径传输的声波，会由于路径长度的差异，产生能量的差异和时延，使信号展宽，导致波形的码间干扰，这是限制数据传输速率并增加误码率的主要因素。多径效应会使水声信号出现拖尾，影响下一码元的幅值而造成码间串扰，多径信道还有频率选择性衰落的特性，是无线通信系统面临的最严峻的问题。

（2）高环境噪声

干扰水声通信的噪声包括沿岸工业、水面作业、水下动力、水生生物等产生的活动噪声，以及海面波浪、波涛拍岸、暴风雨、气泡等带来的自然噪声。这些不同的噪声具有不同的噪声级、占据不同的频率，会严重影响信号的信噪比。

（3）低通信速率和高时延

由于海水对声波信号的吸收衰减随频率的增加呈指数上升，因此水声信号一般使用低频信号，典型频率为 10 Hz～1 MHz。在短距离、无多径效应下的带宽很难超过 50 kHz，即使采用 16QAM 等高阶的多载波调制技术，通信速率也只能达到 1～20 kbit/s，当工作环境复杂时，通信速率一般会低于 1 kbit/s。其次，由于声波在水中的传播速度很慢（对于纯水来说，在 20℃下传播速度约为 1 500 m/s），因此水声链路的通信时延非常严重（通常以秒为单位），不能支持需要实时大容量数据交换的应用。

（4）严重的多普勒和起伏效应

由发送与接收节点间的相对位移产生的多普勒效应会导致载波偏移及信号幅度的降低，与多径效应并发的多普勒展宽将影响信息的解码。此外，海面的随机运动、海底的随机不平整、水体的非均匀性以及水面的波动起伏等，使得水声信道不仅在空间上分布不均匀，而且是随机时变的，水声信号在这样的信道中传播也是随机起伏的，严重影响系统性能。

（5）其他问题

声波几乎无法跨越水与空气的界面进行传播；受温度、盐度等参数影响较大；隐蔽性差；且声波会影响水下生物，尤其会影响到利用声波进行通信和导航的海洋生物，导致生态破坏。此外，声波收发器通常体积大、成本高、耗能大，对于大规模的水下无线传感器网络（Underwater Wireless Sensor Network，UWSN）来说不经济。

由于声波在水中的衰减最小，因此水声通信适用于中长距离的水下无线通信。在目前及将来的一段时间内，水声通信仍将是主要的水下无线通信方式。但由于水下的时空环境复杂，水声通信技术的数据传输速率较低，成为发展水下通信的巨大瓶颈，因此克服水声信道的不利因素、提高带宽利用率是未来水声通信技术的发展方向。未来需要结合 MIMO 技术、新型编码技术、扩频技术等，实现更快的通信速率、更高的通信质量和更完善的水下通信网络。

4.1.4.3.2　水下电磁波通信

电磁波作为常用的信息载体和通信手段，广泛应用于陆上通信、电视、雷达、导航等领域。在第一次世界大战后，电磁波通信开始应用于水下，最初主要用在军用领域，包括甚低频（VLF，3～30 kHz）和超低频（SLF，30～300 Hz）通信。由于电磁波在海水中衰减严重，频率越高衰减越大，VLF 仅能为水下 10～15 m 深度的潜艇提供通信，SLF 可对水下超过 80 m 的潜艇进行指挥通信，但是，SLF 系统的地基天线达几十千米，拖曳天线长度也超过千米，发射功率为兆瓦级，通信速率低于 1 bit/s，无法满足高传输速率需求。因此，水下电磁波通信只能实现短距离通信，不能满足远距离水下组网以及高速率通信要求。

射频（Radio Frequency，RF）是对频率高于 10 kHz、能够辐射到空间的交流变化的高频电磁波的简称。通过采用数字调制解调、信源编码与压缩、数据加密、差错控制编码等技术，使得射频技术应用于浅水近距离通信成为可能。与其他近距离水下通信技术相比，水下射频通信技术具有以下特点。

（1）通信速率较高、时延低

频率高于 10 kHz 的电磁波，其传播速度比声波高 100 倍以上，且随着频率的增加，水下电磁波的传播速率迅速增加，可以实现水下近距离、高速率的无线双工通信。近距离无线射频通信可采用远高于水声通信和甚低频通信的载波频率，如采用 500 kHz 以上的工作频率，配合正交幅度调制（QAM）或多载波调制技术，可实现 100 kbit/s 以上的数据传输速率。

（2）抗噪声能力强

射频通信不受近水水域海浪噪声、工业噪声以及自然光辐射等干扰，也更耐水的湍流和挥浊，在浑浊、低可见度的恶劣水下环境中，水下电磁波通信的优势尤其明显。同时，水下电磁波通信受多径效应和多普勒展宽的影响远远小于水声通信。

（3）界面及障碍物影响小

与光波和声波相比，电磁波可轻易穿透水与空气的分界面，甚至油层与浮冰层，这一特点可以将地面电磁波通信系统和水下电磁波通信系统结合在一起，实现水下与岸上通信。对于随机的自然与人为遮挡，采用电磁波技术可与阴影区内的实体顺利建立通信连接。

（4）系统结构简单

与水下光通信相比，电磁波通信的对准要求相对很低，无须精确的对准与跟踪环节，省去复杂的机械调节与转动单元，因此电磁波通信系统体积小、成本低、功耗低，利于安装与维护。

（5）安全性高

电磁波对于军事上广泛采用的水声对抗干扰是免疫的，且由于电磁波具有较高的水下衰减特性，虽然通信距离短但可提高水下通信的安全性。此外，从生态保护角度来看，电磁波通信对水生生物无影响，有利于生态保护。

水下电磁波通信主要应用于水下短距离通信，其主要研究趋势包括既要提高发射天线辐射效率，又要增加发射天线的等效带宽，使之在增加辐射场强的同时提高传输速率；应用微弱信号放大和检测技术来抑制和处理内外部噪声干扰，优选调制解调技术和编译码技术来提高接收机的灵敏度和可靠性[5]。

4.1.4.3.3　水下光通信

水下光通信（UWOC）是以光波作为信息载体进行信息传输的水下通信技术。通常认为，光波由于水体的强吸收和散射，在水下传输时会有较大损耗，但是研究表明，波长为 450～550 nm 的蓝绿光在水下的衰减非常小，即海洋中存在一个类似于大气中的透光窗口，多项实验也验证了蓝绿光通信能在暴雨、海水浑浊等恶劣气候条件下正常进行，因此目前的水下光通信研究工作主要集中在蓝绿激光波段。

UWOC 早期主要应用于军事目的，特别是在潜艇通信中。近年来，为了满足海洋探测的高带宽数据传输需求，水下无线传感器网络（UWSN）发展迅速。UWSN 由许多分布式节点组成，如海底传感器、中继浮标、自主水下航行器和远程操作的水下航行器等。这些节点具有感知、处理和通信能力，大量分布的节点之间需要进行高带宽的数据传输，这对水下通信提出了高要求，因此 UWSN 的发展需求促进了

UWOC 的发展。

相对于传统的水下声波和无线电磁波传输，UWOC 具有更高的传输带宽、更高的数据速率、更短的链路时延、高安全性、低成本等特点，成为水下通信的重要发展方向，其通信具有如下特点。

（1）高速率低时延

由于光波频率高，信息承载能力强，UWOC 可以在几十米的中等距离上实现吉比特每秒级别的数据传输速率，这种高速率可保证水下视频传输等实时应用的实现。同时由于水中光的传输速度远高于声波，因此 UWOC 受链路时延的影响较小。

（2）传输距离短

光信号在水中传输会发生严重的吸收和散射。虽然蓝绿光能最大限度地减少透射衰减效应，但是吸收和散射仍然严重削弱了透射光信号并导致多径衰落。由于吸收和散射的影响，UWOC 在浑浊水环境中在上百米的链路距离上误码率性能较差，因此理想传输距离为几十米或以下。

（3）安全性较高

与水下声学通信和电磁波通信相比，光波束具有良好的方向性，若想拦截就需要另一部接收机在视距内对准发射机，一方面不容易实现，另一方面用户也会及时发现通信中断事故；同时大多数 UWOC 系统在视距范围内实现，而不是声波和电磁波那样的扩散广播场景，因此窃听变得更加困难。但是也存在缺陷，即光源易被敌方的可视侦察手段探知。

（4）低成本

UWOC 比水下声学和电磁波通信的同类产品更节能，更具成本效益。声学和射频收发器都比较大型且昂贵，UWOC 系统可以实现相对较小且低成本的光学水下收发器，如激光二极管和光电二极管等。这种效益可以提高 UWOC 的大规模商业化，并加速 UWSN 的实现。

随着光电子技术产业的高性能器件，如半导体激光器、探测器等的不断问世，以及信号处理技术的发展，如自动增益控制（Automatic Gain Control，AGC）技术、调制和纠错编码技术等，水下光通信必将在未来的海洋资源开发、海洋环境监控，以及维护国家安全等领域发挥重要的作用。目前水下光通信的主要研究趋势包括以下几种。

1）由于无人水下平台、水下传感器网络等，都要求水下光通信设备体积小、质量轻、能耗低、便于携带等，因此体积小、质量轻、成本低的水下光无线通信设备的研制是重要的研究方向。

2）从数据传输到音频传输，再到视频传输，越来越高的业务需求需要更高的传输速率。

3）由于视距直射传输无法满足复杂的海洋环境和多样的业务需求，因此水下光通信的传输链路将向多样化发展，从视距直射传输，向反射传输、回射传输、全方向传输发展。

4）通信链路从点对点传输向点对多、多对多以及网络化方向发展，因此传统的网络协议如何在水下光通信中应用也将成为重要的研究方向。

4.1.4.4　6G 对海洋通信的需求与挑战

尽管目前海上无线通信领域可采用中频、高频和甚高频通信方式，实现了点对点、点对多点的常规海上通信，可完成语音、数据和视频等业务信息的传输，并在海洋卫星通信的协助下，实现海上各类通信业务的基本需求，通信距离可以涵盖近海、远海和远洋。但是，由于海洋通信技术更新不足、通信可靠性受海洋环境影响较大，远远不能满足高速增长的海洋数据业务的需求，在远距离通信时表现得尤为突出，明显存在通信覆盖盲区。

从上述典型的海上通信和水下通信系统的介绍可知，与陆地通信相比，目前海洋通信系统的数据传输速率非常低，而且随着通信距离的增大，数据速率越来越低，陆地中人们可以随时随地不受限制地使用互联网业务和各种数据服务，但占地球表面 70% 以上的海洋大部分区域却几乎无法接收到无线宽带网络信号，这大大限制了海上信息化的发展。

尤其在面向 B5G/6G "业务随心所想，网络随需而变"的目标时，目前的海洋通信面临着严峻的考验，无法满足无处不在的连接性、随心所欲的服务接入性、极高速极高可靠性的业务性能等要求，存在信息覆盖不全、信息获取不足、互联互通不畅、信息应用水平差等问题，无法进行全天时、全天候、全海域的实时高效信息覆盖，在中远海尤其在水下，缺乏信息的实时获取及传输能力。发展新型海洋信息网络，使之能够实现海洋信息探测、传输和融合的无缝结合，可以在任何时间、任何气候条件下，实现近海及中远海、水上及水下的全面信息覆盖，即全天时、全天候、全海域的全面高效信息覆盖，是一项长期而艰巨的任务。

海洋通信的首要任务是在全球开放海域上提供船只与船只、船只与海岸之间的无处不在的连接，以确保海上服务的连续性。这就提出了一个严峻的挑战，地面蜂窝通信可以通过大规模部署基站来提供广域无线覆盖，但采用部署基站方式来覆盖公海显然是不现实的。最有效的解决方案是部署基于卫星的海洋通信网络，以形成空天地海一体化的海洋通信系统。通过空天地海一体化通信系统可以提供无缝覆盖，支持各种海洋通信服务，包括水上水下的导航、探测、监控、信息传输等，实现全球海事信息资源的管理、协调和优化。

在这种空天地海一体化的海洋通信系统中，近岸通信一般通过岸站和船舶之间的连接完成；公海上的通信则由空间站提供，空间站是海上服务提供者与移动站之间通过卫星通信的中继站，对于实现在广阔海洋中的通信畅通非常重要；此外，海上各节点之间还可以建立自组织网络以促进船舰间的直接通信，完成邻近节点间的信息交互，如航线交换、协调调度从而预测和避免近距离碰撞等情况。

4.1.5　一体化通信

4.1.5.1　一体化通信的概念

6G 网络的愿景是全覆盖、全频段和全业务，全覆盖即提供全球无缝覆盖，利用所有可用的无线频谱，支持不同的无线接入技术，提供任何地点的连接服务。由于无线频谱的限制、服务的地理区域范围和操作成本等问题，一直到 5G，陆地蜂窝移动通信系统都无法真正实现无处不在的、高质量的、随时随地和高可靠性的服务。为了真正全面地提供无所不在的无线通信服务，开发空天地海一体化网络以实现全球连接成为迫切需要。

空天地海一体化通信的目标是扩展通信覆盖的广度和深度，是 6G 实现全覆盖的重要方式。在传统陆地移动通信网络的基础上与卫星通信和海洋通信深度融合，以地面网络为基础、以空间网络为延伸，覆盖太空、空中、陆地、海洋等自然空间，为天基（卫星通信网络）、空基（飞机、热气球、无人机等通信网络）、陆基（地面蜂窝网络）、海基（海洋水下无线通信及近海沿岸无线网络）等各类用户的活动提供信息保障。空天地海一体化通信的示意如图 4-4 所示。

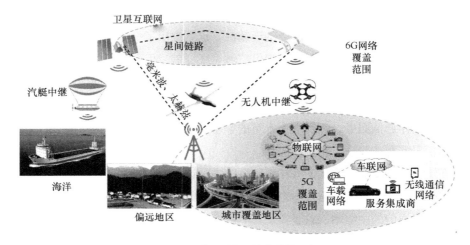

图 4-4　空天地海一体化通信示意

与传统蜂窝移动通信网络不同，空天地海一体化通信是分层异构的系统。其中，陆地网络提供基本覆盖，卫星网络作为陆地网络的补充，可以在地面网络覆盖范围有限或无法覆盖的区域（如偏远地区、灾难场景、危险区域和公海领域等）提供服务。无人机（UAV）可通过高度动态的部署来卸载陆地网络的数据流量，以提高局部热点区域的服务质量，同时具有遥感技术的卫星或 UAV 可以支持各类监测数据的可靠获取，从而协助陆地网络进行有效的资源管理和规划决策。而海洋通信可以支持在广袤的海上和深海开展通信业务。

4.1.5.2　一体化网络的特点和挑战

在一体化网络中，各种网络技术在覆盖、速率、时延、吞吐量、可靠性以及提供服务等方面各有优缺点，互为补充。但是对用户而言，就是一张网，不应让用户感知到不同网络技术的差异，即真正实现网络的一体化。因此，一体化网络中多维异构资源在数据传输、处理和缓存方面的动态协作至关重要。SDN、NFV、网络切片、云计算、边缘计算、人工智能等技术的发展，为分层异构网络的无缝集成提供了技术支持。

目前针对空天地海一体化网络的主要研究包括以下几个方面。

（1）新型传输协议

目前在陆地网络和卫星网络中，主要使用的是 TCP/IP 协议簇。但由于 TCP/IP 协议的最初设计理念是尽力而为，因此在支持面向 6G 的高质量高可靠性业务时显示出了局限性。

随着卫星网络的逐渐完善，对星间链路的需求也日益强烈，卫星通信网络的特殊性对 TCP/IP 协议簇提出了挑战。以低轨道（LEO）卫星为例进行分析。从拓扑结构来说，不同于互联网的随机拓扑结构，卫星通信网络具有动态但确定性的拓扑结构，随着未来更密集地部署 LEO 卫星，这一特性会越发显著，TCP/IP 协议无法充分利用这一特性；从传输时延来说，LEO 卫星的往返时间（RTT）长，且由于具有很高的移动性，RTT 会发生变化，其变化会影响传输速率并降低 TCP 性能；从数据处理能力来说，LEO 卫星网络目前的星上处理和存储能力有限、数据流量不均匀、误码率高，TCP/IP 协议尽力而为的设计思路很难保证业务的提供质量。因此在利用 LEO 卫星网络支持远距离通信时，为了提供可靠的数据传输路径，新型传输协议，尤其是星间路由的设计是目前的研究热点。

同样地，UAV 通信也存在传输协议的问题，由于 UAV 的海拔、高度移动性、有限功率、干扰、流量分布不均等特性不同于传统通信网络，传统的路由协议很难保证其工作性能。为了提高 UAV 机群的性能，适应高度移动性、动态拓扑的新型路由协议和算法也是目前的研究热点。

（2）高效自主的运行管理机制

在多维异构高度动态的一体化网络中实现高效的运行管理，是研究人员面临的重要挑战。不管采用什么技术，在一体化网络的运行管理中，网络资源的立体感知、网络运维决策的动态演进、网络资源的柔性自主调度是实现高效自主运行管理的三大关键环节。考虑到空天地海一体化网络的超大规模和时空复杂性，人工智能技术将在一体化网络的运行管理中发挥重要的作用。

4.2 全频谱通信系统

4.2.1 概述

频段是指电磁波的频率范围，单位为 Hz，频率从低到高依次被称为无线电波、微波、太赫兹、红外线、可见光、紫外线和 X 射线等，如图 4-5 所示。

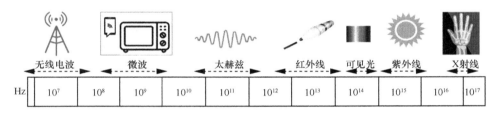

图 4-5 电磁波频率范围

在整个电磁波频谱中，人类肉眼只能看到非常小的一段，即波长为 400～700 nm（频率范围为 $4×10^{14}～7×10^{14}$ Hz）的可见光，在人眼这个小小的视觉范围之外，有更广的频谱范围，如波长更长的有红外线、太赫兹、微波、无线电波；波长更短的有紫外线、X 射线等。整体实际的频谱大约是人类可见光的 10 万亿倍。但并不是所有的频段都适用于通信。

目前可用于通信的频段，按照频率的大小分类如下。

1）极低频（ELF）：频段 3～30 Hz，对应波长为极长波 $10^{7}～10^{8}$ m。

2）超低频（SLF）：频段 30～300 Hz，对应波长为超长波 $10^{6}～10^{7}$ m。

3）特低频（ULF）：频段 300～3 000 Hz，对应波长为特长波 $10^{5}～10^{6}$ m。

4）甚低频（VLF）：频段 3～30 kHz，对应波长为甚长波 $10^{4}～10^{5}$ km。

5）低频（LF）：频段 30～300 kHz，对应波长为长波 1～10 km。

6）中频（MF）：频段 300～3 000 kHz，对应波长为中波 100～1 000 m。

7）高频（HF）：频段 3～30 MHz，对应波长为短波 10～100 m。

8）甚高频（VHF）：频段 30～300 MHz，对应波长为米波 1～10 m。

9）特高频（UHF）：频段 300～3 000 MHz，对应波长为分米波 1～10 dm。

10）超高频（SHF）：频段 3～30 GHz，对应波长为厘米波 1～10 cm。

11）极高频（EHF）：频段 30～300 GHz，对应波长为毫米波 1～10 mm。

12）至高频（THz）：频段 300～3 000 GHz，对应波长为 0.1～1 mm（有的书中叫丝米波），即太赫兹频段。

这些频段的划分及主要通信用途见表 4-2。

表 4-2　通信用频段划分及主要通信用途

序号	频段名称	频段范围（含上限）	波段名称		波长范围（含上限）	主要用途
1	极低频	3～30 Hz	极长波		10^7～10^8 m	军事通信
2	超低频	30～300 Hz	超长波		10^6～10^7 m	
3	特低频	300～3 000 Hz	特长波		10^5～10^6 m	地质勘探
4	甚低频	3～30 kHz	甚长波		10^4～10^5 m	音频电话、长距离导航、时标
5	低频	30～300 kHz	长波		1～10 km	船舶通信、信标、导航
6	中频	300～3 000 kHz	中波		100～1 000 m	广播、船舶通信、飞行通信、船港电话
7	高频	3～30 MHz	短波		10～100 m	短波广播、军事通信
8	甚高频	30～300 MHz	米波，超短波		1～10 m	电视、调频广播、雷达、导航
9	特高频	300～3 000 MHz	分米波	微波	1～10 dm	电视、雷达、移动通信
10	超高频	3～30 GHz	厘米波		1～10 cm	雷达、中继、卫星通信
11	极高频	30～300 GHz	毫米波		1～10 mm	射电天文、卫星通信、雷达
12	至高频	300～3 000 GHz	丝米波		0.1～1 mm	

而对于移动通信而言，目前移动通信使用的频段主要在 6 GHz 以下，包括以下内容。

1）2G 移动通信：800 MHz/900 MHz，1.8 GHz。

2）3G 移动通信：1.9 GHz/2.1 GHz。

3）4G 移动通信：2.3 GHz。

4）5G 移动通信：2.6 GHz、3.4 GHz、4.8 GHz 以及部分毫米波波段。

目前，我国各运营商的商用频段划分情况如图 4-6 所示。

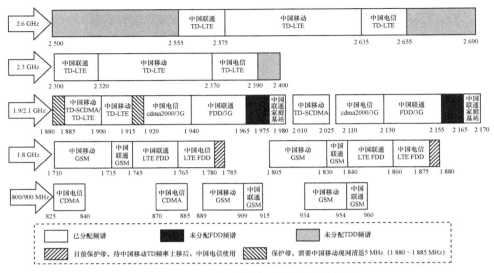

图 4-6　我国通信运营商的商用频段划分情况

由此可见，目前移动通信主要应用还是集中在 6 GHz 以下频段，业界对 6 GHz 以下频段的研究比较广泛和深入。随着移动通信网络及业务的高速发展，无线电频谱的低频部分已趋近饱和，由于频谱资源的匮乏，研究者们开始了针对更高频段通信技术的研究工作，包括毫米波频段、太赫兹频段和可见光频段等。为满足未来 6G 网络的全息全感官场景应用需求，6G 网络将是涵盖 6 GHz 以下毫米波、太赫兹、可见光等全频段的通信系统。

6 GHz 以下频段由于其覆盖范围广、成本低而成为 3G、4G 和 5G 的主要工作频率，这在 6G 中也是必不可少的。目前业界已广泛研究了 6 GHz 以下频段的传播特性和信道模型，本文不再赘述。下面对毫米波通信、太赫兹通信和可见光通信（Visible Light Communication，VLC）的特点进行阐述。

4.2.2　毫米波通信

波长为 1～10 mm、频率为 30～300 GHz 的电磁波称为毫米波（Millimeter-Wave，mmWave），利用毫米波进行通信的方法称为毫米波通信。由于传统微波频段上的频谱已变得稀缺，毫米波通信被认为是在未来无线通信系统中提供超高容量的一种候选技术。

毫米波属于极高频段,位于微波与远红外波相交叠的波长范围内,所以毫米波兼有这两种波谱的优点,同时也有自己独特的性质。它以直射波的方式在空间进行传播,具有视距传播特性,由于频段高、干扰源很少,所以传播稳定可靠,同时波束很窄,具有良好的方向性,是一种典型的具有高质量、恒定参数的无线传输信道的通信技术。

通常大气层中水汽、氧气会对电磁波有吸收作用,目前绝大多数毫米波应用研究集中在几个“大气窗口”频率和 3 个“衰减峰”频率上。“大气窗口”是指电磁波通过大气层时较少被反射、吸收和散射的那些透射率高的波段,毫米波传播的“大气窗口”集中在 35 GHz、45 GHz、94 GHz、140 GHz、220 GHz 频段附近。“衰减峰”是指电磁波的衰减出现极大值的波段,毫米波的“衰减峰”出现在 60 GHz、120 GHz、180 GHz 3 个频段附近,衰减值高达 15 dB/km 以上。一般而言,“大气窗口”频段比较适用于点对点通信,已被低空空地导弹和地基雷达所采用,而“衰减峰”频段被多路分集的隐蔽网络和系统优先选用,用以满足网络安全系数的要求。此外,毫米波信号在恶劣的气候条件下,尤其是降雨时的衰减很大,严重影响传播效果。毫米波信号在降雨时衰减的大小与降雨的瞬时强度、距离长短和雨滴大小密切相关,降雨瞬时强度越大、距离越远、雨滴越大,所引起的衰减也就越严重。由于毫米波受大气吸收和降雨衰落影响严重,所以单跳通信距离较短。

根据波的传播理论,频率越高,波长越短,分辨率越高,穿透能力越强,因此毫米波对沙尘和烟雾具有很强的穿透能力,几乎能无衰减地通过沙尘和烟雾,甚至在由爆炸和金属箔条产生的较高强度散射的条件下,即使出现衰落也是短期的,很快就会恢复。随着离子的扩散和降落,不会引起毫米波通信的严重中断。

基于上述传播特性,毫米波通信具有如下优势。

(1)全天候全天时通信

与微波相比,毫米波的分辨率高、指向性好、抗干扰能力强、探测性能好;与红外线相比,毫米波的大气衰减小、对烟雾灰尘和等离子的穿透力强、受天气影响相对较小,这些特质使得毫米波具有良好的全天时全天候通信能力,可以保证持续可靠通信。

(2)高带宽窄波束

毫米波通信带宽可高达 273.5 GHz,即使考虑大气吸收,在大气中传播时只能使用 4 个主要的“大气窗口”,这 4 个窗口的总带宽也可高达 135 GHz,是微波以下各波段带宽之和的 5 倍，这一带宽资源对目前 5G 网络以及未来 B5G/6G 的发展具有极大的吸引力。同时在相同天线尺寸下毫米波的波束比微波的波束窄很多，如针对 12 cm 天线，在 9.4 GHz 时波束宽度为 18 度，而 94 GHz 时波束宽度仅为 1.8 度，因此毫米波具有良好的方向性。

（3）传输质量高安全保密好

由于频段高，毫米波通信的干扰源较少，毫米波信道非常稳定可靠，其误码率可长时间保持在 10^{-12} 量级，可与光缆传输质量相媲美。此外，由于毫米波通信受大气吸收和降雨衰落影响严重，所以单跳通信距离较短，超过一定距离时信号就会变得十分微弱，从而增加了进行窃听和干扰的难度，且由于毫米波的波束窄副瓣低，进一步降低了信号被截获的概率，因此毫米波通信的安全保密性很好。

基于上述特点，毫米波通信将是未来 B5G/6G 网络中的重要通信频段。

4.2.3 太赫兹通信

波长为 30～3 000 μm、频率为 100 GHz～10 THz 的电磁波称为太赫兹（TeraHertz，THz）频段，该频段在长波段与毫米波重合，在短波段与红外光重合，是电子学向光子学的过渡区。

太赫兹之前的研究和应用主要集中在太赫兹光谱仪（可用于生物物质结构的分析和鉴定，如药品质量监管等）、太赫兹成像（通过物品的透射或反射获得物品的信息，可用于安全检查、缉毒等）、太赫兹雷达（可用于防止恐怖袭击、探雷等）、太赫兹生物探测（探测和干预生物大分子相互作用过程，可用于重大疾病的诊断和有效干预）、太赫兹高温超导材料等领域，太赫兹相关技术已经逐渐成为高新科技产业技术的重要领域之一。在通信领域，随着低频频段资源的匮乏以及通信业务对带宽的更高需求，太赫兹频段用于宽带通信的研究也逐渐引起了业界的关注。

太赫兹频段处于宏观经典理论向微观量子理论、电子学向光子学的过渡区域，既不完全适合用光学理论来处理，也不完全适合采用微波理论来研究。它集成了微波通信和光通信的优点，能提供极高带宽，其应用于通信领域的特点如下。

（1）极高带宽

太赫兹频段的有效带宽比微波通信要高出 1～4 个数量级，比毫米波频段高 3 个数量级，可提供太比特每秒级的传输能力，这意味着它可以承载更大的信息量，轻松解决信息带宽问题，满足大数据传输速率的通信要求。

（2）抗干扰力强

由于太赫兹频段波长短、不易衍射、穿透能力很强（对于云雾及伪装物有很强的穿透力），因此可以在大风、沙尘以及浓烟等恶劣环境下以极高的带宽进行稳定传输，抗干扰能力较强。

（3）安全性好

太赫兹波束非常窄，具有极高的方向性，不易被拦截和窃听信息；同时太赫兹频谱资源丰富，可以采用扩频、跳频等技术进一步提高通信安全性[6]。

（4）通信距离短

由于太赫兹在空气中传播时很容易被水分子所吸收，信号衰减严重，通信距离很短，因此太赫兹技术无法独立用于远距离通信，它需要与其他技术结合发挥各自优势来满足 6G 业务需求。

太赫兹通信的巨大带宽优势，使其在未来 6G 中具有极大的应用潜力，但相对于毫米波通信技术，太赫兹通信技术的研究还处在探索阶段，目前在太赫兹通信领域的挑战主要体现为以下两个方面。

（1）太赫兹信道模型研究

为了优化和设计太赫兹无线通信系统，建立有效的太赫兹信道模型至关重要。太赫兹频段具有明显的分子吸收特性，影响太赫兹信道特性的主要因素是水蒸气分子的吸收；其次，云或降雨等形成的冷凝水也增大了太赫兹的传输损耗；沙尘散射对太赫兹信道的影响很小。由于波长变短，在低频段可视为光滑表面的障碍物在太赫兹频段将变得粗糙，并存在新的反射和散射特性等，这些新的特性都给太赫兹信道模型的研究带来挑战。目前，太赫兹信道的空间特性研究还相对较少，亟须开展太赫兹信道建模方法及信道模型的研究。此外，也亟须研究高频率大带宽和大规模MIMO 天线阵列带来的非平稳太赫兹信道特性[7]。

（2）太赫兹器件的研发进展有待突破

太赫兹频段工作的收发器要求具备高功率、高灵敏度、能克服高路径损耗等能力，但目前太赫兹射频器件发射功率有限，无法满足太赫兹在室外远距离通信场景的应用[6]；高增益的太赫兹天线设备（如太赫兹相控阵天线）在材料和器件方面仍有待突破，高指向性的太赫兹波束对准和动态跟踪技术有待研究；终端太赫兹芯片的能耗问题研究进展缓慢等。总之，目前高频器件方面的研发进展尚不能满足超高性能的太赫兹通信技术的要求。

4.2.4　可见光通信

波长为 380～790 nm、频率为 380～790 THz 的超宽频谱为可见光频段，可见光的频谱资源丰富，频谱带宽可达到 400 THz。可见光通信（Visible Light Communication，VLC）是一种利用可见光作为信息载体进行数据通信的无线光通信技术。

可见光通信系统包括可见光信号发射端、可见光信号传输信道和可见光信号接收端 3 部分。可见光发射端包括调制模块、驱动电路和光发射器，其中发射器件主要分为发光二极管（LED）、激光二极管（LD）和超辐射二极管（SLD）；经过调制后的可见光信号在大气或者水下等自由空间信道中传播，到达可见光信号接收端；可见光信号接收端包括接收天线、光电检测器和解调模块，其中接收器件主要分为光电二极管（PIN）、雪崩二极管（APD）、图像传感器，以及一些特殊应用场景下的特种接收器等[8]。

与传统的无线电通信相比，可见光通信具有如下特点。

（1）传输速率高

可见光可提供极宽的可用频谱，且频谱的使用不需获得无线电管理机构的授权，因此它在理论上具有超大的通信带宽，传输速率高是可见光通信的一大优势。

（2）安全节能无污染

可见光不产生电磁辐射，不易受无线电磁波的干扰，具有绿色无污染的特点，可广泛应用于医院、核电站、加油站、飞机等对电磁干扰敏感的场所和变电站等具有强电磁环境的场所；可见光为视距传播，无法穿透墙壁等遮挡物，可有效避免传输信息被恶意截获，从而可以保证信息安全，安全性高；此外，可见光通信兼具照明、通信和控制定位等功能，易与现有基础照明设施相融合，搭建快、成本低、绿色环保。

（3）应用场景有限

可见光无法穿透物体，一旦光被阻挡，则通信被中断，因此一般应用于室内无线通信，且通信中断也可能随时发生。

6G 对高带宽高速率通信技术的探索是持续进行的，可见光通信技术的特点使其进入了 6G 的候选技术中，更多的研究人员投入高速可见光通信系统的研究中。目前针对可见光通信的研究挑战主要如下。

（1）光收发器件的研发

可见光通信当前应用的主要瓶颈在于可见光收发器件难以满足需求。现有的光收发器件在带宽、灵敏度等方面的性能限制了可见光通信系统性能的提升；终端侧对光束的精准操控能力有限；可见光通信系统的小型化离不开专用集成电路（ASIC）的支持，而目前尚缺少针对可见光通信基带信号处理的 ASIC。未来需要研究使用新材料技术研发更多的新型器件来突破可见光通信的性能瓶颈[8]。

（2）可见光通信组网技术

目前可见光通信的主要结构为点对点通信。为了进一步提高系统容量、增加用户数量，引入 MIMO 通信系统将是可见光通信的趋势；为满足 6G 网络多接入和灵活接入的需求，可见光通信系统接入点的部署问题以及可见光通信与现有的蜂窝无线通信、Wi-Fi 通信、光纤通信等异构网络联合组网等问题，都是未来需要研究的内容。

可见光通信与太赫兹通信、毫米波通信和微波通信等方式如何共存与兼容以形成面向 6G 的全频率通信系统是值得期待的研究方向。

| 4.3 通信计算融合网络 |

4.3.1 概述

移动通信网络构架目前已经从传统分层结构走向了扁平化，控制方式从集中式演进到分布式；数据传输从承载和控制一体化转变为转发与控制分离，接入方式从大区制走向蜂窝、小区扇区化、分布式动态群小区，并持续演进到异构超密集和无定形组网。6G 网络架构将更进一步体现出扁平化和去中心化的特性，计算和存储等资源也将进一步下沉至接入网节点甚至终端节点，实现了分布式与集中式协作的端边云融合网络。网络能力持续走向虚拟化和软件化，通信与计算融合的网络架构已经呼之欲出。

在全球数字化浪潮中，通信与计算的融合是其中一个重要的内容。在通信计算融合网络中，数字化是基础、网络化是支撑、智能化是目标。为实现智能化目标，网络是实现虚拟世界与现实世界连接与沟通的桥梁，计算能力则是实现虚拟世界与现实世界智能化的保障。

算力网络是应对计算机网络融合发展趋势提出的一种新型网络架构，以无处不在的网络连接为基础，将动态分布的各类计算资源互联，通过网络、存储、计算等多维度资源的自动部署和统一协同调度，使海量的应用能够按需、实时调用不同地方的计算资源，提高计算资源和网络资源的利用效率，最终实现连接和计算在网络的全局优化，实现用户体验的最优化。

4.3.2 体系架构

算力网络的体系架构如图 4-7 所示。

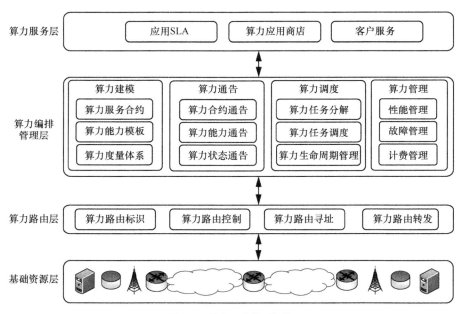

图 4-7　算力网络体系架构

如图 4-7 所示，从下到上，算力网络由基础资源层、算力路由层、算力编排管理层和算力服务层组成[9]。

（1）基础资源层

包括算力资源和网络资源，算力资源为可提供计算能力/计算资源的各类设施，如网络节点、各种计算节点以及未来可能专用于智能化处理的特定智能节点等；网络资源指完成信息承载传输的网络基础设施，包括接入网、传输网、核心网等。

（2）算力路由层

在计算资源发现的基础上，综合考虑网络状态和计算资源状态，将业务按需调度到不同的计算资源节点中。涉及的关键技术包括：算力路由标识、算力路由寻址、算力路由控制、算力路由转发等。

（3）算力编排管理层

实现算力的度量、收集、通告、调度与管理等功能，是算力网络的核心层。涉及的关键技术包括：算力建模，包括算力度量体系、算力能力模板和算力服务合约；算力通告，包括算力状态通告、算力能力通告和算力合约通告；算力调度，包括算力任务分解与算力任务调度、算力生命周期管理；算力管理，包括算力性能管理、故障管理和计费管理等。

（4）算力服务层

向任何可能的用户提供算力服务，可以分布式微服务方式提供，也可以更原子化的函数方式提供，形成算力即服务、函数即服务的多粒度服务提供方式，并可以应用商店的方式对外提供，同时保障客户的服务质量。

4.3.3　关键技术

（1）算力度量与感知技术

针对计算机网络一体融合节点资源的异构性，如何对网络节点中的算力、网络、应用等多维异构资源进行统一的度量与测评，进而构建合理的算力度量体系，以支撑资源映射和灵活的资源调度，是实现算力网络的基础环节。

首先应研究使用统一语言描述多维异构计算资源（例如，CPU、GPU、FPGA

等）来对计算机网络一体融合节点的异构计算资源进行建模。不同配置的计算芯片在运行同一程序时表现出来的运行速度是有差别的，与计算能力强的芯片相比，计算能力较弱的芯片在运行同一程序时所需要的时间长。因此在统一描述计算资源的基础上，需对异构计算资源中的每项指标进行评价和测试，以达成对算力的统一度量体系。

运算代价模型分别考虑了计算节点的硬件参数和工作负载的特征参数，并从运算时间成本和运算所消耗的能量两方面进行计算，从而评估计算节点性能，运算代价模型的计算式可设计如下：

$$\text{Cost}=\omega_1 \times \text{Time} + \omega_2 \times \text{Energy} = [\text{Time}, \text{Energy}]\omega^T \qquad (4\text{-}1)$$

其中，ω_1, ω_2 分别为运算时间 Time 与运算功耗 Energy 的权重，且 $\omega_1 + \omega_2 = 1$。

对于 CPU、GPU、FPGA 等异构计算资源的性能测试，可采取运算测试和图形测试结合的方法，具体测试算法包括整数运算（整数排序、IDEA 加密、Huffman 压缩）、浮点运算（傅里叶系数、神经网络、流浮点运算）和图形测试（3D 纹理渲染、光影渲染）等。

（2）算力分解技术

计算机网络融合网络中，需要充分利用泛在计算体系下的各级计算资源来响应随处发起的网络业务的计算资源请求，意味着需要充分利用末梢计算、边缘节点等的资源。然而，这些节点的计算资源并不像云计算节点丰富，难以直接满足复杂度较高或高计算量计算任务的资源需求，也限制了业务在计算机网络融合体系中的动态调度能力。为有效解决该问题，可将计算业务分解为更小粒度的子任务，使复杂计算任务能充分利用各级计算节点的计算资源，在灵活分配计算资源的同时，为计算业务的服务质量提供可靠保证。

为了实现计算任务分解，需要分析应用在执行中的功能构成。应用请求在网络中的执行过程，可以按照不同的功能组件进行分割，这些组件之间会有时序上的承继关系、级联关系及必要的信息交互关系。功能组件之间主要有串行结构、并行结构、串并混合结构等，应用一般是由以上的结构复合而成的，这类依赖关系可以用组件依赖关系示意图进行描述，如图 4-8 所示。

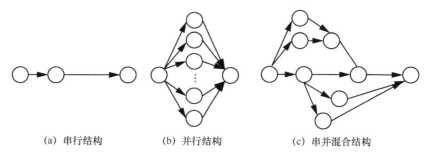

|(a)　串行结构|(b)　并行结构|(c)　串并混合结构|

图 4-8　应用组件依赖关系示意

对于计算型应用，通常任务流程是将计算数据推送到计算节点，计算节点执行计算，之后计算节点将计算结果返回给目的节点，由于计算型应用对数据依赖较高，部分业务可能持续地推送计算数据到计算节点；计算节点则持续地从缓存中读取最新数据进行计算，因此会产生类似循环的结构，直到计算任务结束。

对于内容型应用，通常任务流程是将对内容的请求发送到内容索引服务节点，随后若干内容源向内容请求终端发送内容数据。

任务分解就是在组件依赖关系图的基础上对业务组件进行聚合，形成独立执行时总体成本尽可能小的子任务。考虑到网络应用对计算和通信两类资源均具有需求，而子任务的资源需求具有元属性，因此任务的资源需求模型将从子任务层面进行建模。

每个子任务需要一定量的资源，计算和通信资源分别记为 C、D，则节点 V_i 发起的第 k 个子任务的需求记为：

$$u_{V_i k} =< C_{V_i k}, D_{V_i k}, R_{V_i k} > \tag{4-2}$$

其中，$R_{V_i k}$ 表示对子任务资源需求的约束。可能的约束如下。

1）资源能力约束：计算资源和存储资源的数量、通信带宽、时延、信道质量要求等。

2）资源关联性约束：部分子任务的资源分配具有关联性，如计算卸载中通信对端节点和计算节点应具有相同的位置属性，并在不同的子任务中尽可能使用相同位置的资源，避免资源供给实体产生变化。

3）子任务流的黏性约束：部分子任务之间具有业务流的黏性（简称"流黏性"），

即某些子任务的业务流需要保持在同一服务节点中,如果其流黏性无法保障,将会出现断流、分组丢失、流量乱窜等问题,因此在进行任务分解时需要考虑子任务间的流黏性约束。

4)资源兼容性约束:在计算任务生成过程中还需关注功能组件间的关联关系和资源兼容性,即组件间的数据依赖或通信需求不能超过一定门限等。

例如,记任务元 i 为 $\bar{w}_i$,则基于功能组件对计算、存储和通信资源的需求,可将 $\bar{w}_i$ 对各项资源的需求记为 $C_{\bar{w}_i}$ 和 $D_{\bar{w}_i}$。其中,$C_{\bar{w}_i}$ 取计算资源需求串行功能组件的最大值,如果其中有并行组件,则并行组件的计算资源需求求和换算为等效的串行组件。对于通信资源 $D_{\bar{w}_i}$,带宽需求采用和 $C_{\bar{w}_i}$ 同样的计算方式,时延需求则采用各功能组件的最短时延。最终,任务元合并形成的子任务 i,记为 u_i,可采用与合并功能组件类似的资源需求合并规则。

由于任务分解的目标是将任务划分为若干具有一定独立性的子任务,组成同一子任务的任务元间具有一定的相似性,且事先并不清楚会聚合为多少个子任务,因此可以采用无监督的聚类方法进行任务聚合。另外,考虑到任务分解的最终目标是资源分配,不同可用资源条件下对任务分解的粒度要求不同,可利用多粒度分解提升资源分配的灵活性。

(3)算力调度技术

算力任务分解后即可进行任务调度,为了实现任务调度的高效资源利用,需要首先了解网络资源属性。为了实现该目标,首先定义网络拓扑结构为 $\mathcal{G}=(\mathcal{V},\mathcal{E})$,其中 $\mathcal{V}=\{V_1,V_2,\cdots\}$ 和 $\mathcal{E}=\{E_1,E_2,\cdots\}$ 分别代表网络中的节点集合和边集合,其中节点可以属于终端集合 $\mathcal{V}_T$、无线接入节点(包括异构基站或 Wi-Fi 接入点)集合 $\mathcal{V}_A$、边缘节点和核心云计算节点集合 $\mathcal{V}_C$ 等,边代表节点之间的关联关系。

从资源属性上看,节点具有计算资源和通信能力属性,边具有通信资源属性。将计算和通信资源分别记为 C 和 D,则节点 $V_i \in \mathcal{V}$ 的计算资源量记为 C_i,两个相邻节点 V_i, $V_j \in \mathcal{V}$ 间的通信资源量记为 D_{ij}。对于有线链路,通信资源可用带宽来度量;对于无线链路,通信带宽可由分配的时频资源、信道条件、发射功率等因素共同决定,而发射功率、时频资源通常为控制变量。为了实现对资源可用性的有效度量,提出资源的可用性指标 $\mu_C(V_i)$ 和 $\mu_D(E_i)$,分别表示节点的计算以及链路带宽资源可分配资源量；以及资源利用率指标 $\eta_C(V_i)$ 和 $\eta_D(E_i)$，分别表示节点的计算以及链路带宽资源使用情况。

在以上模型基础上考虑多个子任务并发请求资源的情况。用 U_c 表示当前并发请求的子任务集合，其中的子任务 $u_k \in U_c$ 可能来自于同一个任务的并行子任务，也可能来自多个任务的分解。此时，除了每个子任务的资源开销满足上述约束外，多个子任务的资源开销在产生叠加时应满足 $\Sigma_{u_k} c_{u_k V} \leqslant \mu_c(V)$，即同一节点对各个并发子任务分配资源之和应不超过可用资源。记 u_k 发起节点为 V_{u_k}，则 V_{u_k} 到资源节点 V 的通信带宽资源除了单业务带宽要求外，还应满足 $\Sigma_{V_{u_k}=p} b_{V_{u_k}V} \leqslant \mu_B(V_{u_k}V)$，表示具有相同起始节点和资源节点的子任务带宽之和不能超过可用带宽资源。

假设节点 V_p 发起的任务 U 的子任务 u_k 正在被节点 V 执行，且分配的计算和存储资源分别为 $c_{u_k v}$ 和 $s_{u_k v}$，分配的节点 p 到 v 的带宽资源为 b_{pv}。出于均衡节点资源利用率的需要，调整后子任务 u_k 可能转移到了节点 V' 执行且分配的资源分别为 $c'_{u_k V'}$ 和 $z'_{u_k V'}$，分配的节点带宽资源为 $b'_{P_{u_k}V'}$，记调整后的节点和链路资源利用均衡度分别表示为 $\varphi_B(\eta'_V)$ 和 $\varphi_B(\eta'_E)$，其中 η'_V 表示调整后节点资源利用率，η'_E 表示链路资源利用率。为了保证资源调整有利于改善资源利用的均衡程度，可将资源利用均衡度作为优化目标，并同时让节点能效尽可能高，实现资源的有效利用。

通常这种算力的动态调整优化模型都具有较高的复杂度。为了有效解决上述问题，可采用在线多智能体强化学习方法，通过设计面向多智能体的奖励机制和函数，压缩和重构决策信息，并利用多智能体的分布式学习将问题空间有效分割，从而提高求解效率。

（4）算力路由技术

通过调度技术明确计算任务的执行实体后，计算机网络融合网络将综合考虑用户需求、网络资源状况和算力资源状况，将任务（业务流量）调度到合适的网络节点上，以实现资源利用率最优并保证极致的用户体验，在这一过程中，需要设计新型路由技术和协议，以完成算力路由的动态调整和管理控制。

根据具体业务需求，设计分级流量路由和动态调整方法。以流的重要程度为基础可将算力网络中的流分为不同优先级，如可分为关键流量、保障流量及一般流量 3 个优先级，结合算力和网络当前状态以及流的优先级给出流的最优路径和备选路径，并根据算力和网络状态的变化动态地对流的传输路径进行调整。

算力路由技术包括路径初次规划技术和路径重构技术。

1）路径初次规划技术主要针对网络中新生成的流及完成服务感知过程之后优先级发生变化的流，目的是根据流的算力和网络需求，综合考虑网络阶段算力使用情况、链路负载情况及已有流的优先级别等，为新流规划出一条或多条初始传播路径。

2）路径重构技术主要针对一条路径的算力和带宽资源使用情况因网络状态的变化而发生变化，进而影响到对该路径上现存各流的服务质量保障时，应对该路径上的流进行路径重规划，尽可能使各个重要流不受网络状态变化的影响。

算力路由协议的设计需考虑算力路由标识、算力状态网络通告、算力路由寻址、算力路由转发等方面的内容。

|4.4 新型网络体系架构 |

在未来体系架构方面，5G 网络依然采用的是基于 TCP/IP 的网络协议架构，而现有的 IP 技术尽管在过去的 50 年取得了巨大的成功，然而，针对新的网络技术和应用发展需求，特别是 6G 网络中全息通信、全感官通信、虚实结合、工业互联网、异构网络互联互通等一系列面向未来的高价值应用场景，IP 网络的缺陷变得越来越明显，新应用与新业务的接入和承载需求不断挑战着当前 IP 网络及协议体系的能力[10-11]，体现为以下几个方面。

1）全息通信、自动驾驶、远程手术、工业控制互联网等新型应用要求低时延和确定性服务（准时/及时），而不是现有 IP 网络的尽力而为服务，信息在网络中传输的准时性和网络层的确定性成为未来网络关键需求之一。

2）以全息通信为代表的未来媒体通信形式通过多信息源、多维感官数据的同步传输保证服务体验，超高吞吐量、多路并发、精准协同等势必成为未来媒体应用的普遍需求。

3）6G 网络将是一个空天地海一体化的融合网络，跨多网络的通信需求非常突出，多样化的接入，包括移动蜂窝、卫星通信、无人机通信、水声通信、可见光通信等，网络协议体系需要匹配复杂异构化的特征。

4）用户关心的是内容和服务本身，而不再是地址，因此，网络需要具有灵活性的寻址机制；同时，安全是网络内生的需求，而不是"打补丁"的方式。

5G 网络实现了万物互联，而 6G 网络的目标是实现万物智联。因此，面对未来新型应用需求对网络技术提出的挑战，当前网络协议体系的能力已经成为不可回避的瓶颈。

随着互联网连接对象种类和数量的不断增加、应用规模的不断扩张，其原始设计在可扩展性、移动性、安全可信性和服务质量等方面的问题日益凸显，世界各国争相探索研究未来的互联网体系，旨在从根本上解决互联网原始设计弊端。目前针对未来互联网的研究思路可以分为两种：演进式（或增量式，Incremental）和革命式（Clean-Slate）。演进式路线通过"打补丁"的方式对现有互联网进行修改和补充，其核心仍然是 TCP/IP 体系结构，并不能从根本上解决 TCP/IP 面临的问题。因此，近十几年国际上纷纷开始研究未来互联网体系结构[12]。

美国国家科学基金会（NSF）在 2005 年年底就启动了未来互联网设计（Future INternet Design，FIND）计划，资助 42 个项目，涉及体系结构、安全、移动、服务质量、传感网络以及光网络 6 个方向。欧盟在 FP7 框架下，2007 年启动未来互联网研究与实验（Future Internet Research and Experimentation，FIRE）计划，采用的是一种实验驱动的未来互联网研究方法[11]。上述研究计划都是从比较大的面上来探索未来互联网的需求、体系结构和关键技术，并未形成具体未来互联网体系结构。美国 NSF 在 2010 年 7 月启动了 4 个大的未来互联网体系结构（FIA）研究项目（分别为 NDN、MobilityFirst、Nebula 和 XIA），旨在探索具体的未来互联网体系结构及机理。在 2019 年 9 月，华为联合中国联通、中国电信等向国际电信联盟（ITU）提出了一份全新的网络架构——NewIP，并希望在 2030 年用 NewIP 代替现行的TCP/IP，引起了来自网络领域研究人员和互联网标准化组织极大的反响。

下面将主要介绍世界上具有一定代表性的新型网络体系架构方面的研究项目及其主要思想，包括信息中心网络（Information Centric Networking，ICN）架构、面向移动计算的网络架构、面向服务的网络架构以及 NewIP 网络架构等。

4.4.1　信息中心网络架构

互联网最初的设计目标是通过网络的互联互通，实现信息的传递和硬件资源的共享，是面向"主机—主机"的端到端通信。随着互联网承载应用的发展，用户访问网络的主要行为之一已经演变成对海量内容的获取，用户关注的不再是内容存储在哪里，而是内容信息本身，以及对应的检索传输速度、服务质量和安全性。用户行为模式的变化与基于端到端通信的 TCP/IP 网络架构产生了矛盾。

为解决这个问题，学术界提出网络应该从当前以"位置"为中心的体系架构，演进到以"信息"为中心的架构，即信息中心网络（Information Centric Networking，ICN）。信息中心网络的研究成果主要包括美国的 CCN、NDN、DONA，以及欧盟支持的 NetInf、PURSUIT/PSIRP 等，其中以 CCN/NDN 最具代表性。

内容中心网络/命名数据网络（Content Centric Networking/Named Data Networking，CCN/NDN）[13]以数据内容为核心，在互联网上增加存储功能，通过缓存数据内容，解决流量可扩展性问题。CCN/NDN 引入命名数据作为体系结构的细腰，通过在中间路径的路由器中缓存命名数据，达到优化流量的目的，从而为新型的未来互联网业务提供更加友好的网络支持[14]。

（1）CCN/NDN 体系架构

CCN/NDN 的体系架构参考了 IP 网络的沙漏模型，二者协议结构对比如图 4-9 所示，细腰部分为内容块（Content Chunk），取代了传统的 IP 细腰。

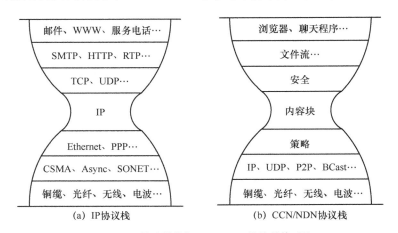

图 4-9　IP 协议结构与 CCN/NDN 协议结构对比

CCN/NDN 中包含两种分组类型：兴趣分组（Interest Packet）和数据分组（Data

Packet），如图 4-10 所示。兴趣分组主要包含内容命名，数据分组除了内容命名外，还有安全签名和数据。

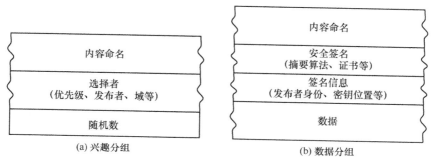

图 4-10　CCN/NDN 中的兴趣分组与数据分组格式

　　CCN/NDN 通信是由接收端（数据请求者）驱动的。一次典型的 CCN/NDN 通信过程如图 4-11 所示：数据请求者首先向网络中发送兴趣分组，中间 CCN/NDN 路由器收到兴趣分组后，先检查内容存储（Content Store，CS）中是否有该兴趣分组请求的内容，若存在数据名称与兴趣分组中的数据名称匹配，则这个数据会被作为响应返回给数据请求者。否则 CCN/NDN 路由器将收到的兴趣分组的接口记录在待定兴趣表（Pending Interest Table，PIT）中。然后 CCN/NDN 路由器在转发信息库（Forwarding Information Base，FIB）中查找转发表项转发该兴趣分组。当兴趣分组到达存储所请求数据的路由器或者目的节点后，数据分组将会按兴趣分组途经的路由器原路返回，中间 CCN/NDN 路由器接收到数据分组后删除所对应的PIT 条目。

　　在上述基本通信过程中，CCN/NDN 实现了两种需求的聚合。一是兴趣分组到达路由器后先检查内容存储（CS），如果 CS 中缓存数据与兴趣分组请求数据匹配，直接返回该数据分组；二是若 CS 没有匹配内容，路由器将会对兴趣分组的请求数据与 PIT 中的待定请求进行匹配，如果 PIT 中有针对相同数据的待定请求条目，意味着同样的请求已经由本节点转发，还未收到数据分组。路由器只将收到兴趣分组的端口添加到已有待定条目中，但不再转发该兴趣分组。通过这两种对需求的聚合，CCN/NDN 提高了网络数据流量的扩展能力。

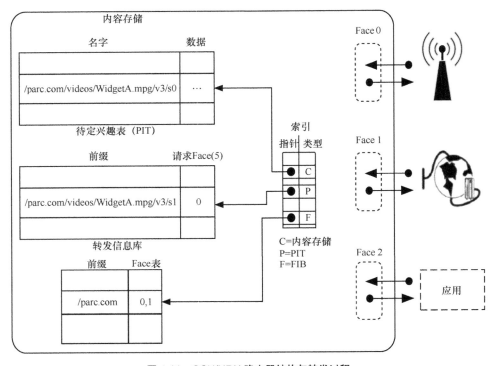

图 4-11 CCN/NDN 路由器结构与转发过程

（2）CCN/NDN 命名机制

与 IP 网络相比，CCN/NDN 并不关心数据所在的地址，实现了身份与地址的解耦合，解决了 IP 地址的二义性问题。CCN/NDN 采取了分层式的命名结构。例如，由 PARC 生产的一个视频可以命名为/parc/videos/WidgetA.mpg，其中"/"表示名字组成部分的分界（它不是名字的组成部分）。一方面，对代表数据块间关系的应用来说很有用，如视频版本 1 的第 3 段命名为/parc/videos/WidgetA.mpg/1/3；另一方面，有利于体现不同数据块之间的关系，可以有效聚合，以减少路由条目。

（3）CCN/NDN 路由与转发机制

CCN/NDN 的路由机制不基于 IP 地址，而是基于数据命名进行路由。由于采用了层次化的命名机制，CCN/NDN 的路由协议 OSPFN 类似于 IP 网络路由协议 OSPF。CCN/NDN 路由器发布名字前缀公告，并通过路由协议在网络中传播，每个接收到公告的路由器建立自己的转发信息库。当有多个兴趣分组同时请求相同数据时，路由器只转发收到的第一个兴趣分组，并将这些请求存储在 PIT 中。当收到数据分组时，路由器会在 PIT 中找到与之匹配的条目，并根据条目中显示的接口列表，分别向这些接口转发该数据分组。

CCN/NDN 的内容路由过程如图 4-12 所示，服务器向其连接的路由器 E 发布自己内容的名字前缀/parc.com/media1，路由器 E 向网络进行通告，其他路由器根据通告消息建立到达内容/parc.com/media1 的路由表项，并且建立到达内容的一条路径（例如，按照最短路径），如图 4-12 中路由器 A 所示，路由器 A 到达内容/parc.com/media1 的路径为：A→B→C→E。当收到客户端请求后，路由器 A 将请求沿此路径转发到服务器获取内容。

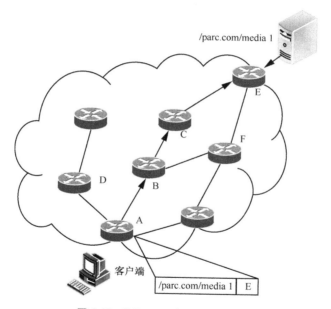

图 4-12　CCN/NDN 的内容路由过程

在请求被转发到服务器的过程中，沿途路由器如果存储了所请求内容的副本，则直接返回给用户，不再向前转发请求。然而，NDN 的路由机制无法利用不在路由路径上的内容副本（如路由器 D 和 F 上存储的内容副本）。尽管 NDN 会随机检查转发路径上各节点的本地缓存是否有所请求内容的副本，但是，这种盲目的副本查找方式并不能实现副本资源的最佳利用，用户请求可能被转发到更长路径上的服务器上，导致访问时延增加。

NDN 路由节点上的缓存内容存在动态性和挥发性，即内容频繁加入和退出节点，这是对节点上副本进行路由的主要障碍，对节点上的副本进行路由有待更深入的研究。

CCN/NDN 基于数据名称的路由和转发,能够解决 IP 网络中地址空间耗尽、NAT 穿越、移动性和可扩展性的地址管理等问题。关于 CCN/NDN 的路由算法和转发策略还有许多尚待优化的方向，是一个开放性的问题。

4.4.2　面向移动计算的网络架构

面向移动的未来互联网体系结构研究主要包括两方面：斯坦福大学的 Clean-Slate 项目和美国 NSF 资助的 MobilityFirst 项目[15]。

Clean-Slate 项目重新设计互联网基础设施和服务，为设备互联、计算和存储构建新的创新平台。它的基本思想是把服务提供者和网络运营商分离，实现安全的用户和设备接入控制，由网络跟踪用户的移动过程和位置信息，从而提供移动过程中的高效切换和服务质量。

MobilityFirst 项目的目标是针对目前移动接入设备激增的现实，设计面向移动/无线世界的未来互联网体系结构及协议。其基本技术特征包括：支持快速的全局名字解析；采用公钥基础设施实现网络设备的验证；核心网络采用扁平地址结构；支持存储—转发的路由方式；支持逐跳的分段数据传输等。下面以 MobilityFirst 为例介绍面向移动计算的网络架构，如图 4-13 所示。

（1）MobilityFirst 协议栈

MobilityFirst 协议栈的控制平面包括路由控制协议、全局名称解析服务（Global Name Resolution Service，GNRS）以及名称认证服务（Naming Certification Service，NCS）3 部分。数据平面包括物理层、数据链路层、路由层、全局唯一标识符（Globally Unique IDentifier，GUID）服务层、传输层和应用层。图 4-14 给出了 MobilityFirst 协议栈。

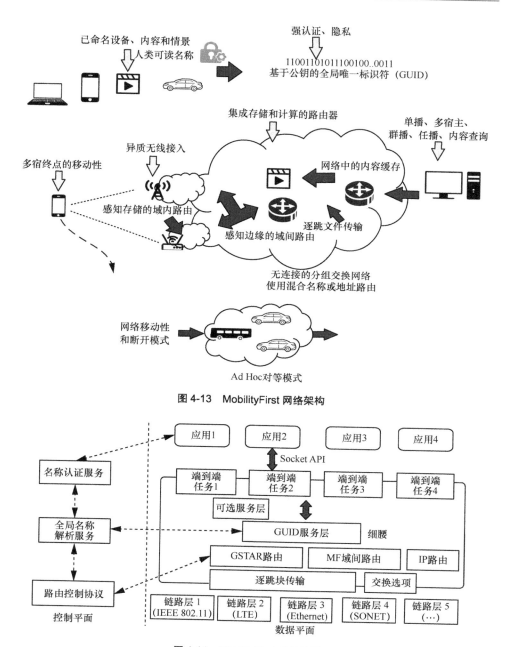

图 4-13   MobilityFirst 网络架构

图 4-14   MobilityFirst 的协议栈

MobilityFirst 协议栈的核心是 GUID 服务层，提供基于名字的服务抽象，处于控制平面的 GNRS 支撑 GUID 服务层。路由控制协议支持数据平面中包括广义存储感知路由（Generalized STorage-Aware Routing，GSTAR）域内路由和 MF 域间路由功能。GUID 层之上是多个传输协议，负责建立和维护端到端的连接性。在控制平面的最高层，应用程序通过名称认证服务，把人们的可读名字转化为对应的 GUID。

MobilityFirst 的 GUID 全局唯一不变性意味着传输层无须考虑节点移动带来的变化。当节点移动时，GUID 绑定的网络地址信息发生变化，而 GNRS 服务能够快速更新 GUID 到网络地址的映射信息，由此降低移动带来的丢包率，也减少了数据转发过程中的时延。逐跳分段传输协议要求路由器具有大容量的存储功能，有助于解决未来互联网中大量移动设备所构成的 Ad Hoc 网络或延迟容忍网络（Delay Tolerant Network，DTN）等动态网络场景下的数据转发路由问题。

（2）MobilityFirst 命名和编址

MobilityFirst 架构中的网元有 3 类表示符，分别为：人类可读名字、全局唯一标识符、动态网络地址，其中人类可读名字、动态网络地址与现有系统一样，如文件名、IP 地址等。MobilityFirst 网络中命名与编址如图 4-15 所示。

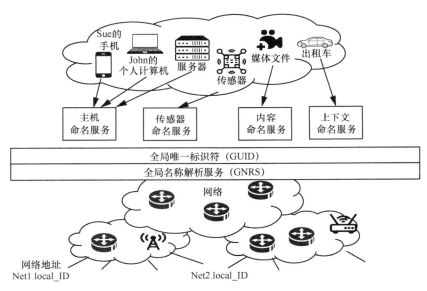

图 4-15 MobilityFirst 网络中命名与编址

人类可读名字经加密哈希得到全局唯一标识符（GUID），这个工作由 NCS 负责。

MobilityFirst 采用分布式的命名服务，为每个对象都分配一个全局唯一的扁平化名称（即 GUID）。与传统互联网的集中式命名服务不同，分布式命名服务可以克服像域名滥用、域名炒作及域名欺诈等行为，有利于竞争，避免了网络权利的集中化。

在 MobilityFirst 中，设备只有 GUID，并没有固定的网络地址（Network Address，NA）。当设备需要与其他节点进行通信时，由 GNRS 为设备临时分配一个网络地址来完成网络层的路由和传输。设备由于位置变更或网络环境变化导致网络地址发生变化时，GNRS 需要维护 GUID 与网络地址的映射。

举例说明，通信设备 A 的 GUID 和 IP 地址分别为 GUID_A 和 IP_A，GNRS 保存主机 A 的映射信息对（GUID_A，IP_A）。首先通过哈希函数 Hash（x），计算出 IPh = Hash（GUID_A），将映射信息对（GUID_A，IP_A）存储在 IP 地址为 IPh 的路由器中；若 IPh 不是路由器地址，重复这个哈希过程直到哈希的结果为路由器地址时才终止。GNRS 设计出多个不同的哈希函数，将映射信息最多保存在 k 个路由器上，映射信息的查询会优先选取最近的路由器，以利于降低查询时延。

GNRS 的工作流程可分为映射信息的注册、更新和查询以及 GNRS 对移动的支持。其中，注册是指移动设备 B 刚接入网络时，获得 IP 地址，并通过哈希运算式得到路由器地址，然后向这些路由器中注册映射信息。更新则是指移动设备 B 接入点发生变化后，将新的 IP 地址在之前注册的路由器中更新。查询则是其他主机或路由器要获得设备 B 的映射信息，在由哈希运算式得到注册过 B 的路由器地址后，选择最近的路由器向其发送查询报文。

MobilityFirst 网络通过 GNRS 实现了 GUID 与实际通信过程可变网络地址的解耦合，实现了网络环境动态变化场景下的网络设备的连接和通信。MobilityFirst 中的网络地址并没有限制为某种具体的协议地址，传统互联网的 IP 地址可以作为 MobilityFirst 中的网络地址。

（3）MobilityFirst 路由机制

为了适应未来网络可能存在的多种场景，MobilityFirst 提出了广义存储感知路由、混合路由和分段传输路由[16]。

1）广义存储感知路由

广义存储感知路由是为了解决诸如链路的质量波动性较大、拥塞在一定范围内集中发生、节点的移动性存在较大差异以及网络本身不是完全连接等问题。广义存储感知路由器节点通过主动感知存储消息的方式来应对链路波动，通过将数据转发到对端节点新接入的路由器中解决节点与网络的间歇性连接，同时可以携带消息移动将消息转发到相对独立的网络中。这种路径的选择可以对网络拥塞进行有效的控制。

2）混合路由

MobilityFirst 支持名字和网络地址的混合路由，消息包括源和目的地的 GUID、SID 和 Data 几个部分，数据报头部用来存储目的主机名字。这种方式采用快速的全局名称解析服务（GNRS）来动态绑定目标 GUID 最新的一组网络地址，从而保证高扩展性。

3）分段传输路由

分段传输协议最开始面临的问题有端到端速率控制容易出错、重传浪费资源和路径损坏造成目的节点无法到达等，针对该问题产生了一种有效的解决方案：可靠的按块逐跳传输机制，以分摊开销源并利用网内缓存的方式提高速度。分段传输路由利用具有大容量存储功能的路由器来分段传输数据，具体而言，假设有两条先后连接的传输链路，在下一段链路带宽较小或者发生阻塞时，并不立即转发上段传输过来的数据，而是存储起来，当之前出现阻塞的网络链路正常后，再从缓存中取出发送。

MobilityFirst 体系架构充分关注了移动计算以及时延容忍需求，但对于流量扩展性等问题考虑较少。

4.4.3 面向服务的网络架构

对互联网用户来说，访问互联网的目的在于获得某种服务，如文件下载服务、语音通话服务或软件服务等。信息传输只是互联网的基本功能之一，服务是互联网价值的根本体现。未来 6G 网络本质是一种超大规模的具有高可靠性、通用性和高扩展性的服务系统,能够支持用户在任何位置任何时间使用任何终端访问各类服务。未来的网络体系结构必须适应这些服务模型和服务要求。

在未来网络架构研究中,有一类是以服务为中心或者面向服务设计的网络架构,其中 Serval 和 SOFIA(Service-Oriented Future Internet Architecture)是具有代表性的面向服务的网络架构。

4.4.3.1　Serval 网络架构

互联网服务运行在不同位置的多台服务器上,为经常移动和多宿主的客户端提供服务。这种应用场景与底层的互联网网络架构并不匹配,该网络架构设计旨在用于具有拓扑相关地址的固定主机之间的通信。互联网服务提供商通过包含数万台计算机的数据中心在互联网上提供了大量服务,当客户端使用 DNS 查找服务时,客户端会在连接建立的早期就绑定到服务提供者位置上。实际上,客户端可能绑定到负载平衡器上,负载平衡器为客户端选择提供服务的最佳服务副本,而负载均衡器将可能成为网络的单点故障点。这样的网络架构给服务容错、副本迁移、副本添加和升级也带来挑战。而且,当客户端计算机在不同接口(如 Wi-Fi、移动网络、以太网等)之间切换时,数据流也会中断,需重新建立连接。Serval 网络架构如图 4-16 所示。

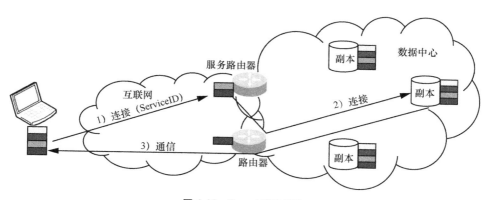

图 4-16　Serval 网络架构

Serval 通过为 TCP/IP 协议栈中的服务提供更好的抽象来解决这些问题。Serval 体系结构的核心是一个新的服务访问层(Service Access Layer,SAL),它位于互联网网络层之上，使应用程序可以直接基于服务名称进行通信。SAL 提供基于名称的路由，通过多种服务发现技术将客户端连接到服务。应用程序在调用套接字时触发对服务路由状态的更新，确保了最新的服务解析。借助 Serval，端点可以无缝更改网络地址和跨接口迁移流，实现高效且不间断的服务访问。

（1）Serval 命名机制

在 Serval 中，每个服务都有一个 ID（名称），该 ID 由 3 部分组成：服务提供商前缀+服务提供商指定+自认证。服务提供商前缀字段（如 baidu）从 IANA 等授权互联网机构获得；服务提供商指定字段包括特定的服务名称（如 news 或 map）；自认证字段是公钥和服务前缀的哈希，从而允许服务在不依赖中央认证机构的情况下进行自认证。Serval 中的命名方案是一种将层次化命名与扁平化命名相结合的方案，一个 Serval 服务名称（ID）的例子如 baidu.map.153AB119。

（2）Serval 网络协议栈

Serval 对互联网 TCP/IP 协议栈做了一些修改，在网络层和传输层之间引入了服务访问层（SAL），如图 4-17 所示。Serval 应用程序层使用 ServiceID 建立连接。SAL 基于 ServiceID 和 FlowID 而不是基于 IP 地址和端口号进行复用。SAL 具有两种类型的表：服务表和流表。服务表将 ServiceID 映射到服务副本上，流表将 FlowID 映射到套接字或接口上。

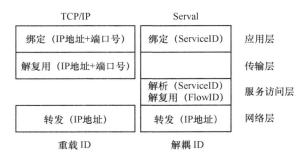

图 4-17　Serval 网络协议栈

Serval 对客户端和数据中心的 TCP/IP 协议栈进行了改进，引入了一种新的服务路由器（Service Router，SR），将负载均衡器和代理的功能移至服务路由器，每个服务提供商向服务路由器通知服务及其所有副本的可用性。假设有一个客户请求百度地图服务，服务名称为 baidu.map.153AB119。客户端向服务路由器询问此项服务，服务路由器选择最佳的可用服务副本，并将请求通过网络（IP）路由器转发给它。在此之后，副本将绕过服务路由器，将响应直接返回给客户端。这个过程仅用于第一个数据包，所有后续的数据包都可以由流表基于目标 FlowID 进行复用，而无须 SAL 头，即后续的数据包不再通过服务路由器。Serval 通过服务路由器转发端节点间的数据流过程如图 4-18 所示。

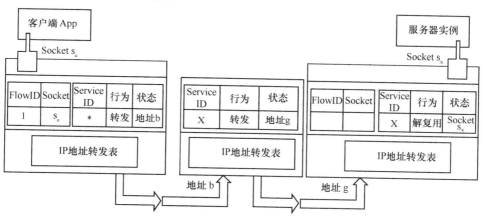

图 4-18 Serval 通过服务路由器转发端节点间的数据流过程

由于采用了 ServiceID 和服务副本之间的后期绑定及 FlowID，Serval 使数据中心易于实现负载平衡、迁移、升级和容错。同时由于 FlowID 的思想，当原服务副本出现故障时另一个服务副本可以承载该会话，保证了服务的可用性。由于 Serval 支持使用 FlowID 进行会话，因此客户端可以在不同连接接口（如 Wi-Fi、蜂窝网等）之间移动，而不会中断数据流，以此轻松地重新建立和恢复流。

4.4.3.2 SOFIA

SOFIA 是一种面向服务的互联网体系架构[17]。互联网不再仅仅作为传输通道，而是被看作服务池。SOFIA 以标识服务作为协议栈的细腰，通过服务的迁移等技术来实现服务的本地化，有效解决互联网流量激增带来的问题。通过标识和地址的分离，SOFIA 可有效支持泛在移动计算。与云计算类似，该结构借助 Pay-as-you-go 支付模式发挥统计复用的规模效益，如图 4-19 所示。

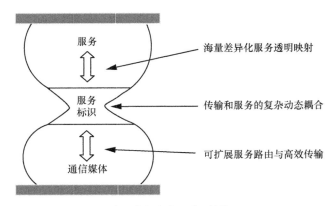

图 4-19 面向服务的未来互联网结构（SOFIA）

SOFIA 的基本设计思想如下。

1）SOFIA 是以服务标识为核心，集传输、存储和计算等功能为一体的服务资源池。

2）在 SOFIA 中，服务标识充当沙漏模型的细腰，通过服务标识来驱动路由和数据传输。

3）服务请求由服务标记驱动，根据存储在网络中的注册信息实现地址映射，进而实现服务的定位。

4）SOFIA 提供网络虚拟化功能，通过优化理论寻找虚拟网络到物理网络的最优映射。

5）SOFIA 提供了内生的安全性机制和身份验证机制，确保只有合法的服务提供商和服务请求端才能访问网络。

4.4.4 NewIP 网络架构

NewIP 在设计理念上沿用 IP 网络统计复用和分层设计的特点，在命名与寻址、确定性时延、内生安全、海量异构通信主体、异构网络的互联互通及用户可定义等方面提升网络的能力，以满足未来业务的新需求[18]。NewIP 旨在成为未来数据网络的"新腰"，连接设备、内容、服务和人等海量异构通信主体，联通空天地海等多种异构网络，实现空天地海网络一体组网。

NewIP 统一新型网络体系架构如图 4-20 所示。

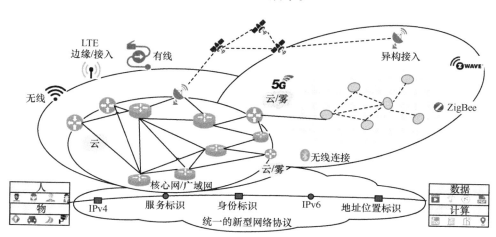

图 4-20　NewIP 统一新型网络体系架构

（1）面向未来需求的命名和寻址机制

随着网络服务边界的不断扩展、新型异构网络的不断融合、通信实体种类和数量的增多，通信主体由传统主机演变为广义实体，包括网络和终端设备、内容、服务、人甚至虚拟对象等，需要新的变长网络地址、多样化寻址、面向服务的路由等机制，以支持海量异构通信实体和异构网络间的互联互通。

NewIP 网络层采用可变长度、结构化的地址，网络设备为不同长度的地址建立统一的路由转发表项。不同的网络地址将共存于数据报文中，网络设备根据任意长度的地址进行路由表查找操作，以决定数据报文的下一跳。NewIP 可根据网络规模平滑扩充地址空间，无须修改已有的网络地址配置。网络互联和扩容不依赖于协议转换或者地址映射网关设备。可变长度地址是同时满足海量通信主体引起的长地址需求及异构网络互联带来的短地址需求的重要方案。

NewIP 支持多样化的寻址方式，网络地址不仅可以标识主机，还可以标识人、内容、计算资源、存储资源甚至虚拟实体等。NewIP 路由器既可支持传统的拓扑寻址，又可支持主机 ID 寻址、内容名字寻址、资源标识寻址等多种寻址方式。通过多样化寻址，NewIP 将主机、用户、内容、计算资源等与拓扑位置解耦，通过各自的地址空间进行路由。

（2）面向服务的路由

面向服务的路由（Service-Oriented Routing，SOR）[18]以服务标识作为寻址依据，可以优化服务时延。面向服务的路由机制需要服务侧、网络侧和用户侧多方协作。其中，用户侧和服务侧根据网络设定达成服务标识生成规则的共识；用户侧无须通过映射系统即可获知网络可路由的服务标识，进而跳过耗时的 DNS 过程，缩短服务获取时延；由用户侧和服务侧生成并维护的标识系统，需要网络设备进行路由通告，并在网络中形成该标识的转发表项；最后网络设备使用标准化的协议为多样化的标识提供路由转发支持。

（3）确定性 IP 技术

确定性 IP 的目标是在现有 IP 转发机制的基础上提供确定性的时延及抖动保证。通过引入周期调度机制避免微突发的存在，保证确定性时延和无拥塞分组丢失。确定性 IP 的主要使能技术为大规模确定性网络（Large-Scale Deterministic Network，LDN）。LDN 技术的异步调度、支持长距离传输、核心节点无须每流状态维护等特点使其适用于大规模网络部署。

（4）网络安全技术

NewIP 网络自顶向下设计了一套网络安全架构[18]，把网络安全可信问题归纳为"端到端通信业务安全可信"和"网络基础设施的安全可信"两大类，并分别提出相应的使能技术。

1）端到端通信业务安全可信：传统互联网在 IP 地址真实性、隐私保护、密钥安全交换、拒绝服务攻击等方面存在较大的安全威胁。NewIP 根据安全目标划分不同的安全域，将不可信、攻击流量阻断在安全域外，将域内安全问题控制在安全域内，限制安全问题扩散。在划分安全域的基础上，通过在不同安全域中的网络元素及协议中内嵌关键安全技术，提供可信身份管理、真实身份验证、审计追踪溯源、访问控制、密钥管理等安全模块。

2）网络基础设施的安全可信：当前互联网最重要的两大基础设施是路由系统和域名系统。这两大基础设施和其背后的安全可信模型都是中心化的，以某个可信第三方作为整个系统的单一信任锚点。由于中心化模型存在着中心节点权限过大、易单点失效等脆弱性，这些基础设施存在安全可信隐患，同时也大大降低了互联网的平等性和可靠性。为了构建一个公平可靠和开放的互联网，NewIP 采用以分布式账本技术为代表的去中心化技术来构建基础设施的可信根。分布式账本等去中心化技术不存在单一可信锚点，所有节点平等，并且具有全部信息副本，因此更加可信和安全。

（5）用户可定义技术

用户可定义技术将控制指令封装在数据报文中，由控制面进行网络功能与协议的部署配置，数据面进行报文级的用户可编程的功能支撑。一方面用户可感知网络状态，包括报文传输路径、拥塞状况、网络设备待处理信息等；另一方面可支持用户定义网络的行为，包括低时延转发、大带宽转发、订阅分组丢失通告、细粒度的随路测量等，进而达成在网络层的多种新特性，满足未来场景的需求。

互联网最初的目标是连接主机系统，承载简单的端到端数据通信，经过 30 多年的发展，其承载的业务和连接的对象都已发生巨大的变化，以 TCP/IP 协议栈为核心的网络架构可能无法承担未来的业务需求。世界各国争相探索研究未来的网络体系架构，旨在从不同角度解决消除互联网原始设计弊端，目前逐渐形成了一些主流的研究方向，如面向内容的网络架构、面向移动性增强的网络架构、面向服务的网络架构、面向云计算的网络架构、可信和内生安全的网络等,这些网络结构针对具体的应用环境，从对象标识、地址空间、寻址方式、路由机制等方面进行了研究，提出了针对性的方案。但是，任何单一技术或方案的突破均难以满足未来网络发展的需求。

未来网络架构的发展和成熟需要以下几个方面的支持：首先，需要在具体关键技术上形成突破，为网络架构提供技术支撑；其次，丰富多彩的网络应用模式的成熟，是网络架构形成的巨大需求驱动力；再次，网络架构的发展需要产业界的广泛支持，成熟的生态系统与网络架构将起到相互促进的作用；最后，全球统一的网络架构离不开标准化的支持。

6G 业务形态的革命性变革对当前网络架构提出了严峻的挑战,同时也对新型网络架构的演进起到了支持和促进作用。未来网络架构的构建是一项耗时耗力的工程，只有在合理的科学理论与方法论基础上，面向切实的应用需求，秉承开放合作的心态广泛协调，逐步攻克关键技术难题，才能构建出满足人类发展需求的未来网络构架体系。

|4.5 智能内生网络 |

面对未来 6G 虚实结合、沉浸式、全息化、情景化、个性化、泛在化的业务需求，以及异体制网络技术和海陆空天多域融合组网的网络需求[2]，当前网络以规则式算法为核心的运行机理受限于刚性预设式的规则，很难动态适配持续变化的用户需求和网络环境，网络运行经验无法进行有效累积；而以人工为主的策略式管理控制方案也难以满足网络的高度弹性和动态要求，限制了网络管控能力的持续提升[19]。这意味着在传统运行机理下，网络没有自进化的能力，任何升级改进必须依赖专业人员的大量工作，这对规模和复杂性空前的 6G 网络是难以接受的。向网络添加智能基因使之具备智能化和自进化能力是解决上述问题的重要途径。

当前以深度学习和知识图谱为代表的人工智能技术快速发展，引入人工智能技术能对网络本身以及相关的用户、业务、环境等多维主客观知识进行表征、构建、学习、应用、反馈和更新，并能基于习得的知识实现对网络的立体认知、决策推演和动态调整，达到"业务随心所想、网络随需而变"的目的。这就形成了以知识为中心的网络运行和控制机理，这样的网络称为"智能内生网络"。

当前已经存在了相当数量的人工智能方法应用于网络管控和优化的研究，但其中大部分是用机器学习算法来解决特定的网络问题，而"智能内生网络"并不是人工智能方法在特定问题上的简单应用，而是在人工智能原则和方法论的指导下，结合网络系统的自然属性和运行特质，设计和构建适配于网络环境的人工智能以及适配该人工智能的网络架构和运行环境，实现智能内生。

4.5.1 定义和基本框架

"智能内生网络"是以知识为中心，通过人工智能技术对用户、业务、网络、环境等多维主客观知识进行表征、构建、学习、应用、反馈和更新，并基于知识图谱自主实现对网络资源的立体认知、决策推演和动态调整，最终达到业务随心所想、网络随需而变的目的。

　　"智能内生网络"是在人工智能原则和方法论的指导下，结合网络系统的自然属性和运行特质，设计和构建基于人工智能的网络架构和运行环境，实现网络的智能内生。智能内生网络由可实现网络自进化的双层闭环结构组成，如图 4-21 所示。

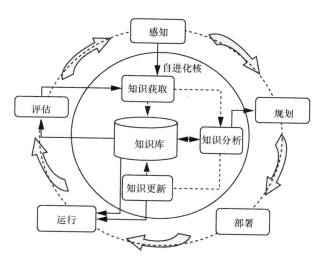

图 4-21　智能内生网络的双层闭环结构

　　如图 4-21 所示，内层是自进化核，或称为"知识大脑"，以知识为核心，实现知识的获取、分析和更新，将网络的运行和维护经验以知识的方式识别并积累，为网络的自进化提供知识和智能基础。围绕知识的有效积累，该层包含 3 个阶段。

　　1）知识获取：从实际网络运行和评估数据中挖掘和提取知识。

　　2）知识分析：在已有知识的基础上，基于智能方式进行知识推理，以完善知识库。

　　3）知识更新：基于外部环境和内部特性的变化，通过自学习方式对知识库中的知识进行维护和升级，剔除失效知识、更新有用知识。

　　外层是面向内生智能的网络闭环运行与管理功能，实现网络的自主运行和自主维护。外层向自进化核提供数据和经验输入，并能根据自进化核提供的知识实现对网络的规划、部署、运行和调整以及网络运行和管理策略的自演进。该层包含感知、规划、部署、运行、评估 5 个阶段，各阶段功能如下。

　　1）感知阶段：对用户、业务、网络、环境等进行立体感知，掌握用户的用网习惯，理解网络用户的语义需求，感知网络及业务的现状、变化趋势及网络运行环境的变化等，为后续阶段构建信息基础，感知阶段获取的各种信息将作为自进化核中知识获取的输入之一。

2）规划阶段：基于自进化核的知识和经验支持，结合感知信息，自动规划编排出合理的网络拓扑、网络配置、跨层跨域协作及网络管控方案。

3）部署阶段：基于 NFV/SDN/MEC、网络切片和云计算等技术，根据规划方案实现网络拓扑的自动生成、网络功能的自动部署、网络资源的自动分配、管控能力的自动加载等。

4）运行阶段：网络根据功能逻辑实现自主运行，业务根据业务逻辑实现自主提供，并根据管控策略，实现对网络及业务的自主动态维护和管理。

5）评估阶段：基于自进化核确定的评估指标和评估方案，对网络运行状况和网络管控方案的效果进行评估，评估的结果可作为感知信息之一，为网络运行方案及管控方案的持续演进提供数据基础；同时还需将评估结果反馈给自进化核，以支持自进化核经验和知识的积累与更新。

结合上述功能结构，总结智能内生网络的几点重要特性如下。

1）以自进化核为中心，知识是网络的智能大脑，通过大脑的自我训练和自我学习，实现知识的不断丰富和自动更新，形成网络内生智能的知识基础和知识驱动力。

2）以具备网络自进化能力为导向，基于感知—规划—部署—运行—评估—感知的闭环结构实现网络的自感知、自规划、自部署、自优化、自治愈、自评估和自调整，形成网络自进化的动态模式。

3）外层展现出的网络自进化能力以内层知识为基础，知识的归纳、整理、分析、推理和更新的质量决定了网络自进化能力的高低。

4）智能内生网络不是重新建设新的网络，而是在现有网络设施的基础上充分利用虚拟化、云计算、人工智能等技术对网络进行重构。

4.5.2 主要原理和技术

为构建"智能内生网络"，需要解决的理论问题和关键技术包括以下几个方面。

（1）面向 6G 网络多维主客观知识表征、构建、获取、治理及演进机理

面向 6G 网络多维主客观知识的表征、构建、获取、治理及演进机理，包括智能数据模型及其交互模型的构建、潜在模型的自动挖掘和提炼、知识的融合与推理，这是实现智能内生网络的理论基础。

（2）网络自进化机理

网络自进化机理，是由内层基于知识闭环的自进化核和外层基于网络运营特性的管理闭环共同作用体现出来的，其关键技术包括意图驱动的网络经验抽取、重组及推演方法，复杂网络演化的动力学模型，支持功能与业务动态重组的灵活网络架构等。

（3）全息网络立体感知技术

全息网络立体感知技术，包括基于知识的立体感知信息构建方法，以及全面、准确、及时的信息获取机制和基础设施，使网络决策有良好的信息基础。

（4）网络资源柔性调度机制

基于知识和立体感知的网络资源柔性调度机制，包括通信信道、计算、路由、缓存等各类资源的弹性资源配置、高稳健性的主动资源分配、跨层跨域协同优化。

｜4.6　内生安全网络｜

4.6.1　概念与特性

内生安全的概念由奇安信集团董事长齐向东在 2019 北京网络安全大会上首次提出。内生安全是指利用系统的内在因素获得安全属性。齐向东提到的内生安全有 3 个主要特性，分别是自适应、自主和自成长。

1）自适应：指信息化系统具有针对一般性网络攻击进行自我发现、自我修复和自我平衡的能力；具有针对大型网络攻击进行自动预测、自动告警和应急响应的能力；具有针对极端网络灾难保证关键业务不中断的能力。

2）自主：指每个组织应针对自己的业务特性，立足于自己的安全需求，针对自己容易遭受的攻击，建设自主的防御架构，形成自主的安全能力。

3）自成长：指当信息化系统和安全系统升级换代、业务系统流程再造或者遭受攻击的时候，安全能力应能动态提升，这一能力要求网络与智能相结合，它的核心是人的进步和成长。

综合来说，内生安全网络能够自我发现并修复故障，可以自动对网络攻击发出告警和响应，保证业务不被中断，并根据环境变化动态提升安全能力。聚合是实现内生安全的重要手段，其中，自适应是信息化系统与安全系统的聚合，这种聚合需要信息化系统把网络、云中心、数据、应用、终端等分层解耦，以便把安全能力插入其中；自主是业务数据与安全数据的聚合，这种聚合需要把接口、协议及各类数据标准化，使得业务能够被有效识别，从而将安全能力融入业务系统的各个环节之中，使得业务系统内生出安全能力；而要实现自成长，靠的是 IT 人才与安全人才的聚合。

4.6.2 内生安全网络架构

研究者提出了不同的内生安全网络架构，如基于内生安全特性的网络架构和基于广义稳健控制的内生安全架构等。

（1）基于内生安全特性的网络结构

华为在研究现有 IP 技术的基础上，重新设计了 IP 和安全机制，提出了一种具有内生安全特性的网络架构（Network Architecture with Intrinsic Security，NAIS）[20]。该架构基于最小信任模型，将验证所有流量（包括内部与外部）的真实性，仅对少量网络节点透露 IP 头部隐私信息，对不可信节点则采取保护措施防止隐私泄露。NAIS 可应用在具有不完全可信内部节点和外部节点的场景下。

该架构提供了 5 类安全功能组件：身份管理者（IDentity Manager，IDM）、审计代理（Accountability Agent，AA）、本地 DHCP 服务器、ID 验证者和边界路由器。内生安全网络架构如图 4-22 所示。

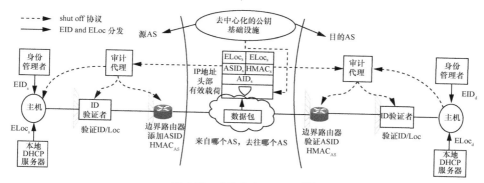

图 4-22 内生安全网络架构[20]

其中，身份管理者负责管理 AS 域内的身份以及签发动态临时加密标识符（Ephemeral and Encrypted IDentifier，EID）及凭证给终端主机；审计代理负责对非法流量进行追踪审计；ID 验证者是一种具备真实性验证功能的路由器，负责验证发送者的真实性及过滤虚假或恶意的数据分组；本地 DHCP 服务器管理和分发动态变化的位置标识符（ELoc）给终端主机[20]。

为保证端到端通信安全，NAIS 设计和修改了具备安全特性的网络协议，新增和部署了具备安全功能的网元，提出了 4 种核心技术[20]。

1）动态可审计的隐私 ID/Loc：NAIS 对永久 ID 和真实 Loc 加密，生成具有匿名性、可防止隐私泄露和关联追踪的 EID 和 ELoc。

2）去中心化的 ID 内生密钥：NAIS 采用去中心化的内生密钥机制，用于协商会话密钥的身份公钥内生于主机标识符，即接收端可根据主机 ID 直接派生出信息验证公钥，使 ID 具有自验证公钥特性，可有效防止密钥交换产生的欺骗问题。

3）基于最小信任模型的真实性验证：NAIS 在不同场景采用不同匿名验证方法，对于跨域传输流量的真实性，可以通过流出和流入权多步验证进行保障；对于域内的网络流量，接收者侧的 ID 验证者同样需要对来源真实性进行验证，从而保证对所有流量进行验证并对故障及攻击快速定位恢复。

4）跨域联合审计和多级攻击阻断：NAIS 根据不同需求，在 IP 头部携带可由目的端检验的 AID，使目的域可区分合法与非法流量，并通过审计协议实现跨域的追踪溯源和攻击切断。

总体上说，NAIS 面向未来网络，依赖去中心化公钥基础设施等新增功能组件的实现和部署，可有效防止通信过程中隐私泄露和欺骗问题。

（2）基于广义稳健控制的内生安全架构

"2017 未来信息通信技术峰会"中提出需要打造稳健的未来移动通信网络，指出基于广义稳健控制属性的拟态架构可以承载高可靠、高可信、高可用的三位一体服务功能[21]。网络空间现有防御体系是基于威胁特征感知的精确防御，是建立在"已知风险"或"已知的未知风险"的前提条件上，需要攻击来源、攻击特征、攻击途径、攻击行为等先验知识的支撑，在防御机理上属于"后天获得性免疫"，通常需要加密或认证功能作为"底线防御"。但是，这种防御体系在应对基于未知漏洞后门或病毒木马等未知攻击时存在防御体制和机制上的脆弱性。尤其在系统软硬构件可信性不能确保的生态环境中，对于不确定威胁，除了"亡羊补牢"外几乎没有任何实时高效的应对措施，也不能绝对保证加密认证环节或功能不被蓄意旁路或短路。

由此有学者提出了基于广义稳健控制的内生安全核心网架构，该架构包括内生安全云基础设施层、内生安全网络功能层以及内生安全网络切片层三大部分[22]，如图 4-23 所示。

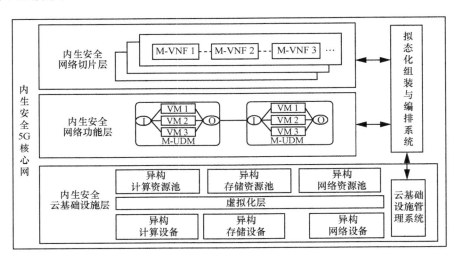

图 4-23　基于广义稳健控制的内生安全核心网架构[22]

1）内生安全云基础设施层：该层由异构物理基础设施、多样化资源池、云基础设施管理系统 3 部分组成，共同实现云基础设施层的内生安全。同时，云基础设施管理系统向上提供接口，供拟态化组装与编排系统调用安全虚拟资源。

2）内生安全网络功能层：该层使用拟态防御架构进行内生安全网络功能的构建，拟态防御是一种功能等价条件下的动态异构冗余架构。基于 NFV 的移动通信网网络基础设施为拟态防御架构的构造提供了有利条件。

3）内生安全网络切片层：该层通过拟态化组装与编排功能将具有内生安全的网络功能和通用网络功能整合为具有内生安全能力的网络切片。在网络切片层面，内生安全能力是可分级的，即可按照不同安全等级要求，对各级网络切片内的不同网络功能是否具有内生安全能力，以及具有何种级别的内生安全能力有不同要求。

基于广义稳健控制的内生安全核心网架构以动态异构冗余作为核心架构技术，能够有效解决核心网络中未知的软硬件漏洞、后门或病毒木马等带来的安全威胁[22]。

4.6.3　6G 网络内生安全

自互联网诞生以来，网络安全和个人隐私一直是人们关心的重要问题。未来 6G 网络面向人类诸多个性化需求，各种应用场景的用户隐私数据都会存储在网络和云空间中，除了用户基本信息以外，人类感知世界的数据、生理心理数据和人工智能分析数据等，都将面临前所未有的安全隐患，6G 网络对于用户隐私和数据安全肩负着重要的责任。

6G 网络需要考虑的安全问题涉及层面更广泛、采用的技术更先进。从应用层面来看，6G 网络主体所涉及的数据和隐私种类更多、数据量更大、数据结构也更复杂；从网络层面来看，涉及无线空口安全、用户层完整性、用户漫游安全和基础设施安全等几个方面；从用户层面来看，涉及如何收集个人信息和选择信息交流的方式、如何保护个人隐私等。6G 网络应能够针对安全隐患迅速做出自我决策、及时响应，避免人为干预，网络的信息安全级别也应达到更高层次。

当前网络的安全性主要依赖于位级加密技术和不同层级的安全协议，这些解决方案采用的都是"补丁式"和"外挂式"的设计思想。当前网络在设计之初未考虑安全的标准，使得基础网络在身份认证、接入控制、网络通信和数据传输等层面存在着诸多威胁，安全问题严峻。具体体现在公共无线网络中的标准化保护不够安全，即使存在增强的加密和认证协议，也会对公共网络的用户产生强约束和高附加成本。

现有依靠"补丁式"和"外挂式"的网络安全增强方案难以满足要求，因此 6G 网络需要高效、高可用的安全防护能力[23]。

为了应对 6G 网络迫切需要不依赖补丁式安全增强方案的可信安全体系这一挑战，许多学者对 6G 内生安全展开了研究，从用户、基站和网络 3 个层面，设计 6G 内生安全网络协议和组网机制，达到身份真实、控制安全、通信可靠、数据可信 4 个安全目标[23]，为 6G 网络内生安全体系构建奠定技术基础。

6G 网络内生安全可包括终端安全、接入网安全与核心网安全[23]。

（1）终端安全

由于 6G 网络将出现海量的异构终端，意味着网络与外界之间有了更多不安全的攻击入口，也对网络接入认证协议、接入控制协议提出了更高精度的要求。现有安全机制尽管提高了用户身份认证过程的安全性与身份保密性，但依然存在接入后的合法用户被跟踪、用户服务被降级甚至掉线的漏洞。同时，5G 中出现的网络切片能力将在 6G 中得到更加广泛的应用，由于切片接口开放、切片多接入等使得用户在接入多样化的网络切片时增加了接入攻击的可能性，使终端接入的安全形势变得更为严峻。因此，6G 终端面临着恶意终端身份伪造、可信终端接入受阻、接入终端干扰降级、被追踪等安全挑战。对于此挑战，可以通过增强身份认证的方式以保障异构终端设备接入真实可信，同时结合接入终端防跟踪防掉线保护等有效措施[20]。

（2）接入网安全

接入网中的基站面临着伪基站带来的各种安全威胁，尽管现有的基站认证机制已经对伪基站的接入防御有了一定程度的增强，但依然无法防御伪基站作为中继节点的一系列攻击。此外，基站的认证机制不能保障在存在伪基站的可疑无线电环境下，终端单播消息的完整性安全以及基站侧广播消息的真实性。对于通过复制真实基站信号参数信息来进行"伪装"的伪基站，也大大增加了主动识别的难度与精度。因此，基站安全面临着伪基站无线环境不安全、伪基站主动识别难精确、伪基站干扰方式多变难规避的安全挑战。为应对上述挑战，需要构建完整性保护与认证技术以增强接入网无线电环境的可信安全；同时应丰富用户侧的无线环境测量报告指标，进行多维度的网络参数和信号检测，以提升对伪基站的检测能力。

（3）核心网安全

算网融合将是 6G 网络的一大特征，网络通信与计算能力的不断下沉，为网络侧安全带来了新的威胁与挑战。除传统的核心网安全和云中心安全外，网络节点的分布式部署及边缘节点自身资源的局限性，使得 6G 边缘网络面临着边缘数据受威胁、网络状态易探知、分布式架构难防御等安全挑战。网络侧安全一方面应充分保障各节点数据的保密性与完整性，提高数据抗篡改抗伪造的能力；另一方面还需全面增强边缘数据的安全共享能力，以支撑 6G 网络的开放融合需求。因此要求核心网提高安全感知能力与分布式防御能力，通过多样化的感知、多维化的威胁分析与高可信的风险预判，形成网络内生的主动安全免疫力，增强对异常节点的流量控制、安全隔离与高优先级的状态处理机制，使网络具备缓解攻击和抵御自保的安全能力。

总之，6G 网络内生安全体系将在接入网侧通过对不同安全协议和安全机制的聚合，为 6G 内生安全网络实现"门卫式"的安全保障；在核心网侧通过赋予网络安全防护的自主驱动能力，提供 6G 网络自内向外的主动安全免疫力[23]。

4.7　按需服务网络

在 AI 技术、智能芯片和边缘计算等使能技术的支撑下，6G 网络将向着无人化、分布式、智能化自主协作的方向发展，对人—机—物—灵，甚至人的意识之间无缝的信息组织、存储、传输、语义理解等提出了新的挑战和需求。边缘高度去中心化、网络节点高度动态自组织。每个网络节点（包括各种终端、基站、网关、路由器、服务器等）都是一个智能信息服务处理体，既是服务的提供者，也是服务的消费者，形成一种"节点在网络中自主地智能协作，信息在网络中有序地智能组织，服务在网络中按需地迁移运行"、全新的"人人为我，我为人人"的共享经济服务提供生态。

智能化、沉浸式和情境化是未来 6G 服务的主要特点。6G 网络服务将逐渐从 5G 网络目前的三元空间域向 6G 时代的四元空间域跃升（如图 4-24 所示）。这种新的无处不在的，基于社会空间、信息空间、物理空间和意识空间的通信和控制场景要求对现实世界和虚拟世界进行智能化的服务协调，以及各种终端设备和网络节点高效协作。在 6G 时代，具有各种 AI 功能的终端设备将与各种边缘和云资源无缝协作[24]。这种"设备+边缘+云"的分布式计算架构可以按需提供动态且极其细粒度的服务计算资源[25]。

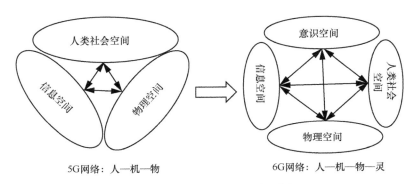

5G网络：人—机—物　　　　　　　　6G网络：人—机—物—灵

图 4-24　网络服务交互空间域的变化

随着 AI 技术的成熟和 AI 硬件成本的降低，越来越多的智能终端设备（如智能手机、AR/VR 装置、智能相机、智能电视、智能汽车等），以及其他物联网（IoT）设备会不断地加入用户的日常生活中。分布式终端设备之间的协作 AI 服务也将成为 6G 的重要支持技术[26]。借助这种智能协作计算方案，6G 网络可以通过感知各种类型的物理世界和信息空间的客观信息及用户的多种主观信息，从而全面提供无处不在的沉浸式万物互联网（Internet of Everything，IoE）服务。因此，如何结合这些泛在的、分散的 AI 功能，并根据不同的场景和用户需求找到最佳的融合服务，为用户提供最佳的体验，是 6G 服务需要深入探讨的问题。

未来这种虚实无缝融合的世界将不断催生出丰富的新业务和新场景，用户对网络服务的需求也趋于多元化和个性化。6G 网络除了提供极致的网络性能体验外，还将进一步提升感知能力，包括对用户的需求、行为、业务以及意图等的感知，从而构建满足用户个性化需求的按需服务的网络。按需服务网络将能够为用户提供动态的、极细粒度的服务能力，根据用户个性化的需求自由实现不同种类、不同级别的服务组合。特别地，当用户需求发生变化时，按需服务网络能够实时感知并完成无缝的服务动态聚合、服务迁移和服务切换，从而高效地实现网络服务资源与用户个性化需求的精准匹配，为用户提供极致的服务体验。

面向人—机—物—灵融合的按需服务如图 4-25 所示，针对虚实结合的业务需求，在实现对用户行为及主观体验的智能理解基础上，基于语义和知识提出业务组合需求模型，通过智能计算，实现对虚拟场景与真实场景中的人—机—物—灵四元空间域多要素的业务组件实例化和服务抽象化，并进行服务的动态组织；通过对沉浸式情景特征的捕获和上下文预测，并基于智能反馈与增强学习，实现各种泛在服务资源的主动智能聚合；并通过在线适应和迭代演化技术，在各类终端与网络的深度协同与高效计算下，实现人—机—物—灵融合的服务提供。

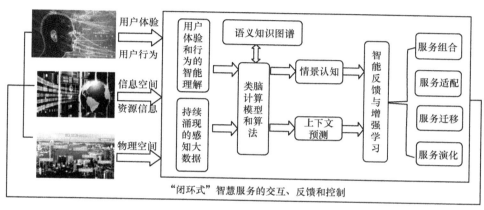

图 4-25　面向人—机—物—灵融合的按需服务

6G 网络中每个网络节点都将是一个集感知、计算、通信、存储、路由和控制为一体的智能体，每个智能体不仅具有提供服务、存储数据、节点路由和感知计算等能力，多智能体之间还可以进行信息的无缝流动和计算的分布式协作。利用这些数以亿计的互联设备的实时感知与智能计算能力，支持多节点之间的共享 AI 算力，6G 网络将是一个智能泛在和智能内生的网络。去中心化网络服务架构和网络内生智能将成为未来 6G 网络的两个重要技术特征和发展趋势[27]。

5G 虽然开启了"端+边缘+云"的分布式计算时代，但在网络服务架构、应用提供模式、协议体系方面延续了 4G 应用服务模式，依然是一种"中心化"的应用服务模式，主要存在以下问题和挑战。

（1）传统的 B/S 和 C/S 应用架构存在的问题

现有的这种依靠用户终端和特定服务器交互的应用提供模式存在云端资源和核心网络带宽消耗、DDoS 攻击、业务高并发带来的系统复杂性等问题；难以适应未来 6G 网络中节点动态自组、服务动态协同的 Peer-to-Peer 的去中心化的无服务器的应用提供模式。

（2）中心化的数据存取模型及应用和数据紧耦合的问题

现有的网络服务是一种中心化的信息组织模式，越来越多的人依靠的是少数网站的服务。在现有"中心化"的服务提供模式下，数据或者保存在用户终端，或者集中存储于特定的云端服务器或者数据中心，数据的存储与访问控制权归属于一个特定的集中机构，服务向少数寡头服务提供商集中，如腾讯、阿里或者 Facebook，实际上形成了一个个信息孤岛，用户无权控制自己的数据，导致了存在用户数据的泄露、跨 App 的用户数据共享等。

（3）中心化的 AI 模型存在的问题

现有中心化的应用提供模式下，往往采用集中化的大数据进行神经网络模型的训练和学习，这种数据的大规模汇聚对网络带宽和计算资源的耗费大、数据的安全和隐私问题严重；另外，采用中心化的部署和推理运行的模式（将模型部署到云端/边缘服务器或者终端设备），网络中分布式的网络节点的算力和资源没有被高效利用起来。

因此，现有以 B/S、C/S 为代表的"中心化"的应用提供模式在面对未来去中心化和分布式边缘智能协作的 6G 网络环境时面临着巨大的挑战，6G 应用模式和服务提供机制将发生颠覆性的变化，主要体现如图 4-26 所示。

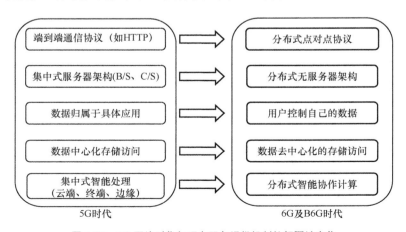

图 4-26　6G 网络时代与现有服务提供机制的颠覆性变化

　　因此，不同于现有存在了几十年的以 B/S、C/S 为代表的"中心化"服务提供架构，面向未来的 6G 网络需要研究新型的服务提供架构、协议和提供机制。基于此，提出了面向 6G 的无中心服务器的服务提供新架构，包括新协议、新数据模型和新运行机理，该架构支持去中心化的人工智能理论和技术[28]，消除传统意义上的"客户端—服务器"界限，实现信息在网络中分布式存储、服务在网络中动态迁移、网络节点自主动态协同等。

　　6G 网络应能够根据应用的特定计算需求，按需提供动态的、极细粒度的服务计算资源，能够根据业务的种类、服务等级和计算需求自适应地切换服务方式与内容，实现网络服务能力与用户需求实时精准匹配，深入地将人—机—物—灵融为一体，为用户带来极致的性能体验。

┃ 参考文献 ┃

[1]　吕智勇. 6G 网络中的卫星通信[J]. 数字通信世界, 2020(1).

[2]　ZHANG T, ZHOU F Q, FENG L, et al. Capacity enhancement for next generation mobile networks using mmWave aerial base station[C]//Proceedings of IEEE Globecom 2017. Piscataway: IEEE Press, 2017: 1-6.

[3]　YU P, LI W J, ZHOU F Q, et al. Capacity enhancement for 5G networks using mmWave aerial base station: self-organizing architecture and approach[J]. IEEE Wireless Communication Magazine, 2018, 25(4): 58-64.

[4]　夏明华, 朱又敏, 陈二虎, 等. 海洋通信的发展现状与时代挑战[J]. 中国科学: 信息科学, 2017, 47(6): 667-695.

[5]　梁涓. 水下无线通信技术的现状与发展[J]. 中国新通信, 2009(12).

[6]　谢莎, 李浩然, 李玲香, 等. 面向6G网络的太赫兹通信技术研究综述[J]. 移动通信, 2020, 44(6): 36-43.

[7]　田浩宇, 唐盼, 张建华, 等. 面向 6G 的太赫兹信道特性与建模研究的综述[J]. 移动通信, 2020, 44(6): 29-35.

[8]　迟楠, 贾俊连. 面向 6G 的可见光通信[J]. 中兴通讯技术, 2020, 26(2): 11-19.

[9]　中国移动研究院, 华为技术有限公司. 算力感知网络技术白皮书[R]. 2019.

[10]　ITU-T FG NET 2030. A blueprint of technology, applications and market drivers towards the year 2030 and beyond[Z]. 2019.

[11]　ITU-T FG NET 2030. New services and capabilities for network 2030: description, technical

gap and performance target analysis[Z]. 2019.

[12] 黄韬, 霍如, 刘江, 等. 未来网络发展趋势与展望[J]. 中国科学: 信息科学, 2019, 49(8): 941-948.

[13] JACOBSON V, SMETTERS D K, THORNTON J D, et al. Networking named content[C]// Proceedings of the 5th ACM International Conference on Emerging Networking Experiments and Technologies (CoNEXT). [S.l.:s.n.], 2009.

[14] QIAO X Q, WANG H Y, TAN W. A survey of applications research on content-centric networking[J]. China Communications, 2019,16(9): 122-140.

[15] 张燕咏, DIPANDAR R, KIRAN N. MobilityFirst: 以移动支持为中心的未来互联网架构[J]. 中国计算机学会通讯, 2013, 9(12): 47-53.

[16] NORDSTR¨OM E, SHUE D, GOPALAN P, et al. Serval: an end-host stack for service-centric networking[C]//Proceedings of the 9th USENIX Conference on Networked Systems Design and Implementation. Piscataway: IEEE Press, 2012.

[17] XIE G, SUN Y, ZHANG Y, et al. Service-oriented future internet architecture[C]//Proceedings of IEEE INFOCOM-Poster. Piscataway: IEEE Press, 2011.

[18] 郑秀丽, 蒋胜, 王闯. NewIP: 开拓未来数据网络的新连接和新能力[J]. 电信科学, 2019, 35(9): 2-11.

[19] 喻鹏, 李文璟, 丰雷, 等. 面向未来 6G 网络的智能管控架构与关键技术[J]. 数据与计算发展前沿, 2020, 2(3): 89-101.

[20] 江伟玉, 刘冰洋, 王闯. 内生安全网络架构[J]. 电信科学, 2019, 35(9): 20-28.

[21] 邬江兴. 打造鲁棒的未来移动通信网络[Z]. 2017.

[22] 游伟, 李英乐, 柏溢, 等. 5G 核心网内生安全技术研究[J]. 无线电通信技术, 2020, 46(4) : 385-390.

[23] 刘杨, 彭木根. 6G 内生安全: 体系结构与关键技术[J]. 电信科学, 2020, 36(1): 11-20.

[24] LETAIEF K B, CHEN W, SHI Y, et al. The roadmap to 6G: AI empowered wireless networks[J]. IEEE Communications Magazine, 2019, 57(8): 84-90.

[25] QIAO X, REN P, DUSTDAR S, et al. Web AR: a promising future for mobile augmented reality—state of the art, challenges, and insights[J]. Proceedings of the IEEE, 2019, 107(4): 651-666.

[26] LOVÉN L, LEPPÄNEN T, PELTONEN E, et al. Edge AI: a vision for distributed, edge-native artificial intelligence in future 6G networks[J]. The 1st 6G Wireless Summit, 2019: 1-2.

[27] QIAO X, HUANG Y, DUSTDAR S, et al. 6G vision: an AI-driven decentralized network and service architecture[J]. IEEE Internet Computing, 2020, 24(4): 33-40.

[28] 乔秀全, 黄亚坤. 面向 6G 的去中心化的人工智能理论与技术[J]. 移动通信, 2020, 44(6): 121-125.

第 5 章

6G 潜在传输技术

万变不离其宗，通信的基本模型包括信源、信道和信宿。对于 6G 而言，信源方面，由于"灵"的引入，用户的主观感受和体验成为信息的重要维度，而这一维度的信息已经超出了经典信息论的范畴，需要广义信息理论的支持；信道方面，针对几乎是无止境增长的容量需求，目前的信息处理技术已经逼近香农极限，若要继续增长只能研究新的信道编码技术，并开发新的通信频段；信宿方面，由于海量多维主客观信息的接收和处理需要人工智能的支持，需要研究基于人工智能的信号处理理论等。在这些理论研究的基础上，为支持客观和主观信息的传输，提高信息传输质量和传输能力，还需要更多的 6G 物理层增强技术的支持。总之，传输理论和技术的研究目的是当在 6G 中引入用户智能需求和主观感受信息后，解决由此带来的信息理论问题以及信息传输能力和传输质量的问题。

本章将对 6G 移动通信潜在的物理层传输技术进行介绍。首先介绍基于语义的广义信息论基础知识；其次介绍两种新型信道编码技术——LDPC（Low Density Parity Check）码与 Polar 码；再次，介绍 6G 移动通信的大规模 MIMO 与非正交多址接入技术；最后，简述其他 6G 物理层增强技术，包括毫米波、太赫兹通信、同时同频全双工以及可见光通信等。

| 5.1 广义信息论 |

1948 年，香农[1-2]发表的经典论文建立了经典信息论。香农信息论建立在概率论基础上，研究对象是消息的随机性所引入的信息，所以又称为信息熵，更准确地说是概率信息熵。香农信息论不考虑信息的内容和含义，但现实生活中，最常用的便是自然语言信息，在有人主观参与的信息交流中，一定存在自然语言信息。但香农信息论并不研究语义信息，因为语义信息一般是模糊的，比如高、矮、胖、瘦、大概、差不多等模糊变量而不是随机变量。对于模糊变量，要借助于模糊集合论来对其作定性和定量分析。早在 1972 年，De Luca A.[3]首先研究了纯模糊性引入的不确定性，把香农概率熵移植到了模糊集合上，给出了模糊熵的定义。

事实上，由人脑主观参与的信源均为广义信源，它有双重不确定性，即广义信源既是随机的，又是模糊的，单一随机性和单一模糊性都不能全面地刻画广义信源。

De Luca A.将两方面不确定性的联合熵定义为总熵，但这个定义不便于推广到广义条件熵和联合熵。

5.1.1　广义通信系统模型

广义通信系统模型相较于香农的狭义概率通信系统模型，既要包含客观概率特性，也要涵盖人的主观模糊特性。吴伟陵[4]提出的广义通信系统的物理模型如图 5-1 所示。

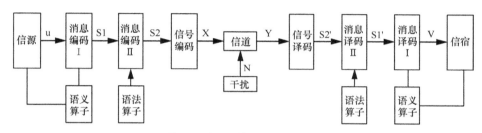

图 5-1　广义通信系统的物理模型

由图 5-1 所示，若将消息编码 I 并入信源，将消息译码 I 并入信宿，即不考虑主观语义问题，则广义通信系统就退化为香农的狭义客观概率通信系统。

5.1.2　广义信源和广义熵

若将图 5-1 中的信源、消息编码 I 、消息编码 II 三者视为一体，则称为广义信源。对于概率信源，香农用概率熵来描述[1]，概率熵是定义在概率测度上的泛函，即：

$$H(X) = -\sum_i P(x_i) \log P(x_i) \tag{5-1}$$

De Luca A.将香农概率熵的概念移植到二维的模糊集合类 $\underset{\sim}{X}$ 和 $\underset{\sim}{X^c}$ 上，定义了建立在模糊集合上的非概率熵，并将它定义为在隶属函数 μ 上的泛函[3]。

定义 5-1：二维模糊集合类 $\underset{\sim}{X}$ 熵

可由式（5-2）给出：

$$H(\underset{\sim}{X}) = H(\underset{\sim}{X}) + H(\underset{\sim}{X}^c) \qquad (5\text{-}2)$$

其中：

$$H(\underset{\sim}{X}) = -\sum_{i=1}^{n} \mu_{\underset{\sim}{X}}(x_i) \log \mu_{\underset{\sim}{X}}(x_i) \qquad (5\text{-}3)$$

$$H(\underset{\sim}{X}^c) = -\sum_{i=1}^{n} \mu_{\underset{\sim}{X}^c}(x_i) \log \mu_{\underset{\sim}{X}^c}(x_i) = -\sum_{i=1}^{n} [1-\mu_{\underset{\sim}{X}}(x_i)] \log[1-\mu_{\underset{\sim}{X}}(x_i)] \qquad (5\text{-}4)$$

类似概率熵，二维模糊集合类的熵也满足以下 4 条性质。

1）非负性，$H(\underset{\sim}{X}) \geqslant 0$。

2）$\forall x_i$，当 $\mu_{\underset{\sim}{X}}(x_i) = 0$（或 1）时，$H(\underset{\sim}{X}) = 0$。

3）$\forall x_i$，当 $\mu_{\underset{\sim}{X}}(x_i) = \dfrac{1}{2}$ 时，$H(\underset{\sim}{X})$ 最大。

4）当 $\mu_{\underset{\sim}{X_2}} \geqslant \dfrac{1}{2}$ 时，有 $\mu_{\underset{\sim}{X_1}} \geqslant \mu_{\underset{\sim}{X_2}}$；当 $\mu_{\underset{\sim}{X_2}} \leqslant \dfrac{1}{2}$ 时，有 $\mu_{\underset{\sim}{X_1}} \leqslant \mu_{\underset{\sim}{X_2}}$，则 $H(\underset{\sim}{X_1}) \geqslant H(\underset{\sim}{X_2})$。

在将二维模糊集合类的熵推广到 K 维模糊集合类之前，首先需要定义完备模糊集合类，在模糊系统有关书籍中可以找到相关定义。

定义 5-2：K 维完备模糊集合类

K 个模糊集合 $\underset{\sim}{X_1}$、$\underset{\sim}{X_2}$、$\cdots$、$\underset{\sim}{X_K}$ 如果满足 $\sum \mu_{\underset{\sim}{X_k}}(x_i) \leqslant 1$，对 x_i，则称为模糊不相交。进一步，若等号成立，即 $\sum \mu_{\underset{\sim}{X_k}}(x_i) = 1$，对 $\forall x_i$，则称 $\underset{\sim}{X_1}$、$\cdots$、$\underset{\sim}{X_K}$ 为模糊正交。且称 $(\underset{\sim}{X_1} \cdots \underset{\sim}{X_K})$ 为完备模糊集合类。这时，$\underset{\sim}{X_1} \cdots \underset{\sim}{X_K}$ 对 Ω 构成一个模糊划分。

显然 De Luca A.证明的二维模糊集合类 $\underset{\sim}{X}$ 和 $\underset{\sim}{X}^c$，是上述定义 $K=2$ 的特例。

有了完备模糊集合类的定义，K 维模糊集合 $\underset{\sim}{X}$ 的熵可由式（5-5）给出[4]：

$$H(\underset{\sim}{X}) = \sum_{k=1}^{K} H(\underset{\sim}{X_k}) = -\sum_{i=1}^{N}\sum_{k=1}^{K} \mu_{\underset{\sim}{X_k}}(x_i) \log \mu_{\underset{\sim}{X_k}}(x_i) \qquad (5\text{-}5)$$

其中，$\underset{\sim}{X} = (\underset{\sim}{X_1} \cdots \underset{\sim}{X_K})$ 构成一个完备模糊集合类。

以上分别讨论了单一随机性、单一模糊性的不定性测度，并用相应的概率熵和模糊熵来表示。然而，实际上信源往往既是随机的又是模糊的，即具有双重不定性，称为广义信源。

对双重不定性广义信源，即 $X = (x_1 \cdots x_N)$，$\underline{X} = (\underline{X}_1 \cdots \underline{X}_K)$。当给定第 $\underline{X}_k$ 个模糊事件且随机变量取值为 x_i 时，广义自信息量可类似定义为：

$$I^*_{\underline{X}_k} \triangleq -\log P_{\underline{X}_k}(x_i) = -\log \mu_{\underline{X}_k} P(x_i) \tag{5-6}$$

类比概率信源的概率熵定义为其自信息量的统计平均，广义信息熵则可定义为：

$$H^*(\underline{X}) \triangleq E^*[I^*_{\underline{X}_k}(x_i)] = -\sum_{i=1}^{N} \sum_{k=1}^{K} \mu_{\underline{X}_k} P(x_i) \log \mu_{\underline{X}_k} P(x_i) \tag{5-7}$$

其中，E^* 表示既对 N 维随机性，又对 K 维模糊性做双重统计平均。

可以证明，这样定义的熵也满足上述熵的主要 4 条性质，只不过第 3）条熵的极值是在 $N \times K$ 维，$P = \dfrac{1}{N \times K}$ 时，$H^*(\underline{X})$ 最大。第 1）条的极值点为 $P = \dfrac{1}{N \times K}$。

定理 5-1：对于 K 维完备模糊集合类的双重不定性的广义信源，其广义信源熵的另一种表示方式为：

$$\boldsymbol{H}^*(\underline{X}) \triangleq H(X) + \sum_i P(x_i) h_{\underline{X}}(x_i) \tag{5-8}$$

其中，$H(X) = H(P_1 \cdots P_n)$ 为 n 维香农概率熵；$h_{\underline{X}}(x_i) = -\sum_{k=1}^{K} \mu_{\underline{X}_k}(x_i) \log \mu_{\underline{X}_k}(x_i)$ 为某一个 x_i 发生时的纯模糊熵。这个表示方式和 De Luca A.在二维完备模糊集合类 $\underline{X}$ 与 $\underline{X}^c$ 情况下所给出的总熵定义的结果是一致的。

定理 5-1 的一些推论：

1）在非模糊情况下 $\mu_{\underline{X}_k}(x_i) = 0$（或 1），广义信源熵就等价于香农概率熵。即：

$$\boldsymbol{H}^*(\underline{X}) = H(X) = H(P_1 \cdots P_n) \tag{5-9}$$

2）在非随机情况下，这意味着仅有一个固定的 x_i 将要发生。此时，对一切 $n \neq i$，$P(x_n) = 0$，而仅当 $n = i$，$P(x_i) = 1$，故有 $\boldsymbol{H}^*(\underline{X}) = h_{\underline{X}}(x_i)$ 即某一个 x_i 发生时的纯模糊熵，亦即某一个 x_i 取值时的 De Luca A.模糊熵。

1）和 2）两条推论均为双重不定性的广义信源的广义熵特例。

3）最大熵定理（极值性）。

$\boldsymbol{H}^*(\underline{X})$ 最大的充要条件是信源等概率分布，且隶属函数也等概率分布，即

$P(x_i) = \dfrac{1}{N}$，$\forall x_i$，且 $\mu_{\underline{X}_1}(x_i) = \mu_{\underline{X}_2}(x_i) = \cdots = \mu_{\underline{X}_K}(x_i) = \dfrac{1}{K}$。

定理 5-1 告诉我们，K 维完备模糊集合类的双重不定性的广义信源广义熵从定量的角度看：一部分是香农概率熵所表达的客观信息量；另一部分则是概率加权的 DeLuca A. 模糊熵所表达的主观模糊语义信息量，这一部分是随着模糊度（维数 K）的增加而增加的。

下面讨论广义信源的条件熵的定义。

首先回顾一下单一概率信源 $X=(x_1\cdots x_N)$，$Y=(y_1\cdots y_M)$ 的条件熵定义。

定义给定 x_i 条件下，取值 y_j 的条件自信息量为：

$$I(y_i|x_i)=-\log P(y_i|x_i)=-\log\frac{P(x_iy_i)}{P(x_i)} \tag{5-10}$$

相应条件熵定义为条件自信息量的统计平均值：

$$H(Y|X)=E[I(y_i|x_i)]=-\sum_{i=1}^{N}\sum_{j=1}^{M}P(x_iy_i)\log\frac{P(x_iy_i)}{P(x_i)} \tag{5-11}$$

对于前述定义的广义信源，给定信源 $X=(x_1\cdots x_N)$，$Y=(y_1\cdots y_M)$；$\underline{X}=(\underline{X}_1\cdots\underline{X}_K)$，$\underline{Y}=(\underline{Y}_1\cdots\underline{Y}_L)$，若考虑给定模糊事件 $\underline{X}_k$ 且取值为 x_i 的条件下，模糊事件 $\underline{Y}_l$ 且取值为 y_j 的条件自信息量可类比概率信源的条件自信息量表达式。

定义 5-3：广义条件自信息

$$I^*_{Y_l|X_k}(y_j|x_i)\triangleq\log\frac{P_{\underline{X}_k\underline{Y}_l}(x_iy_j)}{P_{\underline{X}_k}(x_i)}=-\log\frac{\mu_{\underline{X}_k\underline{Y}_l}(x_iy_j)P(x_iy_j)}{\mu_{\underline{X}_k}(x_i)P(x_i)} \tag{5-12}$$

广义条件熵为：

$$\begin{aligned}H^*(\underline{Y}/\underline{X})&=E^*[I^*_{Y_l|X_k}(y_j|x_i)]\\&=-\sum_{k=1}^{K}\sum_{l=1}^{L}\sum_{i=1}^{N}\sum_{j=1}^{M}\mu_{\underline{X}_k\underline{Y}_l}(x_iy_j)P(x_iy_j)\log\frac{\mu_{\underline{X}_k\underline{Y}_l}(x_iy_j)P(x_iy_j)}{\mu_{\underline{X}_k}(x_i)P(x_i)}\end{aligned} \tag{5-13}$$

其中，E^* 表示既对 N、M 维随机性，又对 K、L 维模糊性做四重统计平均。

类似定理 5-1，可得到定理 5-2。

定理 5-2：两个维数分别为 K、L 维的完备模糊集合类的广义条件熵也可表示为香农概率条件熵和条件模糊熵两个部分。

$$H^*(\underline{Y}|\underline{X})=H(Y|X)+\sum_{i}\sum_{j}P(x_iy_j)h_{\underline{Y}|\underline{X}}(y_j|x_i) \tag{5-14}$$

其中，$H(Y|X)$ 为香农条件熵；$h_{\underline{Y}|\underline{X}}(y_j|x_i) = -\sum_k \sum_l \mu_{\underline{X}_k\underline{Y}_l}(x_iy_j)\log\dfrac{\mu_{\underline{X}_k\underline{Y}_l}(x_iy_j)}{\mu_{\underline{X}_k}(x_i)}$ 为某一

x_i 条件下 y_j 的条件模糊熵。

同样地，对两个完备模糊集合类的双重不定性的广义信源 $\underline{X}=(\underline{X}_1\cdots\underline{X}_K)$，
$\underline{Y}=(\underline{Y}_1\cdots\underline{Y}_L)$ 的双重不定性广义联合熵的定义如下。

定义 5-4：广义联合熵

$$H^*(\underline{X},\underline{Y}) = E^*[I^*_{\underline{X}_k\underline{Y}_l}(x_iy_j)] = -\sum_{k=1}^{K}\sum_{l=1}^{L}\sum_{i=1}^{N}\sum_{j=1}^{M}\mu_{\underline{X}_k\underline{Y}_l}(x_iy_j)P(x_iy_j)\log[\mu_{\underline{X}_k\underline{Y}_l}(x_iy_j)P(x_iy_j)]$$

（5-15）

两个维数分别为 K、L 维的完备模糊集合类的双重不定性信源的广义联合熵也可表示为香农概率联合熵和联合模糊熵两个部分。

定理 5-3：广义联合熵具有如下性质：

$$H^*(\underline{X},\underline{Y}) = H(X,Y) + \sum_i\sum_j P(x_iy_j)h_{\underline{X}\underline{Y}}(x_iy_j) \tag{5-16}$$

其中：

$$h_{\underline{X}\underline{Y}}(x_iy_j) = -\sum_k\sum_l \mu_{\underline{X}_k\underline{Y}_l}(x_iy_j)\log\mu_{\underline{X}_k\underline{Y}_l}(x_iy_j) \tag{5-17}$$

称它为某一对 x_i、y_j 取值下的联合模糊熵。

有了广义联合熵和广义条件熵的定义，自然地就可定义广义互信息的表示方法。

定义 5-5：广义互信息可定义为：

$$I^*(\underline{X};\underline{Y}) = H^*(\underline{X}) - H^*(\underline{X}|\underline{Y}) \tag{5-18}$$

$$I^*(\underline{X};\underline{Y}) = I(X;Y) + \sum_i\sum_j P(x_iy_j)i(\underline{X};\underline{Y}) \tag{5-19}$$

其中，$I(X;Y)$ 为香农概率互信息。$i(\underline{X};\underline{Y}) = h_{\underline{X}}(x_i) - h_{\underline{Y}|\underline{X}}(y_j|x_i)$ 称为某对 x_i、y_j 取值下的模糊互信息。说明广义互信息与广义熵一样也由两部分组成：一部分是香农概率互信息所表达的客观互信息；另一部分则是概率加权的由模糊互信息所表达的主观互信息。

广义互信息和香农概率互信息一样，也满足非负性、极值性、对称性等性质。

5.1.3 Renyi 熵

Renyi 熵最早是由 Renyi A.[5]在 1961 年提出的。它和 Hartley 信息公式的出发点一致，简单地说只是归一化参数的差别。香农信息熵公式基于一个默认的假设，即使用的是线性平均。如果使用任意一个平均函数 $g(x)$，它的反函数为 $g^{-1}(x)$，则这 N 个事件的平均信息量就改写为：

$$H(P) = g^{-1}\left(\sum_{k=1}^{N} p_k g(I_k)\right) \qquad （5-20）$$

根据熵的独立事件的可加性性质，$g(x)$ 有两种形式。

1）$g(x) = cx$，则退化为香农信息熵公式。

2）$g(x) = c^{-2(1-\alpha)x}$，则得到：

$$H_\alpha(P) = \frac{1}{1-\alpha}\log\left(\sum_{k=1}^{n} p_k^\alpha\right) \qquad （5-21）$$

其中，$\alpha \geq 0$，$\alpha \neq 1$，这就是 Renyi 熵的离散形式。

它的连续形式为：

$$h_\alpha = \frac{1}{1-\alpha}\log\int p(x)^\alpha \mathrm{d}x \qquad （5-22）$$

Renyi 熵 $H_\alpha(p_1, p_2, \cdots, p_N)$ 的一些性质如下[6]。

1）非负性：$H_\alpha(p_1, p_2, \cdots, p_N) \geq 0$。

2）对称性：即 $p_1, p_2, \cdots, p_N$ 的位置不影响 Renyi 熵的值。

3）$H_\alpha(p_1, p_2, \cdots, p_N)$ 是关于 α 的有界、连续、非递增函数。$\alpha \leq 1$ 时，Renyi 熵是凹函数；$\alpha > 1$ 时，Renyi 熵既不是凹函数，也不是凸函数。

4）可加性：如果 $p = (p_1, p_2, \cdots, p_N)$，$q = (q_1, q_2, \cdots, q_N)$ 是两个独立的概率分布，则两者的联合分布 $p \cdot q$ 满足 $H(p \cdot q) = H(p) + H(q)$。

5）递归性：这点区别于香农熵的递归性。

$$H_\alpha(p_1, p_2, \cdots, p_N) = H_\alpha(p_1 + p_2, p_3, \cdots, p_N) +$$
$$(p_1 + p_2)^\alpha H_\alpha\left(\frac{p_1}{p_1 + p_2}, \frac{p_2}{p_1 + p_2}\right) \qquad （5-23）$$

其中，$(\alpha-1)H_\alpha(p_1,p_2,\cdots,p_N)$ 是关于 p_k 的凹函数。当 $\alpha\to1$ 时，Renyi 熵逼近香农熵，即 $\lim\limits_{\alpha\to1}H_\alpha(P)=H_S(P)$。

在香农熵中，概率质量函数（PMF）加权了 $\log(p_k)$ 项。而在 Renyi 熵中，PMF 加权了 $p_k^{\alpha-1}$ 项。

$$H_\alpha(X)=\frac{1}{1-\alpha}\log\left(\sum_{k=1}^N p_k^\alpha\right)=-\log\left(\sum_{k=1}^N p_k p_k^{\alpha-1}\right)^{\frac{1}{\alpha-1}}$$

$$=\frac{1}{1-\alpha}\log(E[p_k^{\alpha-1}])=-\log(\sqrt[\alpha]{V_\alpha(X)})$$

（5-24）

其中，$V_\alpha(X)=E[p_k^{\alpha-1}]=\sum_k p_k^\alpha$ 称为 α 信息势能，简称为 IP_α，它也是 PMF 的 α -范数表达式，从几何表示上来看，衡量了概率质量函数到原点的距离，特别地，当 $\alpha=2$ 时，Renyi 熵衡量的是欧氏距离（范数）。$N=3$ 时不同 α 等熵线示意如图 5-2 所示。

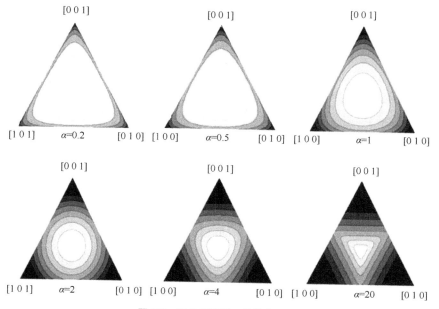

图 5-2　$N=3$ 时不同 α 等熵线示意

$\alpha=2$ 是 Renyi 熵公式中一个常取的参数，此时又被称为二次熵（Quadratic Entropy），它被广泛使用于物理、信号处理以及经济学领域。

$$H_2(X) = -\log \sum_k p_k^2 \tag{5-25}$$

二次熵因为表示方式的特殊性，可以使用核密度估计的方法来估计。

设有一个核 κ：

$$\hat{p}_X(x) = \frac{1}{N\sigma} \sum_{i=1}^{N} \kappa\left(\frac{x - x_i}{\sigma}\right) \tag{5-26}$$

当核为高斯核 G 时，代入二次熵的表达式：

$$\hat{H}_2(X) = -\log\left[\frac{1}{N^2} \sum_{i=1}^{N} \sum_{j=1}^{N} G_{\sigma\sqrt{2}}(x_j - x_i)\right] \tag{5-27}$$

此时对应的二次 IP 的估计为 $\hat{V}_{2,\sigma}(X) = \frac{1}{N^2} \sum_{i=1}^{N} \sum_{j=1}^{N} G_{\sigma\sqrt{2}}(x_j - x_i)$。

对于 $\alpha \neq 2$ 的情形，想要估计 Renyi 熵，通常的做法是增加一个假设——样本平均。

$$H_\alpha(X) = \frac{1}{1-\alpha} \log(E[p_k^{\alpha-1}])$$

$$\approx \hat{H}_\alpha(X) = \frac{1}{1-\alpha} \log\left[\frac{1}{N} \sum_{j=1}^{N} p_X^{\alpha-1}(x_j)\right] \tag{5-28}$$

此时对应的 IP_α 为：

$$\hat{V}_{\alpha,\sigma}(X) = \frac{1}{N^\alpha} \sum_{j=1}^{N} \left[\sum_{i=1}^{N} \kappa_\sigma(x_j - x_i)\right]^{\alpha-1} \tag{5-29}$$

定义 5-6：Renyi 散度

$$D_\alpha(P \| Q) = \log \int p^\alpha q^{1-\alpha} \mathrm{d}x$$

$$= \frac{1}{1-\alpha} \log \int p(x) \left[\frac{p(x)}{q(x)}\right]^{\alpha-1} \mathrm{d}x \tag{5-30}$$

Renyi 散度的一些性质如下。

1）非负性。当 $P = Q$ 时，$D_\alpha(P \| Q) = 0, \forall x$。

2）$\lim\limits_{\alpha \to 1} D_\alpha(P \| Q) = D_{\mathrm{KL}}(P \| Q)$。

3）在 α 的定义域内连续。

4）关于参数 (P,Q) 是联合凸函数，也是拟凸函数。

回顾 n 维随机变量之间的香农概率互信息是联合分布和边缘分布的连乘之间的

KL 散度，Renyi α -互信息也同样用类似的度量方法。

设 $p_X(\cdot)$ 是联合分布， $p_{X_o}(\cdot)$ 是第 o 个分量的边缘概率分布，那么 Renyi α-互信息为：

$$I_\alpha(X) \triangleq \frac{1}{\alpha-1} \log \int_{-\infty}^{+\infty} \cdots \int_{-\infty}^{+\infty} \frac{p_X^\alpha(x_1, x_2, \cdots, x_n)}{\prod_{o=1}^{n} p_{X_o}^{\alpha-1}(x_o)} dx_1 \cdots dx_n \qquad （5-31）$$

虽然 Renyi 散度和互信息均在 $\alpha \to 1$ 时逼近 KL 散度和香农互信息，但 Renyi 散度的推广性不如 KL 散度，因为香农信息度量是唯一将信息增量等价于不确定性增量的度量方法。

在 Renyi 熵提出的 50 年后，Principe 等提出了基于正定矩阵的 α 阶 Renyi 熵公理，使用投影数据的 Hermite 矩阵的归一化特征谱，在再生核希尔伯特空间（Reproducing Kernel Hilbert Space，RKHS）中计算 Renyi 熵和互信息[7]。这种方法在保留 α 阶 Renyi 熵的特性的同时，避免了估计概率密度函数（PDF）的过程。

广义信息论从广义通信系统模型出发，分析广义信源的双重不定性，在 DeLuca A.二元模糊熵的基础上推广到了多维模糊熵，进而将广义信息熵表示为既对多维随机性，又对多维模糊性的双重统计平均，这样广义信息熵既包含了香农概率熵所表达的客观信息量,也包含了概率加权的 DeLuca A.模糊熵所表达的主观模糊语义信息量。Renyi 熵的基本概念，推广了香农信息熵的一般定义，不再局限于香农信息论范畴，提供了更多信息量描述的方法，为主观语义信息的描述提供了理论基础。

5.2　新型信道编码技术

5.2.1　LDPC 码

低密度奇偶校验（Low Density Parity Check，LDPC）码是一种特定的线性分组码，1962 年由 Gallager R.[8]在其博士论文中首次提出，LDPC 码与 Turbo 码具有类似的纠错能力，它是一种可以逼近信道容量极限的好码。遗憾的是，由于当时计算能力的限制，LDPC 码被忽视了 30 多年。期间值得一提的是，Tanner[9]最早提出采用二分图（称为 Tanner 图）模型表示 LDPC 码，今天成为 LDPC 码的标准表示工具。直到 1996 年，英国卡文迪许实验室的 Mackay[10]重新发现这种码具有优越的纠错性能，从而掀起了 LDPC 码研究的新热潮。

5.2.1.1 基本概念

LDPC 码的特征是校验矩阵和稀疏矩阵，即 1 的个数很少，0 的个数很多。Gallager R.最早设计的 LDPC 码是一种规则编码，给定码率 $R = 1/2$，码长 $N = 10$ 的 $(3,6)$ 规则 LDPC 码，其校验矩阵如式（5-32）所示。

$$H = \begin{bmatrix} 1 & 1 & 1 & 1 & 0 & 1 & 1 & 0 & 0 & 0 \\ 0 & 0 & 1 & 1 & 1 & 1 & 1 & 1 & 0 & 0 \\ 0 & 1 & 0 & 1 & 0 & 1 & 0 & 1 & 1 & 1 \\ 1 & 0 & 1 & 0 & 1 & 0 & 0 & 1 & 1 & 1 \\ 1 & 1 & 0 & 0 & 1 & 0 & 1 & 0 & 1 & 1 \end{bmatrix} \begin{matrix} c_1 \\ c_2 \\ c_3 \\ c_4 \\ c_5 \end{matrix} \tag{5-32}$$

这里，校验矩阵 H 包含 5 行 10 列，每一行对应一个校验关系，称为校验节点，每一列对应一个编码比特，称为变量节点。所谓 $(3,6)$ 的含义是指，每一列含有 3 个 1，每一行含有 6 个 1，即列重为 3，行重为 6，行重与列重的分布相同，只是 1 的位置不同。并且只要码长充分长，行重与列重显著小于码长 N 与信息位长度 K，因此具有稀疏性。需要指出的是 LDPC 码构造具有随机性，只要在校验矩阵中随机分布 1 的位置满足行重与列重要求即可，这样得到的是一组码字集合，而并非单个编码约束关系，并且校验矩阵不严格要求满秩。

上述 $(3,6)$ 码的校验矩阵可以看作二分图的邻接矩阵，也就是 Tanner 图，如图 5-3 所示。

图 5-3 中含有 10 个变量节点，对应校验矩阵的每一列，含有 5 个校验节点，对应校验矩阵的每一行。用集合 $\mathcal{A}_i$ 表示第 i 个变量节点连接的校验节点集合，用集合 $\mathcal{B}_j$ 表示第 j 个校验节点连接的变量节点集合。例如，$\mathcal{A}_1 = \{1,4,5\}$，也就是式（5-32）校验矩阵的第 1 列，$\mathcal{B}_2 = \{3,4,5,6,7,8\}$ 对应校验矩阵的第 2 行。

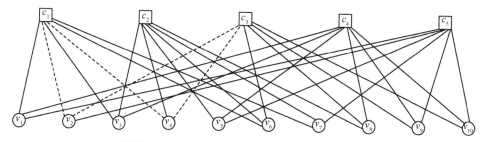

图 5-3　（3，6）规则 LDPC 码的 Tanner 图（N=10）

校验矩阵的行重对应变量节点的连边数目，称为变量节点度分布，列重对应校验节点度分布。对比式（5-32）与图 5-3 的 Tanner 图结构，可以发现二者是一一对应的。Tanner 图中的环与式（5-32）中的 1 构成的连接关系完全对应。例如，图 5-3 中虚线构成了长度为 4 的环（$v_2 \rightarrow c_3 \rightarrow v_4 \rightarrow c_1 \rightarrow v_2$），对应了式（5-32）中含有 4 个 1 的虚线环。

一般地，对于 (N,K) 规则 LDPC 码，行重与列重分别为 d_c 与 d_v，通常称这样的 LDPC 码为 (d_v, d_c) 码，它的行列重满足如下关系式：

$$Nd_v = (N-K)d_c \tag{5-33}$$

这样，对应的 Tanner 图表示为 $\mathcal{G}(\mathcal{V},\mathcal{C},\mathcal{E})$，其中 $\mathcal{V}$ 是变量节点集合，节点数目满足 $|\mathcal{V}| = N$；$\mathcal{C}$ 是校验节点集合，节点数目满足 $|\mathcal{C}| = N-K$；$\mathcal{E}$ 是边集合，数目满足 $|\mathcal{E}| = Nd_v = (N-K)d_c$。进一步地，$(d_v, d_c)$ 码的码率表示为：

$$R = \frac{K}{N} = 1 - \frac{d_v}{d_c} \tag{5-34}$$

而对于不规则 LDPC 码，则行重与列重可以不同，按照一定比例分布。本质上，LDPC 码的设计也符合信道编码定理中随机编码的思想。Tanner 图上变量节点与校验节点之间的连接关系具有随机性，可以把度分布系数 λ_i 与 ρ_j 看作变量节点与校验节点连边的概率。因此 Tanner 图实际上是符合度分布要求的随机图，变量与校验节点之间的连边关系，也可以看作一种边交织器。只要码长充分长，Tanner 图的规模充分大，这种随机连接就反映了随机编码特征，暗合了信道编码定理证明的假设：码长无限长与随机化编码。因此，LDPC 码与 Turbo 码在结构设计上，具有类似的伪随机编码特征。

5.2.1.2 LDPC 码译码器

LDPC 码的译码一般采用迭代结构，LDPC 码译码器结构如图 5-4 所示。

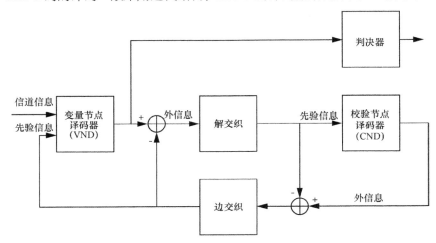

图 5-4 LDPC 码译码器结构

如图 5-4 所示，LDPC 码译码器包括变量节点译码器与校验节点译码器，通过边交织与解交织操作，在两个译码器之间传递外信息，经过多次迭代后，通过变量节点译码器的输出进行判决，得到最终译码结果。

LDPC 码典型的译码算法是置信传播（Belief Propagation，BP）算法。BP 算法是在变量节点与校验节点之间传递外信息，经过多次迭代后达到算法收敛。它是一种典型的后验概率（APP）译码算法，经过充分迭代逼近于 MAP 译码性能。

影响 LDPC 码性能的两个重要参数是最小汉明距离 d_{min} 与最小停止集（Stopping Set）/陷阱集（Trap Set）。理论上，LDPC 码的最佳译码算法是 ML 算法，此时性能主要由 d_{min} 与相应的距离谱决定。对于没有环长为 4 的 LDPC 码校验矩阵，假设最小列重为 w_{min}，则这个码的最小汉明距离满足如下不等式：

$$d_{min} \geqslant w_{min} + 1 \tag{5-35}$$

由于 ML 似然译码复杂度太高，LDPC 码更常用的译码算法是和积算法。在 BEC 信道下，退化为硬判决消息通过算法（MPA），在一般的 B-DMC（Binary-Discrete

Memoryless Channel，二进制离散无记忆信道）中，就是 BP 译码算法。对于前者，决定迭代终止的是停止集；对于后者，影响性能的主要是陷阱集。

AWGN 信道下，采用（3,6）规则的 LDPC 码与 5G NR 标准中的 LDPC 码差错性能分别如图 5-5 和图 5-6 所示。码长分别为 $N = 1\,008$ 与 $N = 4\,000$，码率分别为 $R = 1/3$、$1/2$、$2/3$ 时的差错性能仿真结果，最大迭代次数为 50 次。

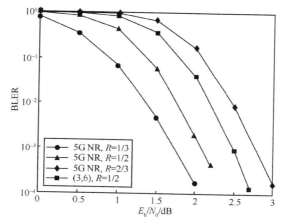

图 5-5　N=1 008 时，不同码率 LDPC 码差错性能

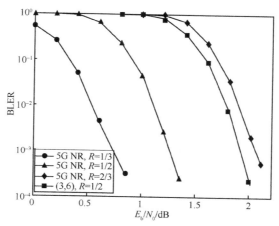

图 5-6　N=4 000 时，不同码率 LDPC 码差错性能

由图 5-5 可以看出，当 BLER 值为 10^{-3} 时，码长为 1 008，同等条件下，5G NR

LDPC 码与（3, 6）规则 LDPC 码相比，大约有 0.4 dB 的编码增益。类似地，由图 5-6 可知，当 BLER 值为 10^{-3} 时，码长为 4 000，同等条件下，5G NR LDPC 码与采用（3, 6）规则的 LDPC 码相比，大约有 0.64 dB 的编码增益。

5.2.1.3　LDPC 码构造

如前所述，LDPC 码的性能由其 Tanner 图的结构决定。理论上，只要码长充分长（如 10^7 bit），随机构造的 LDPC 码都是好码。但考虑到实用化，一般编码码长小于 10^4 bit，此时需要考虑 Tanner 图与编码结构对于性能的影响。

通常，较小的环长将会导致变量/校验节点交互的消息很快出现相关性，从而限制纠错性能。一般而言，LDPC 码的构造要求消除长度为 2 与 4 的环，也就是说，Tanner 图的围长至少为 6。从另一方面来看，Tanner 图上的环长/围长也并非是越大越好。理论上，只有无环图才是严格的 MAP 译码，如果图上存在环，则和积算法只是 APP 译码算法，只能是 MAP 译码的近似。由于受到最小汉明距离的限制，严格无环图的性能很差。因此，增大环长或围长并非是 LDPC 码设计的唯一优化目标，需要综合考虑图结构与码字结构参数进行优选。

总结了 LDPC 码主流的构造与编码方法，如图 5-7 所示。LDPC 码的编码方法按照结构特点，分为 5 类，简述如下。

（1）无结构编码

从实际应用来看，大多数这类 LDPC 码构造是考虑去除某些限制条件的伪随机编码，如去掉长度为 4 的环。在 Gallager R.[8] 的原始论文中，（3,6）规则 LDPC 码的构造，就是一种伪随机构造。他将校验矩阵的行等分为多段，通过在不同段中随机排列 1 的位置，实现伪随机构造。

MacKay 与 Neal 构造[10] 的基本思路是按列重随机选择列进行叠加，观察行重是否满足度分布要求，通过反复迭代操作，最终实现构造，这种构造能够消除长度为 4 的环。

比特填充构造[11]，是指在 Tanner 图，每次添加变量节点时，要检查新增连边是否构成特定长度（如 4）的环，通过避免短环出现，得到增大围长的 Tanner 图结构。

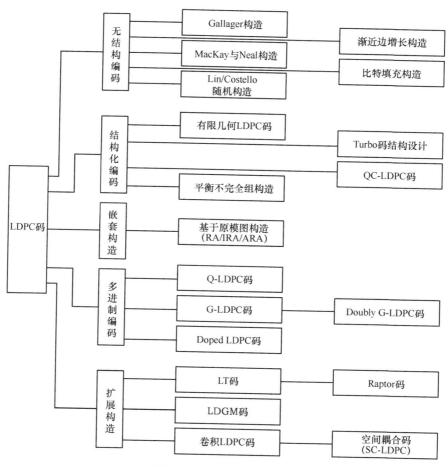

图 5-7　LDPC 码构造方法分类

渐近边增长（Progressive Edge Growth，PEG）构造[12]是比特填充构造的对偶方法。其基本思想是每次在 Tanner 图上添加新边时，都选择最大化本地围长的变量节点，这样能够保证围长充分大。

上述这些方法都是从不同角度随机构造 Tanner 图，或者相应的校验矩阵 H。但是 LDPC 码编码需要用到生成矩阵 G。可以采用高斯消元法，得到生成矩阵 G，但由于这种结构的生成矩阵往往不稀疏，因此 LDPC 码的编码复杂度是 $O(N^2)$。为了降低编码复杂度，Richardson J. J. 与 Urbanke R. L.[13]证明了如果校验矩阵为近似下三角形式，则编码复杂度为 $O(N+g^2)$，其中 g 是校验矩阵与下三角矩阵之间的归一化距离，对于很多编码 $g \ll 1$。

（2）结构化编码

随机构造编码能达到较好的纠错性能，但一般而言，编译码复杂度较高。与之相反，结构化编码，也称确定性编码，在编译码复杂度方面更具有优势。结构化编码的一类主要思路是采用几何方法或组合设计。其中，几何设计的代表性方法是 Kou Y. 等[14]提出的有限几何构造。组合设计方面有很多方法，包括平衡不完全区组方法[15]、Kirkman 系统设计[16]以及正交拉丁方设计[17]等。这些方法都需要用到几何或组合理论，具有良好的数学分析基础。

结构化编码的另一类思路是采用线性结构设计，代表性方法包括 Lu J. 等[18]提出的 Turbo 码结构设计[18]与 Fossorier M.[19]提出的准循环（QC）-LDPC 码。由于利用了线性编码特征，这两种方法的编码比较简单规整。

（3）嵌套构造

无结构编码都是在整个 Tanner 图上进行设计的，另一个设计思路是将 Tanner 图上的边分类，首先优化子图，然后再扩展到全图，由于全图与子图具有嵌套结构，称这类构造方法为嵌套构造。

这种构造的代表是 Richardson T. 等[20]最早提出的多边类型（MET）-LDPC 码。其中重要的一个子类就是原模图（Protograph）LDPC 码。Thorpe J.[21]最早提出了原模图的概念，Divsalar D. 等[22]设计的 AR3A 与 AR4JA 码是两种代表性的原模图码，它们具有线性编码复杂度与快速译码算法，能够逼近信道容量极限，被应用在美国深空探测标准中。在 5G NR 移动通信标准中，也采用了基于原模图的 LDPC 编码方案。

图 5-8（a）给出了原模图构造示例。图 5-8（a）对应一个原模图，与普通的 Tanner 图不同，原模图中允许存在重边。图 5-8（a）有 4 个变量节点、8 个校验节点和 9 条边，由于有重边，因此图 5-8（a）的原模图对应 8 种不同类型的边，其对应的基础矩阵如下：

$$\boldsymbol{B} = \begin{bmatrix} 1 & 1 & 1 & 2 \\ 1 & 1 & 0 & 0 \\ 1 & 0 & 1 & 0 \end{bmatrix} \quad (5\text{-}36)$$

图 5-8（b）给出了两次复制示意，经过在同类型边之间的重排，可以得到图 5-8（c）对应的导出图。

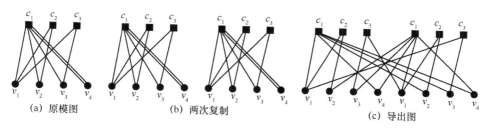

(a) 原模图　　　　　　(b) 两次复制　　　　　　　　　(c) 导出图

图 5-8　原模图与导出图示例

一般地，假设原模图有 M_P 个校验节点、N_P 个变量节点，经过 z 次复制与边重排操作，得到的全图称为导出图，其规模为 $M \times N = zM_P \times zN_P$。这种"复制重排"操作称为自举（Lifting），操作次数 z 称为自举因子（Lifting Factor）。原模图的性能不能直接应用 EXIT 图分析，需要采用修正的 PEXIT 图分析[23]。导出图中的边连接优化，可以用 PEG 算法得到。

（4）多进制编码

上述讨论的 LDPC 码都是二进制编码，Davey M. C.与 MacKay D. J. C.[24]最早提出了基于有限域的多进制 LDPC 码构造。由于引入了有限域的额外编码约束，相对于二进制编码而言，多进制 LDPC 码能够获得更好的纠错能力。但这种编码最大的问题是译码复杂度较高，限制了其工程应用。

另一类多进制编码是广义构造，称为 G-LDPC 码，最早由 Lentmaier M.与 Zigangirov K. S.[25]提出。这种广义 LDPC 码，将传统 LDPC 码中简单校验的校验节点替换为经典的线性分组码校验，如采用 Hamming 码、BCH 码或 RS 码作为校验节点。进一步，Liva G.等[26]考虑了不规则 G-LDPC 码，由于 Tanner 图上存在强纠错节点，它们被称为掺杂（Doped）LDPC 码。

（5）扩展构造

近年来，人们扩展 LDPC 码设计思想，针对具体应用构造新型编码。其中代表性的示例是低密度生成矩阵（LDGM）码、无速率（Rateless）码与空间耦合（Spatial Coupling）LDPC 码，下面分别介绍其基本思想与性质。

1）LDGM 码

Cheng J. F.与 McEliece R. J.[27]最早提出了 LDGM 码的设计思想。一般而言，LDPC 码的校验矩阵是低密度的，而生成矩阵是高密度的，LDGM 码的设计利用了对偶性，它是一种系统码，生成矩阵是稀疏的，校验矩阵是稠密的。因此，LDGM码主要应用于高码率场景，它具有线性的编译码复杂度。

早期研究表明，由于最小汉明距离较小，LDGM 码是渐近坏码，有显著的错误平台（Error Floor）现象。但如果将两个 LDGM 码进行串行级联，或者将 LDGM 码与其他 LDPC 码级联，可以显著改善错误平台现象。由于 LDGM 码编码简单，可以应用于信源压缩与编码，也可以与星座调制联合设计，或者应用于 MIMO 传输，可逼近高频谱效率下的容量极限。

2）Rateless 码

无速率码最早来源于纠删应用。在固定/无线互联网中，由于某种原因，如拥塞或差错，MAC 层会产生丢包，但丢包数量并不固定。采用固定编码码率进行纠删，如果码率高于删余率，则纠删能力较差；反之则冗余较大。总之由于实际系统中，删余率无法先验确知或者存在动态变化，固定的码率无法匹配。

Luby M. G.[28]提出的 Luby 变换（LT）码是一种实用化的无速率码。它是一种数据包编码，主要应用于 MAC 层或应用层数据传输，也有人称为喷泉（Fountain）码，这种说法是将每个编码数据包比喻为一滴水，根据传输条件动态变化，接收机收到不同的水量（即数据包），就可以开始纠删译码，因此码率不固定。

理论上可以证明，当码长趋于无限长时，LT 码能够达到二元删余信道（Binary Erasure Channel，BEC）容量，它是一种容量可达的构造性编码。但当码长有限时，已有研究表明，LT 码具有显著的错误平台现象。为了降低错误平台，Shokrollahi M. A.[29]提出了 Raptor 码，这种编码使用一个高码率的 LDPC 码作为外码级联 LT 编码，获得了显著的性能提升。Raptor 码应用于 3G 移动通信的应用层编码标准中。

3）空间耦合 LDPC 码

借鉴卷积编码结构，Felström A. J.与 Zigangirov K. S.[30]最早提出了 LDPC 卷积码。它的基本思想是将基本校验矩阵作为移位寄存器的抽头系数，设计卷积型的编码结构，从而获得周期性时变的编码序列。

Kudekar S.等[31]认识到卷积在各个码段之间引入了编码约束关系，产生了空间耦合效应。他们证明，即使采用规则的（3,6）码约束，只要引入适当的空间耦合关系，当编码长度趋于无穷时，密度进化的译码门限将趋于 BEC 容量的门限值。这意味着，空间耦合码也是一种能够达到 BEC 容量的构造性编码。后来研究者发现，空间耦合码对于一般的 B-DMC，都是渐近容量可达的。这是一个 LDPC 编码理论的重大突破，经过近 50 年的研究，人们终于发现了可以达到容量极限的 LDPC 码。空间耦合码掀起了 LDPC 码新的研究热潮，尤其是有限码长下的高性能编译码算法，其是学术界关注的重点。

5.2.1.4   LDPC 码设计准则

50 年来，LDPC 码的设计理论蔚为大观。从上述的介绍可知，众多学者提出了各种设计理论与方法。依据码长不同分两种情况探讨。

如果码长超长，如 $N \in (10^6, 10^7)$，则随机构造的 LDPC 码（如 MacKay 与 Neal 构造）具有优越的性能，能够逼近容量极限，但这种方法得到的校验矩阵没有结构，难以存储与实现。

如果是短码到中等码长，如 $N \in (10^2, 10^4)$，则代数构造、嵌套构造比随机构造更优越，并且使用前两者的编译码算法复杂度较低，有利于工程实现。

总之，LDPC 码的设计需要考虑多种参数与因素，其设计准则归纳如下。

（1）环长与围长

Tanner 图上的环会影响迭代译码的收敛性，围长越小，影响越大。但是消除所有的环既无工程必要，也无法提高性能。因此在 LDPC 码的 Tanner 图设计中，最好的方法是尽量避免短环，尤其是长度为 2 与 4 的环。

（2）最小汉明距离

最小汉明距离决定了高信噪比条件下 LDPC 码的差错性能。因此，为了降低错误平台，要尽可能增大最小汉明距离。

（3）停止集分布

小规模的停止集会影响 BEC 下迭代译码的有效性。因此，从工程应用看，需要优化停止集分布，增加最小停止集规模。

（4）校验矩阵稀疏性

校验矩阵的系数结构对应 Tanner 图上的低复杂度译码。但校验矩阵的设计，需要综合考虑最小距离、最小停止集与稀疏性之间的折中。

（5）编码复杂度

对于随机构造的 LDPC 码，主要的问题是编码复杂度较高。由于采用高斯消元法得到下三角形式的生成矩阵不再是稀疏矩阵，即使采用反向代换进行编码，其编码复杂度量级也是 $O(N^2)$。因此，从实用化角度来看，LDGM 码与原模图编码是具有吸引力的两种编码方案。在实际通信系统中，这两种编码也得到了普遍应用。

（6）译码器实现的便利性

从译码器的硬件设计来看，由于大规模 Tanner 图没有规则结构，随机构造的 LDPC 码面临着高存储量、布局布线复杂的问题。因此，嵌套构造、结构化编码更有利于硬件译码器的实现，在工程应用中更具优势。

5.2.2　极化码

1948 年，信息论创始人 Shannon C. E.[1-2]在经典论文中，提出了著名的信道编码定理。70 多年来，构造逼近信道容量的编码是信道编码理论的中心目标。近 20 年来，如前所述，虽然以 Turbo 码与 LDPC 码为代表的信道编码具有优越的纠错性能，但对于一般的二元对称信道，难以从理论上证明这些码渐近可达信道容量。2009 年，土耳其学者 Arıkan E.[32]提出了极化码（Polar Code）的设计思想，首次以构造性方法证明信道容量渐近可达。由于在编码理论方面的杰出贡献，该论文获得了 2010 年 IEEE 信息论分会的最佳论文奖，引起了信息论与编码学术界的极大关注。

极化码发明近 10 年来，成为信道编码领域的热门研究方向，其理论基础已经初步建立，人们对极化码的渐近性能有了深入的理解。特别是 2016 年年底，极化码入选 5G 移动通信的控制信道编码候选方案，并最终写入 5G 标准[33]，极大地推动了极化码的应用研究进程。

本节介绍极化码的基本原理，包括信道极化原理、极化码编码算法、极化码构造算法、极化码的基本译码算法与增强型译码算法、极化码性能。

5.2.2.1　信道极化原理

极化码的构造依赖于信道极化（Channel Polarization）现象。所谓信道极化，最早由 Arıkan E.[32]引入，是指将一组可靠性相同的二进制离散无记忆信道（B-DMC）采用递推编码的方法，变换为一组有相关性的、可靠性各不相同的极化子信道的过程，随着码长（即信道数目）的增加，这些子信道呈现两极分化现象。图 5-9 给出了二元删余信道（Binary Erasure Channel，BEC）的信道极化演进示例。

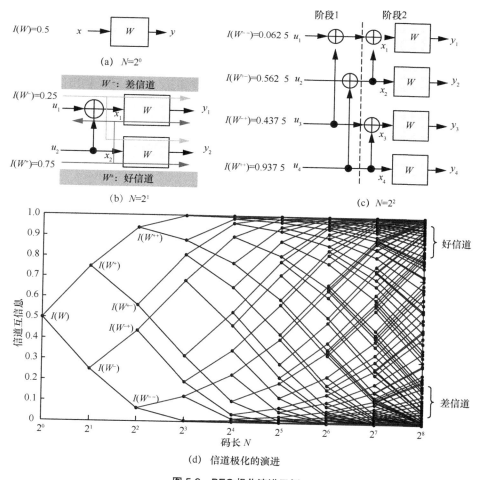

图 5-9　BEC 极化演进示例

令 B-DMC 转移概率为 $W(y|x)$，则信道互信息与可靠性度量（Bhattacharyya 参数，简称为巴氏参数）定义如下：

$$I(W) = \sum_{y \in Y} \sum_{x \in X} \frac{1}{2} W(y|x) \log \frac{W(y|x)}{\frac{1}{2} W(y|0) + \frac{1}{2} W(y|1)} \qquad (5\text{-}37)$$

$$Z(W) = \sum_{y \in Y} \sqrt{W(y|0) W(y|1)} \qquad (5\text{-}38)$$

图 5-9（a）给出了删余率为 0.5 的 BEC 的映射关系 $W : X \in \{0,1\} \to Y$，其信道互信息为 $I(W) = 0.5$，巴氏参数 $Z(W) = 0.5$。

图 5-9（b）是两信道极化过程，$u_1, u_2 \in \{0,1\}$ 是输入信道的两比特，$x_1, x_2 \in \{0,1\}$ 是经过模二加编码后的两比特，分别送入信道后得到 $y_1, y_2 \in Y$ 两个输出信号，则对应的编码过程可以表示为：

$$(x_1, x_2) = (u_1, u_2) \begin{pmatrix} 1 & 0 \\ 1 & 1 \end{pmatrix} = (u_1, u_2) \boldsymbol{F} \qquad (5\text{-}39)$$

通过矩阵 $\boldsymbol{F}$ 的极化操作，将一对独立信道 (W, W) 变换为两个相关子信道 (W^-, W^+)，其中，$W^- : X \to Y^2$，$W^+ : X \to Y^2 \times X$，其信道输入输出关系分别如图 5-9（b）实线和虚线所示。这两个子信道的信道互信息与可靠度量满足下列关系：

$$\begin{cases} I(W^-) \leqslant I(W) \leqslant I(W^+) \\ Z(W^-) \geqslant Z(W) \geqslant Z(W^+) \end{cases} \qquad (5\text{-}40)$$

由于 $I(W^-) = 0.25 < I(W^+) = 0.75$，这两个子信道产生了分化，$W^+$ 是好信道，W^- 是差信道。

上述编码过程可以推广到 4 信道极化，如图 5-9（c）所示，此时，每两个 W^- 信道极化为 W^{--} 与 W^{-+} 两个信道，每两个 W^+ 信道极化为 W^{+-} 与 W^{++} 两个信道。这样原来可靠性相同的 4 个独立信道变换为可靠性差异更大的 4 个极化信道。

信道极化变换可以递推应用到 $N = 2^n$ 个信道，给定信源序列 U_1^N 与接收序列 Y_1^N，序列互信息可以分解为多个子信道互信息之和，即满足如下关系：

$$I\left(U_1^N; Y_1^N\right) = \sum_{i=1}^{N} I\left(U_i; Y_1^N \middle| U_1^{i-1}\right) = \sum_{i=1}^{N} I\left(U_i; Y_1^N U_1^{i-1}\right) \tag{5-41}$$

其中，$I\left(U_i; Y_1^N U_1^{i-1}\right)$ 是第 i 个极化子信道的互信息，相应的信道转移概率为 $W_N^{(i)}\left(Y_1^N U_1^{i-1} \middle| U_i\right)$。这就是信道极化分解原理，其本质是通过编码约束关系，引入信道相关性，从而导致各个子信道的可靠性或容量差异。

图 5-9（d）给出了码长 $N \in (2^0, 2^8)$ 时，极化子信道互信息的演进趋势。其中，每个节点的上分支表示极化变换后相对好的信道（实线标注），下分支表示相对差的信道（虚线标注）。显然，随着码长的增长，好信道集聚到右上角（互信息趋于 1），差信道集聚到右下角（互信息趋于 0）。

Arıkan E.[32]证明了当信道数目充分大时，极化信道的互信息完全两极分化为：无噪的好信道（互信息趋于 1）与完全噪声的差信道（互信息趋于 0），且好信道占总信道的比例趋于原始 B-DMC W 的容量 $I(W)$，而差信道比例趋于 $1 - I(W)$。

5.2.2.2 极化码编码算法

5.2.2.2.1 基本编码

极化码有两种基本编码结构：非系统极化码与系统极化码，下面简述各自的结构特点。

首先，根据信道极化的递推过程，可以得到非系统极化码的编码结构。令 $u_1^N = (u_1, u_2, \cdots, u_N)$ 表示信息比特序列，$x_1^N = (x_1, x_2, \cdots, x_N)$ 表示编码比特序列，Arıkan E.证明编码满足关系式：

$$x_1^N = u_1^N \boldsymbol{G}_N \tag{5-42}$$

其中，编码生成矩阵 $\boldsymbol{G}_N = \boldsymbol{B}_N \boldsymbol{F}_N$；$\boldsymbol{B}_N$ 是排序矩阵，完成比特反序操作；$\boldsymbol{F}_N = \boldsymbol{F}^{\otimes n}$ 表示矩阵 $\boldsymbol{F} = \begin{bmatrix} 1 & 0 \\ 1 & 1 \end{bmatrix}$ 进行 n 次 Kronecker 积操作的结果，实质上是 n 阶 Hadamard 矩阵。

码长 $N = 8$，码率 $R = 1/2$ 的极化码编码器的示例如图 5-10 所示。由图 5-10 可知，对于非系统极化码，根据巴氏参数选择可靠性高的 $\{u_4, u_6, u_7, u_8\}$ 作为信息比特，信息位长度为 4，而可靠性较差的 $\{u_1, u_2, u_3, u_5\}$ 则作为固定比特（Frozen Bit），取值为 0。经过 3 级蝶形运算，可以得到编码比特序列 x_1^8。而对于系统极化码，则需要将信息位承载在 $\{x_4, x_6, x_7, x_8\}$ 上，对应的编码器左侧输入（信源侧）比特则通过代数运算确定取值。由于采用蝶形结构编码，因此极化码的编码复杂度为 $O(N \log N)$ [32]。

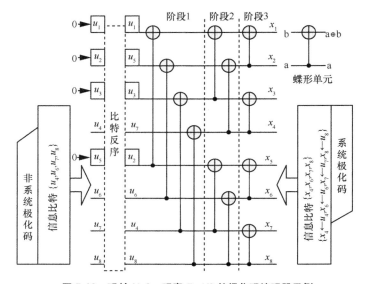

图 5-10　码长 N=8，码率 R=1/2 的极化码编码器示例

极化码存在两种编码方式 $x_1'^N = u_1^N \boldsymbol{F}_N$ 与 $x_1^N = u_1^N \boldsymbol{G}_N$，其中，$x_1'^N = x_1^N \boldsymbol{B}_N$。这两种编码方式等价，只不过一种是先对信源序列进行比特反序操作，然后再进行 Hadamard 变换；而另一种是直接进行 Hadamard 变换，然后再进行比特反序操作，同时编码端可以原序发送，在译码端对似然比进行反序操作。

5.2.2.2.2　CRC–Polar 级联编码

Niu K.等[34]提出了 CRC-Polar 级联方案，如图 5-11 所示。由 k 个信息比特组成的序列首先送入循环冗余校验（CRC）编码器，级联 m 个 CRC 校验比特后送入极化码编码器，产生 N 比特码字。这种级联编码方案，以 CRC 编码作为外码，极化码作为内码，具有显著的性能增益，目前已经成为极化码的主流编码方案。

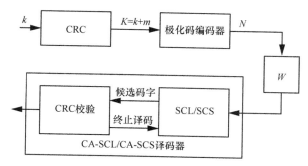

图 5-11　CRC-Polar 级联编码译码系统结构

5.2.2.2.3　速率适配编码

由于极化码原始码长限定为 2 的幂次，即 $N = 2^n$，而实际通信系统往往要求任意码长编码。为了满足这一要求，需要设计极化码的速率适配方案，主要包括凿孔（Puncturing）与缩短（Shortening）两种操作。假定速率适配后的码长为 $M < N$，则编码器需要删减 $N - M$ 个编码比特。对于凿孔操作，这些删减的比特可以任意取值，而译码器并不确定它们的取值，因此相应的对数似然比（Log Likelihood Ratio，LLR）为 0。而对于缩短操作，这些删减比特为固定取值（假设为 0），译码器也知道其取值，因此相应的 LLR 取值为 ∞。

Niu K.等[35]提出了 QUP（Quasi-Uniform Puncturing）适配方案，并进一步在论文[36]中提出了 RQUS（Reversal Quasi-Uniform Shortening）适配方案。

QUP 与 RQUS 速率适配示例如图 5-12 所示。其中原始码长 $N = 8$，实际码长 $M = 5$。图 5-12 中，从左到右对应比特位置 1~8，0 表示删掉不传输的比特位置，1 表示保留传输的比特位置。如图 5-12（a）所示，自然顺序下，QUP 方案要凿掉开头第 1、2、3 三个位置的比特，而经过比特反序变换，则应当凿掉第 1、3、5 三个位置的比特。RQUS 操作与 QUP 是对称的，在自然顺序下，缩短结尾第 6、7、8 三个位置，经过比特反序变换，则对应缩短第 4、6、8 三个位置。

需要注意的是，在自然顺序下，极化码的编码方式为：

$$x_1'^N = u_1^N \boldsymbol{F}_N \tag{5-43}$$

而在比特反序下，极化码编码方式为：

$$x_1^N = u_1^N \boldsymbol{G}_N = u_1^N \boldsymbol{B}_N \boldsymbol{F}_N \tag{5-44}$$

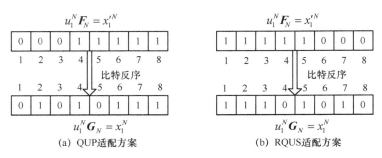

图 5-12　$N=8$，$M=5$ 的 QUP 与 RQUS 速率适配示例

对于前者，生成矩阵是 $\boldsymbol{F}_N$，即 Hadamard 矩阵；对于后者，生成矩阵为 $\boldsymbol{G}_N$，还需要进行比特反序变换。这两种方式是等价的，从工程应用来看，自然顺序的编码更方便，因此 5G NR 标准中采用了式（5-43）的编码方式，相应地，QUP 与 RQUS 速率适配方式只要在开头与结尾进行凿孔与缩短即可。

理论分析与仿真表明，QUP 凿孔方案适用于低码率（$R \leqslant 1/2$）的情况；RQUS 缩短方案适用于高码率（$R > 1/2$）的情况。可以证明，QUP 与 RQUS 方案是理论最优的速率适配方案[36]，并且 RQUS 与参考文献[37]的缩短方案等价。

5.2.2.3　极化码构造算法

极化码构造算法的目的是精确计算各个子信道的互信息或可靠性，然后从大到小排序，选择其中好的子信道集合承载信息比特。因此，构造算法是极化码编码的关键。

Arıkan E.最早提出基于巴氏参数的构造算法。假定初始信道的巴氏参数为 $Z(W)$，则从 N 扩展到 $2N$ 个极化信道的迭代计算过程如下：

$$\begin{cases} Z(W_{2N}^{(2i-1)}) = 2Z(W_N^{(i)}) - Z(W_N^{(i)})^2 \\ Z(W_{2N}^{(2i)}) = Z(W_N^{(i)})^2 \end{cases} \tag{5-45}$$

这种构造算法复杂度较低，但只适用于 BEC，对于其他信道，如 BSC、AWGN 信道等，该方法并非最优。

Mori 基于密度进化（DE）方法，得到了 BSC、AWGN 信道下最优的子信道选择准则[38]，但由于涉及变量与校验节点比特对数似然比（LLR）概率分布计算，计算复杂度很高，限制了其应用。更好的方法是 Tal I.与 Vardy A.[39]提出的迭代算法，通过引入极化子信道的上下界近似，该方法能以中等复杂度保证较高的计算精度，但码长很长时，其计算复杂度也会变大。

Trifonov P.[40]所提出的高斯近似（GA）算法是目前较流行的构造方法。给定 AWGN 信道的接收信号模型为 $y_i = s_i + n_i$，$i = 1, 2, \cdots, N$，噪声功率为 σ^2，则接收比特的 LLR $L(y_i) \sim \mathcal{N}\left(\dfrac{2}{\sigma^2}, \dfrac{4}{\sigma^2}\right)$ 服从高斯分布。信道极化的 LLR 均值迭代公式为：

$$\begin{cases} E\left(L_{2N}^{(2i-1)}\right) = \phi^{-1}\left\{1 - \left[1 - \phi\left(E\left(L_N^{(i)}\right)\right)\right]^2\right\} \\ E\left(L_{2N}^{(2i)}\right) = 2E\left(L_N^{(i)}\right) \end{cases} \tag{5-46}$$

其中，$E(\cdot)$ 表示数学期望，$E\left(L_1^{(1)}\right) = \dfrac{2}{\sigma^2}$。

上述 GA 构造算法的计算复杂度为 $O(N \log N)$，在中短码长下可以获得较高的计算精度。但这种近似在码长较长时，存在计算误差，参考文献[41]提出了改进的 GA 算法，满足长码条件下高精度构造的要求。

前述极化码的构造算法，有一个共同的局限，即编码构造依赖于信道条件。最近，不依赖于信道条件的通用构造成为极化码的研究热点。其中，参考文献[42]提出的部分序构造以及参考文献[43]提出的极化度量（PW）构造算法具有代表性。假设第 i 个子信道序号对应的二进制展开向量为 $i \rightarrow (b_n, b_{n-1}, \cdots, b_1)$，则 PW 度量计算式如下：

$$\mathrm{PW}_N^{(i)} = \sum_{j=1}^{n} b_j 2^{j/4} \tag{5-47}$$

PW 度量越大，说明子信道可靠性越高。因此，将 PW 度量从大到小排序，选取大度量对应的子信道承载信息比特。基于 PW 度量构造的极化码，性能与 GA 构造的极化码接近，且度量计算不依赖于信道条件，这种构造方法具有重要的实用价值。

5.2.2.4　极化码译码算法

5.2.2.4.1　基本译码算法

对于极化码，Arıkan E.[32]的另一重要贡献是提出了串行抵消（SC）译码算法，SC 译码的基本思想是在 Trellis 上进行软信息与硬判决信息的迭代计算。

给定码长 $N = 2^n$ 与极化阶数 n，则 Trellis 由 n 级蝶形节点构成。其变量节点的

硬判决信息定义为 $s_{i,j}$ ，其中 $1 \leqslant i \leqslant n+1$ ， $1 \leqslant j \leqslant N$ 分别表示节点在 Trellis 上的行列序号，而软判决信息定位为相应的 LLR，即 $L_{i,j} = L(s_{i,j})$ 。 $N = 4$ 的极化码 Trellis 示例如图 5-13 所示。如图 5-13 所示，Trellis 右侧对应来自于信道的 LLR 信息 $L_{n+1,j} = \log \dfrac{P(y_j|1)}{P(y_j|0)}$ ，而左侧对应信息比特的 LLR 信息 $L_{1,j} = L(\hat{u}_j)$ 以及判决比特信息 $s_{1,j} = \hat{u}_j$ 。这样，基于蝶形结构中的变量/校验节点约束关系，软信息从右向左计算与传递，而硬信息从左向右计算与传递，具体的计算式如下。

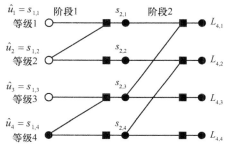

图 5-13　$N=4$ 的极化码 Trellis 示例

（1）软消息迭代计算式

$$L_{i,j} = \begin{cases} 2\tanh^{-1}\left[\tanh\left(\dfrac{L_{i+1,j}}{2}\right) \cdot \tanh\left(\dfrac{L_{i+1,j+2^{i-1}}}{2}\right)\right], & \left\lfloor \dfrac{j-1}{2^{i-1}} \right\rfloor \bmod 2 = 0 \\ \left(1-2s_{i,j-2^{i-1}}\right)\left(L_{i+1,j-2^{i-1}}\right) + L_{i+1,j}, & \text{其他} \end{cases} \tag{5-48}$$

其中， $i = 1, 2, \cdots, n$ ； $j = 1, 2, \cdots, N$ ； $\tanh(\cdot)$ 是双曲正切函数； $\lfloor \cdot \rfloor$ 是下取整函数。

上述计算与 LDPC 码的 BP 迭代译码基本公式类似，都是在校验与变量节点分别进行软信息计算与更新。

（2）硬消息迭代计算式

$$s_{i+1,j} = \begin{cases} s_{i,j} \oplus s_{i,j-2^{i-1}}, & \left\lfloor \dfrac{j-1}{2^{i-1}} \right\rfloor \bmod 2 = 0 \\ s_{i,j}, & \text{其他} \end{cases} \tag{5-49}$$

其中，$\oplus$ 是模二加操作。

（3）判决准则

当软信息递推到 Trellis 的左侧时，比特判决准则如下：

$$\hat{u}_i = \begin{cases} 1, L_{1,i} \geqslant 0 \\ 0, L_{1,i} < 0 \text{或者} u_i \text{是固定比特} \end{cases} \quad (5\text{-}50)$$

SC 算法也可以看作在码树上进行逐级判决搜索路径的过程。也就是说，从树根开始，对发送比特进行逐级判决译码，先判决的比特作为可靠信息辅助后级比特的判决，最终得到一条译码路径。参考文献[32]证明了极化码的 SC 译码算法复杂度非常低，为 $O(N \log N)$。

5.2.2.4.2 增强译码算法

在有限码长下，基于 SC 译码的极化码性能较差，远不如 LDPC/Turbo 码。为了提高极化码有限码长性能，人们提出了多项高性能的 SC 改进算法。Niu K.等[44]与 Tal I.&Vardy A.[45]同时提出了串行抵消列表译码（SCL）算法（如图 5-14 所示），将广度优先搜索策略引入码树搜索机制，每次译码判决保留一个很小的幸存路径列表，最终从表中选择似然概率最大的路径作为判决路径。给定列表长度 L，SCL 算法的复杂度为 $O(LN \log N)$，其性能可以逼近最大似然（ML）译码性能。

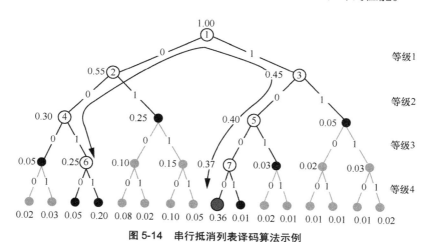

图 5-14 串行抵消列表译码算法示例

由图 5-14 可知，SCL 算法保留了两条幸存路径，译码器最终从两条候选路径中选择译码结果。

另外,Niu K.等[46]提出串行抵消堆栈(SCS)算法,将深度优先搜索策略引入码树搜索中。由于引入堆栈存储机制,可以有效减少译码路径的重复搜索,极大地降低了译码算法复杂度。在高信噪比条件下,SCS 算法的复杂度趋近于 SC 算法,远低于 SCL 算法,且其性能也能够逼近 ML 译码性能。

SCS 译码算法示例如图 5-15 所示。由图 5-15 可知,译码器在码树上通过深度优先的方式,搜索候选路径,按照从大到小的顺序将候选路径压入堆栈,每次从栈顶扩展幸存路径直至叶节点,最终得到译码结果。

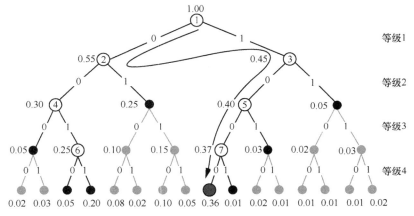

图 5-15 串行抵消堆栈译码算法示例

进一步地,参考文献[34]提出 CRC 辅助的 SCL/SCS 译码(CA-SCL/SCS)算法,SCL/SCS 算法输出的候选码字送入 CRC 校验模块,只有通过 CRC 校验的码字才作为最终译码结果。由于有 CRC 校验提供的先验信息,极大增强了译码性能。参考文献[47]还提出了自适应 CA-SCL 算法,可以在算法复杂度与性能之间达到较好的折中。目前 SCL 算法已经成为极化码高性能译码的主流算法,参考文献[48-49]深入讨论了 SCL 译码器的硬件架构设计。

极化码也可以采用置信传播(BP)译码算法,参考文献[50]最早研究了 BP 算法调度机制的优化。另外,对于短码极化码,参考文献[51]提出了低复杂度的球译码算法,能够达到最大似然译码性能,具有一定的实用价值。

5.2.2.5　极化码性能

极化码的理论性能主要关注信道极化行为的理解与分析，包括误码块率（BLER）与子信道收敛速度。Arıkan E.[32]基于 SC 算法给出了 BLER 性能的上界。

给定 B-DMC 信道 W，假设其巴氏参数为 $Z(W)$，经过极化变换，N 个极化信道的巴氏参数为 $Z(W_N^i)$。对于码长为 N、码率为 $R = K / N$ 的极化码，假设信息信道集合为 $\mathcal{A}$，则极化码 SC 译码的误块率上界为：

$$P_e(N, K, \mathcal{A}) \leqslant \sum_{i \in \mathcal{A}} Z(W_N^i) \tag{5-51}$$

其中，子信道的差错概率也可以用密度进化、高斯近似估计，能够获得比巴氏参数更逼近的估计结果。上述误块率上界与仿真结果贴合得非常紧，是一个很好的极化码理论性能分析与预测工具。

Arıkan E.[32]还利用鞅与半鞅理论，严格证明了子信道的收敛行为，奠定了信道极化码的基本理论。他证明了采用 2×2 核矩阵 F，极化码渐近（$N \to \infty$）差错性能 $P_B(N) < 2^{-N^\beta}$，其中误差指数 $\beta < 1/2$，换言之，极化码的差错概率随着码长的平方根指数下降。Korada S. B.等[52]进一步证明，如果推广到 $l \times l$ 核矩阵，则渐近性能 $P_B(N) < 2^{-N^{E_c(G)}}$，其中 $E_c(G)$ 是生成矩阵 G 对应的差错指数，极限为 1。

回顾 Shannon C. E.在证明信道编码定理时，采用了 3 条假设：

1）码长充分长，即 $N \to \infty$；

2）采用随机编码方法；

3）基于信源信道联合渐近等分割（JAEP）特性，采用联合典型序列译码方法。

这 3 条假设对于设计逼近信道容量的信道编码具有重要的启发性。长期以来，人们主要关注第 2）个假设，通过构造方法模拟随机编码。如第 5.2.1 节和第 5.2.2 节所述，Turbo 码或 LDPC 码都具有一定的随机性，能够在码长充分长时逼近信道容量。但第 3）个假设更重要，应用 JAEP 特性，采用联合典型序列译码是信道编码定理证明的关键步骤。

对于信道极化的理论理解，Niu K.等[53]指出，极化变换实际上是联合渐近等分割（JAEP）特性的构造性示例。Turbo 码与 LDPC 码虽然模拟了随机编码的行为，但难以模拟 JAEP 特性，而在极化编码中，极化变换所得到的好信道可以看作联合典型映射，这种方法更加符合 Shannon C. E.原始证明的基本思路。极化码渐近差错率随码长指数下降，这样极化码与随机编码具有一致的渐近差错性能，相当于给出了信道编码定理的构造性证明。

在 AWGN 信道中，码长 $N = 1\,024$，码率 $R = 1/2$ 的极化码采用不同译码算法的 BLER 性能比较如图 5-16 所示，作为比较，图 5-16 中也列出了相同配置的 WCDMA Turbo 码[34]采用 Log-MAP 译码算法性能。由图 5-16 可知，SC 译码算法性能较差，采用列表大小 32 的 SCL 算法或堆栈深度 1\,000 的 SCS 算法，译码性能会提高 0.5 dB，但与 Turbo 码相比仍有差距。而如果采用 16 比特 CRC 及 Polar 码级联编码及 CA-SCL/SCS 译码算法，在 BLER=10^{-4} 时，比 SCL/SCS 额外获得 1 dB 以上的编码增益，与 Turbo 码相比有 0.5 dB 以上的性能增益。这一结果表明，CRC 级联极化码方案是一种高性能的编译码技术。

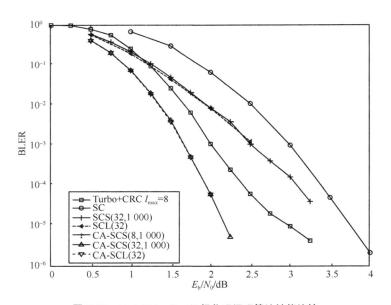

图 5-16　N=1\,024，R=1/2 极化码译码算法性能比较

AWGN 信道中，$N = 1\,024$，$R = 1/2$ 条件下，Polar 码、WCDMA Turbo 码、4G LTE Turbo 码以及 WiMAX LDPC 码的 BLER 性能比较如图 5-17 所示。其中 Polar 码分别采用了 SC、SCL、CA-SCL、BP 译码算法。Turbo 码采用了 Log-MAP 译码算法，最大迭

代次数 8 次。LDPC 码采用了 BP 译码算法，最大迭代次数 50 次。

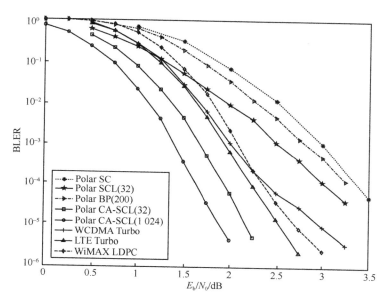

图 5-17　极化码与 3G/LTE Turbo 码、WiMAX LDPC 码性能比较

对于 Polar 码而言，SC 译码算法性能最差，迭代 200 次的 BP 译码算法性能略好，列表规模 32 的 SCL 译码算法性能更好。但在 BLER=10^{-4} 时，这些译码算法仍然有 0.5 dB 以上的性能差距。

如果采用 CRC-Polar 级联编码方案，当 L=32 时，CA-SCL 算法要显著优于 3G/4G Turbo 码以及 LDPC 码，会获得 0.25～0.3 dB 的编码增益。随着列表规模的增长，CA-SCL 译码算法还有进一步的性能增长。例如 L=1 024，极化码相对于 LTE Turbo 码有 0.7 dB 以上的增益。

从图 5-17 中可知，高信噪比条件下，Turbo/LDPC 码都有错误平台，而 Polar 码由于编码结构的优势，不存在错误平台。

5G 移动通信系统的 3 种候选编码：Turbo 码、LDPC 码与 Polar 码在 AWGN 信道下的误块率（BLER）性能比较如图 5-18 所示。

其中，3 种编码的信息位长度 K=400，码率范围 $R \in (1/5, 8/9)$，Turbo 码采用 4G LTE 标准配置，LDPC 码采用 Qualcomm 公司的 5G 编码提案，Polar 码采用 5G

标准配置。由图 5-18 可知，低码率（$1/5 < R < 1/2$）条件下，极化码与 Turbo/LDPC 码具有类似或稍好的性能，而在高码率（$2/3 < R < 8/9$）条件下，相对于后两种码，极化码具有显著的性能增益。

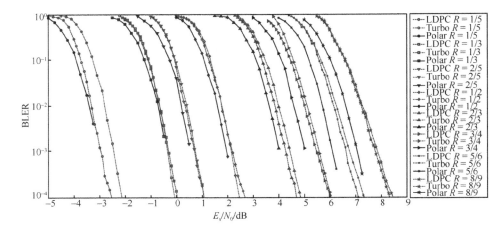

图 5-18　3 种 5G 候选编码 Turbo 码、LDPC 码与 Polar 码的性能比较（$K=400$）

参考文献[53]指出，在相同的码长码率参数配置下，达到相同的误码率性能，Polar 码 SCL 译码算法的复杂度是 Turbo 码 BCJR 译码算法的 $1/10 \sim 1/5$，并且没有错误平台现象；Polar 码 SCL 译码算法的复杂度是 LDPC 码标准 BP 译码算法的 $1/5 \sim 1/3$。由此可见，对于中短码长，极化码具有性能与复杂度的双重优势。

作为信道容量可达的新型编码，极化码的优势集中体现在以下 3 个方面。

（1）高可靠性

极化码可以被严格证明没有错误平台，这一点是与 Turbo/LDPC 码相比，最重要的性能优势。同时，在中短码长（$100 \sim 2\,000$ bit）下，采用 CA-SCL 译码算法的极化码性能要显著优于 Turbo/LDPC 码。由于这两方面的优势，极化码能够达到更低的差错概率，非常适合于 B5G/6G 超高可靠超低时延的通信传输需求。

（2）高效性

已有研究表明，极化编码调制的性能可以超过 Turbo/LDPC 编码调制。针对极化编码调制的联合优化，可以在高信噪比条件下逼近信道容量极限，极大地提升频谱效率，非常适合于高频谱效率传输需求。

（3）低复杂度

极化码的代表性译码算法，如 SC、SCL/SCS、BP 译码算法，都可以用低复杂度方式实现。如果能够在译码性能与算法复杂度之间优化设计，将获得复杂度与可靠性的双重增益，具有重要的工程实用价值。

IEEE 通信学会发布的极化码最佳读物（Best Readings）[54]，精选了极化码领域的 50 篇重要文献，作者有 3 篇论文[53,55-56]入选，有兴趣了解极化码研究全貌的读者可以查阅。

| 5.3　非正交多址接入技术 |

回顾移动通信网络中多址接入技术的发展历程，不难看出一条较为清晰的发展脉络。从 1G 到 4G，FDMA（Frequency Division Multiple Access，频分多址）、TDMA（Time Division Multiple Access，时分多址）、CDMA（Code Division Multiple Access，码分多址）以及 OFDMA（Orthogonal Frequency Division Multiple Access，正交频分多址）这些都是各个时代的核心多址接入技术[57-58]。上述技术虽然随着时代的发展有所变化，但都属于正交多址接入（Orthogonal Multiple Access，OMA）技术的大范畴。

OMA 的设计宗旨是让每个用户独占所分配到的信道资源，即用户间理论上不存在多址干扰。因此信道可以被划分为多个正交子信道，每个子信道之间也互相独立。从统一的观点看，若系统总体的带宽为 W，时间为 T，那么总的自由度 $n=2WT$。因此正交多址技术彼此是等价的，时间资源、频率资源以及正交码域资源只是总的自由度空间 $\mathbb{R}^{2WT}$ 中不同的正交基，时间、频率、码域资源之间可以互相转换。因此，OMA 技术的频谱效率以及系统容量也受到自由度的限制。

进入 5G 时代，由于增强型移动宽带（enhanced Mobile Broadband，eMBB）场景下在系统吞吐率和峰值速率、海量机器类通信（massive Machine Type Communications，mMTC）场景下在连接数量以及超高可靠和低时延通信（ultra Reliable Low Latency Communications，uRLLC）在端到端时延方面相对于 4G 系统的指标刷新，单用 OMA 技术作为空口设计已经难以满足要求[59]。因此非正交多址接入（Non-Orthogonal Multiple Access，NOMA）技术成为 5G 在空口上的一大改进方向，其核心思想是在 OMA 划分出的正交时域、频域或者码域资源上复用多个用户，即实现单个自由度上的过载[60]。

5.3.1 概念与分类

根据前面的分析，过载将直接带来系统频谱效率的提升。但同时每个用户的子信道不再相互独立，占用同一个子信道的用户之间互相存在多用户干扰（Multi-User Interference，MUI），因此需要一定的收发端技术来保证用户信息的正确接收，这也是 NOMA 技术的基本特点。在每个子信道内传输非正交叠加的用户信息，这些用户之间通过在发送端进行功率调整、稀疏扩展、交织编码、签名映射等预处理后叠加在一起。根据非正交资源的划分方式，发展出功率域 NOMA（Power Domain NOMA，PD-NOMA）、码域 NOMA、比特域 NOMA 等不同的设计模式。

具体来说，NOMA 相对于 OMA 有以下优势。

1）提高频谱效率和小区边缘吞吐率。NOMA 技术将多用户信道增益的差异转换为多址容量增益，在提高用户间公平性的同时提高系统的整体吞吐率[61]。

2）适应更大规模的连接。OMA 的资源分配严格受限于正交资源的数量，连接规模的增加依赖于可分配资源的增加。NOMA 则不受此限制，能以更少的正交资源支持更大规模的连接。

3）降低传输时延以及资源开销。OMA 技术需要统一的资源分配过程将不同用户映射到相互正交的资源上，需要有专门的随机接入信道、导频以及授权过程。NOMA 能提供更加灵活的接入过程，尤其是上行场景，虽然 OMA 与 NOMA 均支持非授权（Grant-Free）模式，但由于 NOMA 允许用户信息的直接叠加，并且在接收端有相应技术消除多址干扰，因此后者无须动态资源分配的交互、导频的分配以及排队过程，使得系统时延更低，资源开销更少。NOMA 技术利用活跃状态与信息的联合盲检测[62]实现这一特性。

可以看出，NOMA 技术不止在频谱效率上有增益，在接入规模、时延和资源开销上都能比 OMA 更适应新的移动通信系统的指标。也因此，整个多址接入技术领域的整体发展趋势是从传统的正交多址方式过渡到非正交多址方式。5G 到 6G 又将是一次技术飞跃，现有的 NOMA 技术也将带来演进过程中的拐点。

NOMA 技术从基本的角度可以分为两大类：以提升系统容量为目标的协作型 NOMA 技术和以保障用户链路可靠性为目标的非协作型 NOMA 技术，对应无线通信系统中的两种典型场景。这两种应用场景如图 5-19 所示。

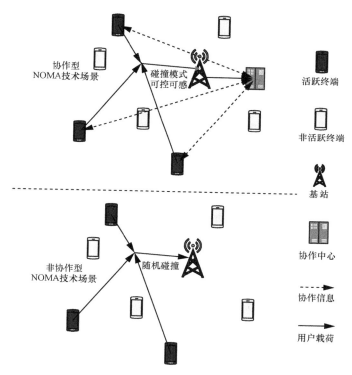

图 5-19　协作型 NOMA 与非协作型 NOMA 技术场景

　　在协作型 NOMA 技术中，协作中心负责管理用户载荷在信道中的碰撞行为，并通过一定的信息介入甄别接入用户的身份。因此在接收端，用户的碰撞模式可控可感，这有利于功率域叠加 NOMA、基于因子图设计的码域 NOMA 技术以及其他稀疏扩展多址接入技术的实现。而非协作型 NOMA 技术无须协作中心的接入，用户载荷在信道中的碰撞是随机行为，无协作信息的传输，因此无协作资源的额外开销，接入处理时延更低。

　　需注意的是，无论是协作型还是非协作型，两种 NOMA 技术均支持非授权接入。但是，非协作的概念与非授权存在差别。非授权访问中，用户的接入无须中心化的统一调度，每个用户随机访问接收端。但不代表用户的接入行为无须统一协调。每个用户依然需要通过预先分配的导频（Pilot，在功率域技术中常见）或信号签名（Signature，在码域 NOMA 技术中常见）来互相区别。并且非授权访问依然属于协作访问的范畴，其复用和解复用过程仍然需要协作中心的介入才能完成。

而非协作访问无统一接入调度，无导频和预分配资源，用户活跃状态未知。由于无协作中心的接入，接入因子图不确定。每个资源上碰撞的用户数量随机，即每个函数节点的度是随机的；不能通过事先的因子图设计来确定用户的信号签名或者扩展图样。所有用户使用完全相同的一套传输协议，完全随机占用资源，只进行单向传输，系统完全开环。

因此，协作型 NOMA 方案更适合以提升系统容量为目标的少用户数、低过载因子、高数据速率的应用场景；非协作型 NOMA 方案更适合大量用户数、高过载因子、低数据速率的应用场景。下面分别就这两类 NOMA 方案展开阐述。

5.3.2 协作型 NOMA 方案

本节介绍几种不同的协作型 NOMA 方案，包括功率域 NOMA、码域 NOMA 和其他 NOMA 方案。

5.3.2.1 功率域 NOMA

首先讨论第一类 NOMA——功率域 NOMA。在发射端，不同用户产生的不同信号经过经典的信道编码和调制后直接叠加在一起。多个用户共享相同的时频资源，然后通过诸如串行干扰消除（Successive Interference Cancellation，SIC）之类的多用户检测（Multi-User Detection，MUD）算法在接收端进行检测。通过这种方式，可以提高频谱效率。但与传统 OMA 相比，代价是增加了接收机的复杂性。为了进一步提高其频谱效率，NOMA 可以与 MIMO 技术结合；为了提高有效性，NOMA 还可以以协作的方式实现。3 种常用的 PD-NOMA 实现方式如图 5-20 所示，包括基本的基于 SIC 的 PD-NOMA、与 MIMO 技术结合的 PD-NOMA 和协作 PD-NOMA。

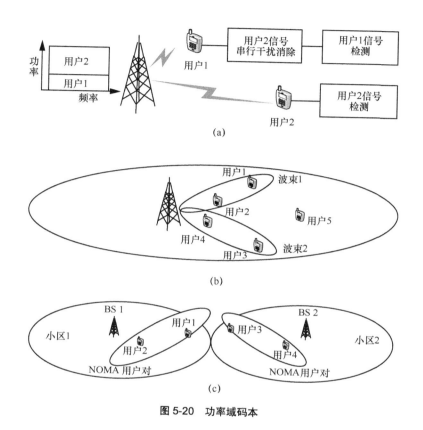

图 5-20　功率域码本

5.3.2.2　码域 NOMA

功率域 NOMA 方案实现了功率域中的复用，本节介绍码域 NOMA 方案，该方案在码域实现了多路复用。码域 NOMA 的概念受到经典 CDMA 的启发，在经典 CDMA 中，多个用户共享相同的时频资源，但每个用户使用独特的扩频序列。与 CDMA 相比，关键的不同是在 NOMA 中，扩频序列仅限于 NOMA 中的稀疏序列或非正交的低互相关序列。本节首先介绍基于稀疏扩展序列的 NOMA 初始形式，即 LDS-CDMA（Low-Density Spreading-CDMA）。然后，介绍低密度扩展辅助正交频分复用（Low-Density Spreading Aided OFDM，LDS-OFDM）系统，该系统保留了基于 OFDM 的多载波传输在避免 ISI 方面的所有优势。LDS-CDMA 的另一个重要扩展是稀疏码多址（Sparse Code Multiple Access，SCMA），它仍然具有低复杂度接收的优点，但性能优于 LDS-CDMA。最后，讨论了其他改进方案和 CDMA 的特殊形式。

（1）低密度扩展 CDMA

低密度扩展 CDMA（LDS-CDMA）是从经典 CDMA 发展而来的，采用码分复用的方式在正交资源上叠加信号。LDS-CDMA 使用稀疏矩阵将用户发送的符号扩展在多个正交资源上，同时将几个用户的发送符号叠加在一个正交资源上。这种稀疏扩频方式可看作将多个用户的发送信号进行低密度奇偶校验（Low Density Parity Check，LDPC）编码，因此在接收端采用与 LDPC 解码类似的方式，即消息传递算法（Message Passing Algorithm，MPA）进行迭代译码。LDS-CDMA 的低密度扩频特性降低了多用户检测接收的复杂度，同时使得系统获得过载增益，可以容纳更多的符号冲突。

（2）LDS-OFDM

LDS-OFDM 和 MC-CDMA 相似，特别是当频域扩展，扩频码芯片的数量与子载波数量相同时，将每个用户的符号扩展到所有 OFDM 子载波中。然后，可以通过在所有子载波上将所有用户唯一的扩频序列彼此重叠来支持多用户。扩频序列可以选择正交 Walsh-Hadamard 码或非正交 m 序列，以及 LDS。

因此，LDS-OFDM 可以理解为 LDS-CDMA 和 OFDM 的组合。例如，每个用户的符号分布在精心选择的多个子载波上，并在频域中彼此重叠。在常规的 OFDMA 系统中，仅将单个符号映射到子载波，并在不同的子载波上发送不同的符号，这些子载波是正交的，不会相互干扰，因此发送符号的总数受到正交子载波数量的限制。但是在 LDS-OFDM 系统中，首先将所发送的符号与长度等于子载波数量的 LDS 序列相乘，并在不同的子载波上发送所得码片，当使用 LDS 扩频序列时，每个原始符号仅扩频到子载波的特定部分，结果即每个子载波仅携带与一部分原始符号有关的码片。在接收机处，针对 LDS-CDMA 的 MPA 设计的 MUD 也可以用于 LDS-OFDM，以便在接收机处分离出重叠的符号。

（3）稀疏码多址

近年来提出的稀疏码多址（SCMA）技术构成了另一种重要的 NOMA 方案，它是从基本 LDS-CDMA 方案发展而来的码域复用。在 LDS-CDMA 的基础上，SCMA 将每一个用户的星座旋转一定角度，在信号空间上即可将用户的信息做一定的区分。同时，不同用户的星座在复用之后叠加形成一个高维的复杂星座，与 LDS 相比，会获得更大增益，但同时接收端依然可以采用 LDS-CDMA 结构对应的 MPA 解复用方法。在 SCMA 中，每个用户都拥有一个码本，在发送端，每个用户按照码本将比特信息直接映射为码片，再叠加在一起传输。因此，SCMA 将码域信号叠加、稀疏扩频和多维星座设计结合在一起，使得系统在具有高过载增益和高频谱效率的同时保持低复杂度。

与前面几种技术相比，SCMA 具有一些独特的优势。首先，功率域 NOMA、PDMA 所采用的 SIC 接收机具有差错传播特性。由于多用户叠加的信号被按照先后顺序逐次分解出来，上一层解出信号的正确性将对下一层的分解产生影响。而 SCMA 的 MPA 接收机则是利用稀疏扩频结构对多用户进行联合检测，在消息传播的过程中可以利用码字的相关性获得对抗误差的稳健性。其次，SCMA 的复用结构是灵活的，当用户数量增加时，只需要选择更大维度的稀疏矩阵即可，而调制阶数的增加也可以提高频谱效率。最后，SCMA 基于码本的复用结构相对于信道条件的变化具有一定的稳定性。NOMA 需要在路径损耗和信道条件发生变化时重新执行用户配对和功率分配算法，PDMA 的功率域图样和空域图样也同样需要重新选择。

对 SCMA 来说，最重要的设计问题仍然是码本的设计，码本的特性直接决定了系统的各项指标。SCMA 的码本确定了用户之间的复用关系，稀疏扩频结构也是在码本中被确定的，而码本中码字的相互叠加形成了高维的复杂星座。因此，SCMA 的码本设计问题即对稀疏扩频码和多维星座设计的联合优化。

（4）多用户共享访问

多用户共享访问（MUSA）[63]是由中兴公司为其 SIC 接收机提出的，该接收机具有非正交扩频序列，也是一种依赖于码域复用的 NOMA 方案，可以看作一种改进的 CDMA 方案。在 MUSA 中，用户数据使用特殊的扩频序列进行扩频，然后这些扩频后的数据被重叠并通过信道传输。在接收端，可通过线性处理和 SIC 检测算法，按照用户的信道条件将不同用户的数据进行分离。这样，在接收端就可以消除组间干扰。在 MUSA 中，扩频序列应具有较低的互相关关系，以便于在接收机处实现近乎完美的干扰消除。

（5）连续干扰消除辅助的多址

连续干扰消除辅助的多址（SAMA）的系统模型与 MUSA 相似，但在 SAMA 中，用户 k 的任意扩频序列 b_k 的非零元素为 1，扩频矩阵 $B = (b_1, b_2, \cdots, b_k)$ 基于以下原则设计：

1）"1" 个数不同的扩频序列的个数应该最大化；

2）有相同数目 "1" 的扩频序列的个数应该最小化。

N 个正交资源格最多支持 2^{N-1} 个用户，如 $N = 2$，$K = 3$，则模式矩阵 $B_{2,3} = \begin{pmatrix} 1 & 1 & 0 \\ 1 & 0 & 1 \end{pmatrix}$。在接收端，消息传递算法（Message Passing Algorithm，MPA）分离不同用户的信号。确定 SAMA 中扩频矩阵的设计目标是方便地消除干扰[64]。以上述矩阵为例，用户 1 的扩频序列有 2 个非零值，它的增益阶数为 2，因此用户 1 是最可靠的用户。第一个用户的符号可以很容易地在几个迭代中确定，这有利于所有其他具有较低增益阶数的用户符号检测过程的收敛。

5.3.2.3　其他 NOMA 方案

除了第 5.3.2.1 节和第 5.3.2.2 节中讨论的功率域 NOMA 和码域 NOMA 解决方案之外，本节介绍并讨论目前处于研究中的一系列其他 NOMA 方案。

（1）空分多址

空分多址（SDMA）是强有力的 NOMA 方案之一，即使用正交的 Walsh-Hadamard 扩频序列来区分 CDMA 系统中的用户，当在分散信道上传输时，序列正交性会被它们与 CIR 的卷积所破坏。因此，可能会得到无穷多的接收序列，即简单地使用唯一的、用户特定的信道冲击响应（Channel Impulse Response，CIR）来区分用户，而不是使用唯一的、用户特定的扩频序列。当然，当用户在上行链路上互相传输信号并且用户靠得比较近的时候，他们的 CIR 变得非常相似，这就加重了 MUD 算法分离用户信号的任务。由于 SDMA 系统依赖于 CIR 来区分用户，所以在用户数量远远大于基站接收天线数量的情况下，需要精确的 CIR 估计，这是一个非常具有挑战性的问题。这在逻辑上引出了联合迭代信道和信号估计的概念，引起了研究人员的极大兴趣。

（2）图样分割多址

在发送端，PDMA 采用非正交模式[64]，该模式通过最大化分集增益和最小化用户之间的相关性来设计。然后多路复用可以在码域、功率域或空间域实现，也可以在它们的组合中实现。码域的多路复用与 SAMA 相似；功率域的多路复用与码域的多路复用有相似的系统模型，但功率缩放必须在给定总功率的约束下考虑；空间域的多路复用引出了空间 PDMA 的概念，它依赖于多天线辅助技术。与多用户 MIMO（Multi-User Multiple Input Multiple Output，MU-MIMO）相比，空间 PDMA 不需要联合预编码来实现空间正交性，这大大降低了系统的设计复杂度。此外，可以在 PDMA 中组合多个域，以充分利用各种可用的无线资源。

在接收端，可采用 MPA 进行干扰抵消。在功率域多路复用中，根据复用用户之间的信干噪比差异，也可以在接收端使用 SIC 进行多用户检测。

（3）基于签名的 NOMA

基于签名的 NOMA 方案是作为 5G 的候选方案被提出的。低码率和基于签名的共享接入（Low Code Rate and Signature Based Shared Access，LSSA）是其中之一。LSSA[65]利用特定的签名模式在比特或符号级复用每个用户的数据，该模式由参考信号（Reference Signal，RS）、复杂/二进制序列和短长度向量的排列模式组成。所有用户的签名都具有相同的短向量长度，可以由移动终端随机选择，也可以由网络分配给用户[66-68]。此外，LSSA 可以选择性地修改为具有多载波的变体 LSSA，以利用提供的频率分集通过更宽的带宽，减少时延。它还可支持异步上行传输，因为基站能够通过将覆盖的用户信号与签名模式关联来识别/检测这些信号，即使传输时间彼此不同[69-71]。

（4）基于交织的 NOMA

交织网格多址（Interleave-Grid Multiple Access，IGMA）是一种基于交织层的多址方案，它可以根据不同的位级交织器、不同的网格映射模式或这两种技术的组合来区分不同的用户[72]。具体来说，信道编码过程可以是简单的重复编码、中等编码速率的经典前向纠错，也可以是低速率的前向纠错。相比之下，交织网格多址的网格映射过程可能会从基于补零的稀疏映射到符号级交织，这为用户复用提供了另一个维度。虽然需要精心设计前向纠错码和扩频码序列，但位级交织器和/或网格映射模式的设计在某种程度上是相关的。它们提供了支持不同连接密度的可伸缩性，同时在信道编码增益和从稀疏资源映射中获得的好处之间进行权衡。此外，符号级交织随机化了符号序列的顺序，这可能在对抗频率选择性衰落和小区间干扰方面带来进一步的好处。

另一种基于交织的多址访问方案——交织分多址（Interleave-Division Multiple Access，IDMA）也已被提出。IDMA 在符号乘上扩频序列以后，对码片进行交织，是一种有效的码片交织 CDMA。

（5）基于扩频的 NOMA

基于扩频的 NOMA 方案也有很多，非正交编码多址（Non-Orthogonal Coding Multiple Access，NCMA）是其中之一[73]。NCMA 基于使用具有较低相关性的非正交扩频编码的资源扩展，码字可以通过求解格拉斯曼线性包装问题得到[74]。通过使用叠加编码添加额外的层，可以实现低误块率，提供更高的吞吐量并改善连接性。此外，由于该系统的接收机采用并行干扰消除（Parallel Interference Cancelation，PIC）技术，因此具有可扩展的性能和复杂性。因此，NCMA 特别适用于在大规模机器类型通信中交换小数据分组的大量连接，或在基于竞争的多址访问中降低冲突概率。

非正交编码接入（Non-Orthogonal Coded Access，NOCA）也是一种基于扩频的多址接入方案[75]。与其他基于扩频的方案相似，NOCA 的基本思想是数据符号在传输前使用非正交序列进行扩频，既可用于频域，也可用于时域。

（6）比特多路复用

比特多路复用（Bit Division Multiplexing，BDM）是一种比特级的物理层子信道技术，它依赖于分级调制，其复用用户的资源是在比特级而不是符号级[76]。BDM 的信道资源分配比传统的分级调制更灵活，并且可以应用于任何高阶星座。BDM 是在每 N 个符号内进行信道资源分配。在 N 个符号中，共有 $n = \sum_{i=1}^{N} m_i$ 个比特，其中 m_i 是第 i 个符号携带的比特数。对于每个子信道，BDM 为其分配 n 个比特中一定数量的比特。

（7）交织子载波索引调制正交频分多址接入

交织子载波索引调制正交频分多址接入（Subcarrier Index Modulation-OFDMA，SIM-OFDMA）的基本思想是利用子载波的索引来调制部分信息比特。但是在无线通信系统中使用 SIM-OFDMA 时，与 OFDMA 相比，SIM-OFDMA 不能在相同的传输速率上表现得更好。ISIM-OFDMA 是将传统的 SIM-OFDMA 和子载波级块交织器结合起来。ISIM-OFDMA 在接收向量之间扩大欧式距离，与传统的 SIM-OFDMA 相比，实现了较大的性能改进。ISIM 在低阶调制（如 BPSK 和 QPSK）方面的表现优于传统的 OFDMA，这有利于其在高干扰环境（如高速和小区边缘通信）中的应用。

（8）具有迭代译码的多用户位交织编码调制

网络信息论表明，联合编码技术是一种能够实现容量域理论边界的非正交多址技术。然而，由于极大似然译码的极端复杂性，联合编码多址系统需要涡轮解码方案。具有迭代译码的多用户位交织编码调制（Multi-User Bit-Interleaved Coded Modulation with Iterative Decoding，MU-BICM-ID）技术主要原理可以总结为：通过不同的信道编码配置、比特交织或星座映射来区分不同的用户。MU-BICM-ID 技术适用于高用户过载的上行大规模连接场景，并且能够极大地增加用户过载。MU-BICM-ID 还适用于具有对称或非对称用户的高频谱效率上行多址场景。

（9）格分多址

格分多址（Lattice Partition Multiple Access，LPMA）是一种基于多级栅格码的能够保证下行用户公平性的叠加发送方案，它利用栅格码的结构特性来抑制用户间的共信道干扰。在用户具有相似信道条件的场景中，可以通过分配不同的格来复用用户。

5.3.3 非协作型 NOMA 方案

随着 5G 技术标准化的逐渐完成，学术界和工业界开始展望未来的 6G 技术。其中一项重要的 6G 愿景是从 5G 的重要场景之一的 mMTC 向超海量机器类通信（ultra-massive Machine Type Communication，umMTC）的演进，或是从万物互联网（Internet of Everythings，IoE）向超智能万物互联网（Hyper Intelligent Internet of Everythings，HIIoE）的演进。

移动通信系统中连接规模的增长趋势如图 5-21 所示。

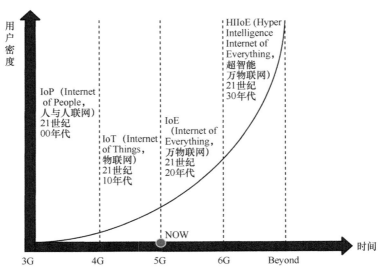

图 5-21　移动通信系统中连接规模增长趋势

如图 5-21 所示,物联网场景的连接规模将从现有的 10^6/km² 增长到 $10^6 \sim 10^7$/km²甚至更多，在支持高能效的同时，也支持更大量低功耗和低复杂度的设备[77]。设备会随机突发短数据包，且资源分配的导频和调度开销可能超过实际的信息载荷。这意味着 6G 的空口网络将会面临更大的挑战。虽然 5G 系统已经引入第 5.3.2 节所介绍的协作型 NOMA 技术来提升频谱效率，同时采用非授权访问以提供更灵活高效的接入，但 6G 所提出的场景依然对现有技术提出了很大的挑战，具体有以下几个方面。

1）更大的接入规模。在 HIIoE 中包括人、处理程序、数据以及物的大规模智能连接，且无线网络需要同时为至少数百万个非频繁但是高并发通信的设备提供服务。

2）每用户自由度（过载因子）远超现有水平。现有的协作型 NOMA 技术只支持 1.5～3 的过载因子，若超过该范围，系统性能可能会严重下降。但是 6G 系统中，过载因子随机动态变化，峰值远超现有水平，有通信质量保证的范围在 10～100 量级。

3）从非授权接入转向非协作（Uncoordinated）接入。5G 提出非授权访问概念，用以解决低时延场景或无全局调度场景下的突发随机访问问题，使得用户可以在公共无线信道中机会性地独立完成接入以及数据传输。但是非授权模式依然需要协作中心的接入，以识别和协调活跃用户的传输行为，维持特定的传输结构，并带来了一定的资源开销和链路时延，这部分问题会在接入规模进一步扩大后更加凸显。但非协作接入无须任何导频和协作信息传输，用户的发送信号将在信道中随机碰撞。

因此在 6G 网络中有必要设计一种基于非协作机制且支持超大规模连接数的空中接口技术。首先，新的接入技术必须适应用户数的巨量增长。传统 MAC 信道理论分析在发送码长 n 趋近无穷时固定活跃用户数 K_a 下的和容量问题，并以此为接入技术的设计目标，协作型 NOMA 正是在此目标下相对于 OMA 的提升。但显然，当活跃用户数趋于无穷时，多址干扰随之增多，每个子信道的平均容量趋近于 0。

$$\frac{1}{K_a}\log(1+K_aP)\xrightarrow{K_a\to\infty}0 \tag{5-52}$$

非协作 NOMA 结合场景需求转换设计思路，固定码长 n 有限，而用户总数 K 可增长至无限，并且发送功率 P 有限，追求在此条件下尽可能对每个用户的正确译码。因此需要采用平均每用户差错率（Per User Probability of Error，PUPE）来定义系统的设计目标：

$$\min\frac{1}{K_a}\sum_{j=1}^{K_a}\mathbb{P}[E_j] \tag{5-53}$$

这也是非协作型 NOMA 与协作型 NOMA 技术的一个根本区别。当系统中存在接近"无数个"用户时，经典的多用户信息理论中对每用户消息进行正确译码的要求是难以满足的。而且，从实际的角度来看，用户通常不关心其他用户的消息是否被正确译码。

其次，如前所述，新的接入技术需要从非授权访问升级为非协作访问，以提供低时延、低资源开销、更加灵活的接入。Popovski P.等在 6G 场景要求下，对现有的非协作接入机制及其与接收端信号处理算法的组合方案进行了考察，提出时隙 ALOHA 机制是一种富有前景的方案[78]，其示意如图 5-22 所示。

横轴为 n 个正交资源，纵轴为 K_a 个用户。码长为 n 的数据帧被划分为 $L=n/n_1$ 个 n_1 长的子帧块，每一个子帧块为一个正交资源块，用户密度 $\alpha=\dfrac{k_a}{VT}$，V 为分配的时隙个数。每个用户挑选随机子帧发送 n_1 长的码字，则每个资源上的过载因子服从二项分布。根据上述模型，普通时隙 ALOHA 的错误率即发生碰撞的概率为：

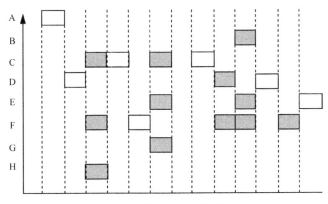

图 5-22　时隙 ALOHA 模式示意

$$P_e \approx \mathbb{P}\left[\text{Binomial}\left(K_\alpha - 1, \frac{1}{L}\right) > 0\right] \approx \frac{K_a}{L}\mathrm{e}^{\frac{K_a}{L}} \tag{5-54}$$

进一步地，编码时隙 ALOHA（Code Slotted-ALOHA，CS-ALOHA）通过对每个叠加码块进行编码使其在接收端可以彼此区分而恢复。根据编码自身特性，每个资源上能够容忍的最大碰撞数是固定值 T，则其错误率为关于 T 的函数：

$$1 - \text{Pr}\left(\text{Binomial}\left(K_\alpha - 1, \frac{\alpha T}{K}\right) < T\right) \tag{5-55}$$

因此这种接入模式也被称为 T-ALOHA。根据 T-ALOHA 的机制，只要同一资源上碰撞的用户数不超过 T，接收端即可正确译出每个用户的信息，反之则出现差错。而每个资源上叠加的用户数可以描述为一个试验总数为 $K_\alpha - 1$、每次试验概率为 $\frac{\alpha T}{K}$ 的二项分布，因此可以认为是 T-ALOHA 机制的出错率，其中 Binomial 表示二项分布函数。可以发现，该模式下所有用户共享一个码本而无须协作中心的分配。接收端译码器仅需要恢复从活动用户发送的信息，而无须恢复该组用户的具体身份，由此实现非协调访问。这也说明系统中容许用户消息的随机碰撞，并且采用编码来合理消除用户间干扰。每个资源块上的过载因子是可变的，并且完全取决于叠加编码的自身性能。

新的接入技术需要有合适的理论工具以指导设计。抛开渐进性分析回到实际情况，虽然 HIIoE 场景中用户总量非常大，但在一定时间内，只有小部分用户处于活跃状态，且活跃用户量与传输的总块长（总正交资源数）依然可比，因此巨址接入的过载因子依然是有限的。同时，每个用户在有限码长内发送固定的少量信息比特。根据 Polyanskiy Y. 等[79]提出的有限码长（Finite Block Length，FBL）编码理论，当活跃用户密度低于一定阈值时，保证特定错误率所需的最小每比特能量基本保持与单用户情况相同的水平，这说明此时理想接收机可以消除所有的多址干扰。因此，上述设定可将用户密度控制在合理范围内，从而利用 FBL 效应来对抗接入规模的巨量增长。

综上所述，非协作 NOMA 技术以 PUPE 为优化目标、以 CS-ALOHA 为基本模式、以 FBL 为理论基础，能够克服协作型 NOMA 在未来 6G 超海量物联网场景下所面临的性能、时延、资源开销等挑战，是一种富有前景的大规模接入技术。

| 5.4　新型 Massive MIMO |

提高系统容量一般有 3 种方法：频率的扩展（如毫米波的使用）、超密集小区（如微小区的密集部署）以及空间复用（如 Massive MIMO）。本节对 Massive MIMO 进行介绍，包括概念与特征、系统模型和关键技术。

5.4.1　Massive MIMO 概念与特征

MIMO 技术从最初的 Point-to-Point MIMO 演变到之后的 Multi-User MIMO，最终发展成为 Massive MIMO。Massive MIMO 直接由多用户 MIMO 演化而来，即通过基站端配置大量的天线来服务多个用户，通过空间复用来提升吞吐量。

Massive 天线技术在 2010 年由 Marzatta T. L.[80]提出后，很多学者对其优越性、使用场景和支撑技术进行了研究分析，研究点主要包括：容量、天线配置、信道建模、应用场景、物理层的发送/接收技术、网络层的干扰协调和调度技术以及对导频污染、硬件损耗、互易性校准等问题的处理等。

学术界对于 Massive 天线配置的假设有线性阵列、球形阵列、圆柱形阵列、矩形阵列和分布式天线阵列，但目前工业界中主要应用的是矩形阵列。信道建模分为以 Correlation-Based Stochastic Model（CBSM）为典型代表的理论分析模型和以 Geometry-Based Stochastic Model（GBSM）为代表的实际信道模型，3GPP 标准和 ITU 提出的信道模型中均采用 GBSM 方法。在 Massive MIMO 系统中，通常需要考虑 3D 信道模型的建立，在 WINNER II、WINNER+和 COST273 项目中，提出了三维 MIMO 信道建模的步骤，并且目前也产生了多种适用于毫米波频段的信道模型，如 3GPP 的 38.901 和 ITU-R 的信道模型。

随着 Massive MIMO 技术的逐步成熟，合适的应用场景和应用方案亟待研究。应用场景主要有多小区的宏蜂窝场景和异构网场景。在宏蜂窝场景下，除了对小区进行扇区划分和动态的波束成形技术外，值得关注的还有分布式 Massive MIMO。分布式 Massive MIMO 可以降低各个信道之间的相关性，更能充分利用空间分集增益，这种优势引起了研究人员的广泛关注。在异构网络中，Massive MIMO 的应用主要分为无线回传、热点覆盖和动态小区，如图 5-23 所示。

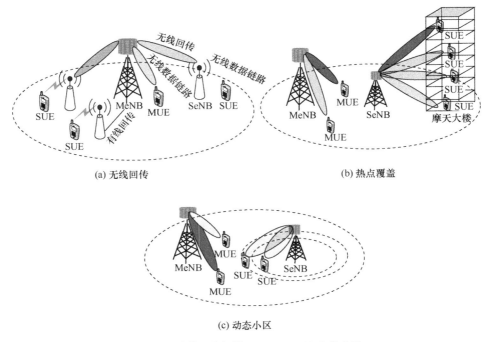

(a) 无线回传　　　　　　　　　　　(b) 热点覆盖

(c) 动态小区

图 5-23　异构网络场景下 Massive MIMO 的应用

值得提出的是，Cell-Free 场景下的分布式 Massive MIMO 也成为新的研究热点，下文会对其进行介绍。也有针对 Massive MIMO 与毫米波和太赫兹的结合进行的研究，尤其是毫米波，下文会对毫米波和太赫兹以及与 Massive MIMO 的结合进行专门的介绍。另外，新兴的智能表面可以利用可实时控制的大量无源智能反射元件实现对环境的重构，从而智能地反射波束，以减少覆盖盲区、提高传输容量，甚至通过防止窃听来保障安全性。在一些文献中，智能表面被称为 Massive MIMO 2.0，可以看作 6G 的一项潜在技术。

Massive MIMO 技术凭借额外的自由度获得了巨大的性能增益，其优势包括：

1）额外的天线有助于将能量聚焦到更小的空间区域，并且可以复用更多的用户，从而大大提高吞吐量和能量效率；

2）复杂度低的线性处理可以得到很好的性能；

3）广泛使用廉价、低功耗组件，不需要高精度硬件，降低了能耗；

4）根据大数定理弱化了衰落，降低了衰落对时延的限制；

5）在干扰面前具有稳健性；

6）信道硬化使得资源管理和功率控制更加简单。

6G 在空域、时域、频域都将有进一步的发展，Massive MIMO 会进一步演进为 Ultra Massive MIMO（UM-MIMO），并且更高的频率资源将被开发利用，以满足更高的速率需求。

5.4.2　Massive MIMO 系统模型

Massive MIMO 的上下行系统模型如图 5-24 所示，基站端有 M 根天线，共同服务 K 个单天线用户。

对于上行传输，典型的信号模型为：

$$y = Gx + z \qquad (5\text{-}56)$$

其中，$G \in \mathbb{C}^{M \times K}$ 和 $z \in \mathbb{C}^{M \times 1}$ 分别是 MIMO 信道矩阵和均值为零、方差为 σ^2 的加性白高斯噪声向量；传输信号为 $x = \left[x_1, x_2, \cdots, x_k\right]^{T} \in \mathbb{C}^{K \times 1}$，$x_k$ 是用户端第 k 根天线发射的信号。

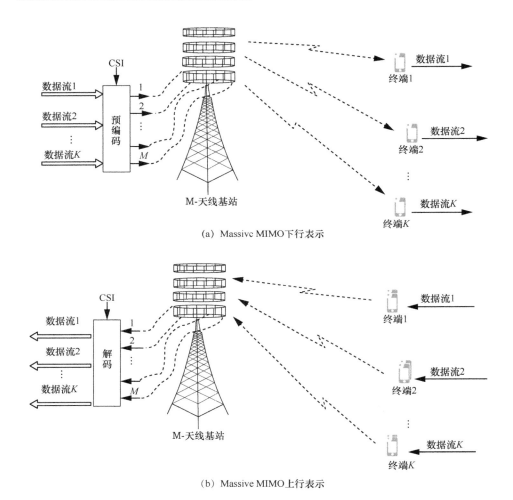

(a) Massive MIMO 下行表示

(b) Massive MIMO 上行表示

图 5-24　Massive MIMO 上下行系统模型

典型的点到点 MIMO 仍用上述信号模型，假设基站端有 M 根天线，UE 端有 K 根天线，根据香农理论可以得出一个著名的系统容量公式：

$$C = \mathrm{lb}\left| \boldsymbol{I}_K + \frac{\rho_d}{M}\boldsymbol{G}^{\mathrm{H}}\boldsymbol{G} \right| = \mathrm{lb}\left| \boldsymbol{I}_M + \frac{\rho_d}{M}\boldsymbol{G}\boldsymbol{G}^{\mathrm{H}} \right| \tag{5-57}$$

其中，ρ_d 为下行传输功率与噪声方差之比，容量的上下界可以表示为：

$$\text{lb}\left(1+\frac{\rho_d\cdot\text{Tr}\left(\boldsymbol{GG}^{\text{H}}\right)}{M}\right)\leqslant C\leqslant\min(M,K)\cdot\text{lb}\left(1+\frac{\rho_d\,\text{Tr}\left(\boldsymbol{GG}^{\text{H}}\right)}{M\min(M,K)}\right) \tag{5-58}$$

假设传输信道已经归一化，即每个传输系数的幅度都为 1，则有 $\text{Tr}\left(\boldsymbol{GG}^{\text{H}}\right)=MK$，式（5-58）可简化为：

$$\text{lb}(1+\rho_d K)\leqslant C\leqslant\min(M,K)\cdot\text{lb}\left(1+\frac{\rho_d\max(M,K)}{M}\right) \tag{5-59}$$

若将上述网络规模推广到大规模，当基站端天线数无限大时，则传输矩阵的每一列趋向正交，即：

$$\left(\frac{\boldsymbol{G}^{\text{H}}\boldsymbol{G}}{M}\right)_{M\gg K}\approx\boldsymbol{I}_K \tag{5-60}$$

此时，可达速率为式（5-61），可见，当 $M\gg K$ 时容量与接收天线数成正比，此时达到容量上界。

$$C_{M\gg K}\approx\text{lb}\det\left(\boldsymbol{I}_K+\rho_d\boldsymbol{I}_K\right)=K\cdot\text{lb}(1+\rho_d) \tag{5-61}$$

同理，当接收端天线数无穷大时，由式（5-62）可知，可达速率同样达到式（5-62）中的上界。

$$C_{K\gg M}\approx\text{lb}\det\left(\boldsymbol{I}_M+\frac{\rho_d}{M}K\boldsymbol{I}_M\right)=M\cdot\text{lb}\left(1+\frac{\rho_d K}{M}\right) \tag{5-62}$$

MU-MIMO 的上下行系统模型仍可以由图 5-24 表示，基站端有 M 根天线，共同服务 K 个单天线用户。

对于上行传输，信号模型与点到点 MIMO 系统信号模型类似：

$$\boldsymbol{y}=\boldsymbol{Gx}+\boldsymbol{z} \tag{5-63}$$

其中，$\boldsymbol{G}\in\mathbb{C}^{M\times K}$ 和 $\boldsymbol{z}\in\mathbb{C}^{M\times 1}$ 分别是 MIMO 信道矩阵和均值为零、方差为 σ^2 的加性白高斯噪声向量；MU-MIMO 系统与 Point to Point MIMO 系统的不同之处在于传输信号 $\boldsymbol{x}=[x_1,\quad x_2,\quad\cdots,\quad x_K]^{\text{T}}\in\mathbb{C}^{K\times 1}$，$x_k$ 是第 k 个用户的传输信号。

在 MU-MIMO 系统中，上行的信道容量计算式与 Point to Point MIMO 的上行容量计算式相同，两种情形下都是仅仅基站侧需要已知上行信道矩阵，需要注意的是此时用 ρ_u 表示 K 个用户发送信号功率之和与噪声方差的比值，令 $\rho_r=\dfrac{\rho_u}{K}$，则上行

MU-MIMO 可达速率为：

$$C_{\text{sum up}} = \text{lb} \det\left(\boldsymbol{I}_K + \rho_r \boldsymbol{G}^{\text{H}} \boldsymbol{G}\right) \tag{5-64}$$

对于下行的 MU-MIMO，下行和容量需要进行凸优化求解：

$$C_{\text{sum down}} = \sup_a \left\{ \text{lb} \det\left(\boldsymbol{I}_M + \rho_d \boldsymbol{G} \boldsymbol{D}_a \boldsymbol{G}^{\text{H}}\right) \right\}, \boldsymbol{a} \geqslant \boldsymbol{0}, \boldsymbol{1}^{\text{T}} \boldsymbol{a} = 1 \tag{5-65}$$

$\boldsymbol{D}_a$ 是由 $\boldsymbol{a}$ 中元素构成的对角矩阵，$\boldsymbol{1}$ 表示 $K \times 1$ 的全一向量，式（5-65）中的 ρ_d 表示下行的发端功率与噪声方差之比。这个容量需要网络侧和用户侧都已知下行信道信息，即基站侧知道完整的下行信道，每个用户已知各自对应的下行信道信息。

MU-MIMO 信道与 SU-MIMO 信道的不同之处在于不同的用户对应不同的大尺度衰落，即不同的路损和阴影衰落，信道矩阵可以表示为：

$$\boldsymbol{G} = \boldsymbol{H} \boldsymbol{D}_\beta^{1/2} \tag{5-66}$$

其中，$\boldsymbol{H}$ 表示小尺度衰落，由归一化的元素构成；$\boldsymbol{D}$ 是 $K \times K$ 的对角矩阵，表示大尺度衰落。

当基站天线数远大于用户数时，MU-MIMO 就进化为 Massive MIMO，此时，信道矩阵的每一列趋于正交，即：

$$\left(\frac{\boldsymbol{G}^{\text{H}} \boldsymbol{G}}{M}\right)_{M \gg K} \approx \boldsymbol{D}_\beta \tag{5-67}$$

式（5-67）即 Massive MIMO 中的有效传输信道，此时，可达和速率为：

$$C_{\text{sum up} M \gg K} \approx \text{lb} \det\left(\boldsymbol{I}_K + \rho_r M \boldsymbol{D}_\beta\right) = \sum_{k=1}^{K} \text{lb}\left(1 + \rho_r M \beta_k\right) \tag{5-68}$$

同时，下行可达速率为：

$$\begin{aligned} C_{\text{sum down} M \gg K} &= \sup_a \left\{ \text{lb} \det\left(\boldsymbol{I}_M + \rho_d \boldsymbol{G} \boldsymbol{D}_a \boldsymbol{G}^{\text{H}}\right) \right\} \\ &\approx \sup_a \left\{ \text{lb} \det\left(\boldsymbol{I}_K + \rho_d M \boldsymbol{D}_\beta \boldsymbol{D}_a\right) \right\} \\ &= \sup_a \left\{ \sum_{k=1}^{K} \text{lb}\left(1 + \rho_d a_k \beta_k M\right) \right\}, \boldsymbol{a} \geqslant \boldsymbol{0}, \boldsymbol{1}^{\text{T}} \boldsymbol{a} = 1 \end{aligned} \tag{5-69}$$

结合以上理论分析，可以看到 Massive MIMO 的有利信道条件使得用户间的信道趋于正交，与小规模 MIMO 相比，可以服务更多的用户；并且复杂度低的信号处理理论上能够达到很好的性能；此外，资源的分配方案也变得简单。因此从理论上印证了 Massive MIMO 的性能优势。

5.4.3　Massive MIMO 关键技术

5.4.3.1　物理层收发技术

根据有利信道条件，Massive MIMO 系统采用简单的线性预处理即可达到很好的性能，比如 MRT、ZF 等。下面给出典型的线性预处理技术对应的系统性能。

单小区场景下单个用户的平均频谱效率如图 5-25 所示。对 RZF（Regularized Zero Forcing）、DC-MRT（分布式 MRT）和 CEP（Constant Eenvelop Precoding）进行了对比。统一的仿真参数如下：1）发送天线数为 128；2）对 10 个 UE 进行等功率分配；3）系统带宽为 20 MHz；4）基站发送功率为 14 dBm，噪声功率谱密度为−174 dBm/Hz；5）单小区场景，小区半径为 500 m。

从仿真结果可以看出，一方面，每个用户的带宽效率（Bandwidth Effifficiency，BE）都随着基站天线数的增加而提升，同时也可以看出不同的预编码器对应的性能提升有差异；另一方面，从图 5-25（b）可以看出，若基站天线数固定，复用的用户数目会影响用户的 BE 性能，仿真结果也给出了不同预编码下的性能变化。总体来看，ZF 预编码要比 MRT 预编码性能更佳。

典型的线性接收机有 MRC 检测器、线性 ZF 检测器、线性 MMSE 检测器，是 Massive MIMO 最常用的检测器。对于上文提到的上行信号模型，若用 A 表示检测矩阵，则对接收信号的检测过程如下所示：

$$r = A^{\mathrm{H}} y \qquad (5\text{-}70)$$

不同检测算法对应的检测矩阵如下所示：

$$A = \begin{cases} G & , \ \text{MRC} \\ G(G^{\mathrm{H}}G)^{-1} & , \ \text{ZF} \\ G(G^{\mathrm{H}}G + I_K)^{-1} & , \ \text{MMSE} \end{cases} \qquad (5\text{-}71)$$

式（5-71）中对系统简化处理，假设噪声的方差为 1。不同接收机下，第 k 个用户对应的可达上行速率为：

$$R_k^{\mathrm{mrc}} = E\left\{ \mathrm{lb}\left(1 + \frac{\left\| \boldsymbol{g}_k \right\|^4}{\sum_{i=1,i\neq k}^{K} \left| \boldsymbol{g}_k^{\mathrm{H}} \boldsymbol{g}_i \right|^2 + \left\| \boldsymbol{g}_k \right\|^2} \right) \right\} \tag{5-72}$$

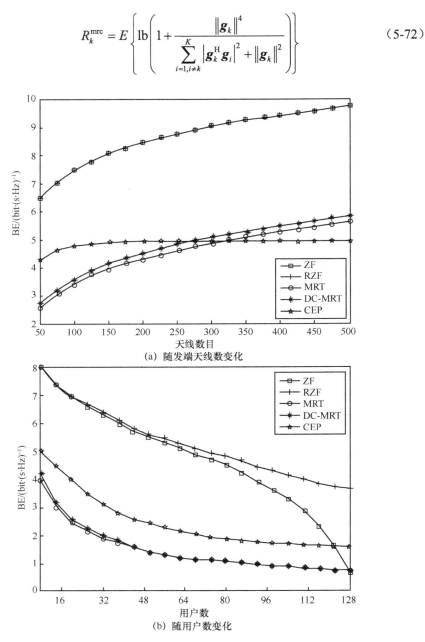

(a) 随发端天线数变化

(b) 随用户数变化

图 5-25　单小区场景下单个用户的平均频谱效率

$$R_k^{\text{zf}} = E\left\{ \text{lb}\left(1 + \frac{1}{[(\boldsymbol{G}^{\text{H}}\boldsymbol{G})^{-1}]_{kk}} \right) \right\} \qquad (5\text{-}73)$$

$$R_k^{\text{mmse}} = E\left\{ \text{lb}\left(\frac{1}{[(\boldsymbol{G}^{\text{H}}\boldsymbol{G} + \boldsymbol{I}_K)^{-1}]_{kk}} \right) \right\} \qquad (5\text{-}74)$$

除了以上经典的线性检测器，Massive MIMO 系统中其他的检测器还有：针对求逆复杂度高的情况，有基于近似矩阵求逆的检测器，如诺伊曼级数（Neumann Series，NS）、牛顿迭代法（NI）、Gauss-Seidel 方法、逐次超松弛（SOR）法、雅可比法、Richardson method、共轭梯度法、Lanczos method、残差法、坐标下降法等。有基于局部搜索的检测器，如 LAS（Likelihood Ascent Search）和 RTS（Reactive Tabu Search），这两种算法需要计算初始解，然后迭代进行检测。此外，还有基于信度传播的检测器、BOX 检测和基于机器学习的检测算法等。

此外，CS 算法也被应用于 Massive MIMO 的检测。参考文献[81]将 CS 技术应用于 SD 检测的 MMP 检测器，该算法在初始低复杂度解的基础上识别出错误的位置并通过残差更新提高错误定位精度。类似地，在参考文献[82]中，CS 算法被用于纠正线性接收机输出的符号错误。

5.4.3.2　导频污染处理技术

正交导频数量的有限性，导致在邻近小区中不可避免出现导频重用，因此产生了导频污染。研究表明，可以通过合理的处理方法有效地降低导频污染对系统性能的限制。导频污染示意如图 5-26 所示。

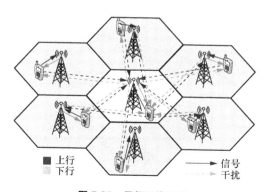

图 5-26　导频污染示意

导频污染的典型信号模型为：假设有 L 个小区共用导频，则第 j 个小区估计的信道为：

$$\hat{\boldsymbol{G}}_{jj} = \sqrt{\rho_p} \sum_{l=1}^{L} \boldsymbol{G}_{jl} + \boldsymbol{V}_j \qquad (5\text{-}75)$$

其中，$\boldsymbol{G}_{jl} \in \mathbb{C}^{M \times K}$ 为第 l 个小区的用户到第 j 个小区基站之间的信道；$\boldsymbol{V}_j$ 为第 j 个小区基站侧的加性噪声；ρ_p 为导频信号对应的信噪比。从式（5-75）可以看出，上行传输时，基站侧估计的信道中包含其他干扰小区用户的干扰信道分量，上行检测会受到影响；同样，下行传输时，基站利用估计出的受污染信道进行波束成形，同样会对用户造成干扰。因此，导频污染会限制 Massive MIMO 系统的性能。

典型的导频污染处理方案为导频分配：即让有很小 ICI 的用户重用相同的导频，导频污染可以得到削弱。以下为采用导频分配方案的仿真结果。

图 5-27 为不考虑导频污染时各种信号处理技术对应的系统可达和速率。图 5-28 为考虑导频污染时，是否进行处理的可达速率。显然，导频污染对系统性能产生了很大的影响，但通过导频分配，可以弥补一定的性能损失。

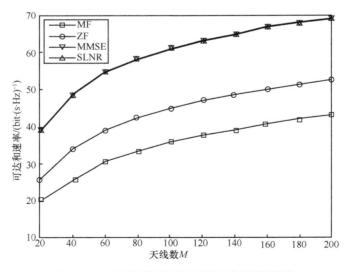

图 5-27　多小区场景下不考虑导频污染的系统性能

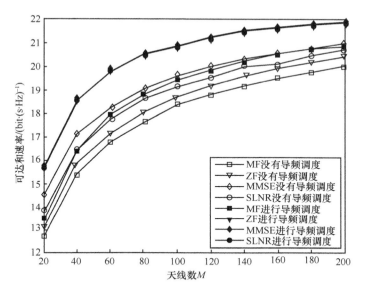

图 5-28　多小区场景下考虑导频污染进行导频调度的结果[83]

除了导频分配，减少导频污染的方法还有以下两种。

1）帧结构法：参考文献[84]设计了一种时移帧结构。所有小区划分为不同的组，在不同的时隙传输他们的导频信号，即一个组传输上行导频，其他组传输下行数据。3 个组的帧结构如图 5-29 所示。

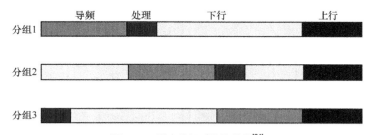

图 5-29　用户分组时移帧结构[84]

2）信道估计法：参考文献[85]利用 i.i.d. Rayleigh 信道中不同 UE 信道的渐近正交性，提出了一种基于特征值分解的方法来提高信道估计精度。此外，利用盲检测技术对信道和数据进行联合估计，可以在降低导频污染的同时，对快衰落信道系数进行估计[86]。

5.4.3.3 硬件损伤处理技术

硬件的损耗主要包含相互耦合、非线性放大、I/Q 失衡、相位噪声以及低精度 ADC 带来的量化噪声等。相互耦合是随着天线数的增多，天线单元间距的减小造成的。为了减轻相互耦合的影响，必须在天线阵列和射频链之间采用复杂的射频匹配技术。相位噪声主要是由发射机使用的上变频和接收机使用的下变频电路引起的。

硬件损伤的影响通常通过补偿算法来减轻。但是，由于时变硬件特性不能完全参数化和估计，并且由于不同类型的噪声固有的随机性，这些补偿算法不能完全消除损伤。在对硬件损伤的研究中，Björnson E.等[87]对非理想硬件进行了研究，考虑了一种新的系统模型，它包含了配备大天线阵列的 BS 和单天线用户设备的收发器硬件损伤。系统模型涵盖了非理想硬件的主要特征，使我们能够通过比较得到与理想硬件的差异。

5.4.3.4 Cell-Free Massive MIMO

与传统的 MIMO 系统相比，Massive MIMO 极大地提高了频谱效率，但是，随着网络密度的增大，小区间干扰成为一个主要瓶颈。网络部署示例如图 5-30 所示。

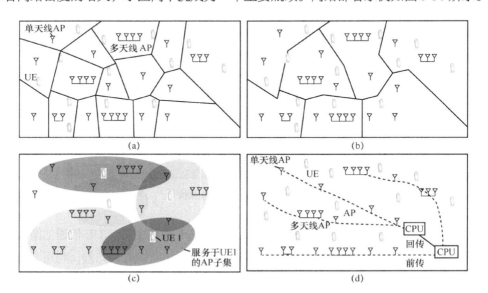

图 5-30 网络部署示例

　　如图 5-30（a）所示，在传统的蜂窝网络中，一个用户仅对应一个 AP，不同的 AP 在同一时刻会对 UE 形成小区间干扰，这是集中式系统的缺点。

　　根据信息论和信道容量的角度，通过不同 AP 间的联合处理，可以提高频谱利用率，并降低或避免对用户的干扰。相关的信号联合处理方案有 network MIMO、CoMP-JT 和多小区 MIMO 协作网络等，这些方案把不同的 AP 划分为不同的簇，但仍是以网络为中心的模式，网络部署示例如图 5-30（b）所示。在该方案中，一个簇中的不同 AP 对簇中的 UE 进行联合信号传输，等价于在不同的小区中部署了分布式天线。

　　进一步，如果联合信号处理以用户为中心的模式实施，即每个用户对应一个特定天线组，如图 5-30（c）所示，这种传输方案统称为用户特定动态协作簇，已经在 MIMO 协作网络、CoMP-JT、协作小区和 C-RAN 等系统中得到应用。

　　最后，将大规模天线系统、密集分布式网络拓扑和以用户为中心的传输设计结合，就形成了 Cell-Free Massive MIMO，网络部署示例如图 5-30（d）所示，APs 通过前传连接与 CPU 相连，CPU 之间通过回传链路互连。在该系统中，上行数据检测可以在 AP 端局部处理，或在 CPU 集中处理，或者首先在 AP 部分处理然后由 CPU 处理。CPU 参与的处理越多，性能越好，如 MMSE 检测，但同时也带来了更高的前传链路负担。

　　Cell-Free Massive MIMO 突破了小区边界的限制，系统更加灵活，极大地提高了系统能量效率，并具有低成本的部署能力，同时可对用户提供统一的服务质量，这是 Cell-Free Massive MIMO 的优势。

　　但是在实际应用中，该系统也存在一些挑战，当多个 AP 联合服务一个 UE 时，不同 AP 间的同步十分重要，因为不同的 AP 要进行联合预编码以同时传输下行数据块，所以必须要补偿定时失调和相对相位旋转，同时发送端和接收端的节点要分别实现同步，才能保证系统的性能。另外，与 Massive MIMO 系统一样，Cell-Free Massive MIMO 系统同样面临着硬件损耗和导频污染的技术挑战，对该系统的研究也要考虑前传链路容量的限制等。

| 5.5　毫米波与太赫兹通信 |

　　作为扩展带宽、提升系统容量最直接的方法，毫米波通信与太赫兹通信近年来被广泛关注。然而高频段通信导致硬件结构、物理环境等都与传统通信有着较大的差别，因此毫米波与太赫兹通信系统的实际实现仍然面临着巨大的挑战。对毫米波及太赫兹的理论分析表明，与 Massive MIMO 结合能获得额外的增益以补偿高频段下严重的路径损耗及大气衰减，同时小波长决定的天线尺寸及间距为部署 Massive MIMO 提供了有利的空间。

5.5.1 毫米波通信系统

5.5.1.1 概念与特点

毫米波频段为频率为 30～300 GHz，对应波长为 1～10 mm 的电磁频谱的极高频率（EHF），其中可利用的波长约为 μWave 频段的 10 倍，具有高达 252 GHz 的带宽（实际能利用的约 100 GHz），如图 5-31 所示。

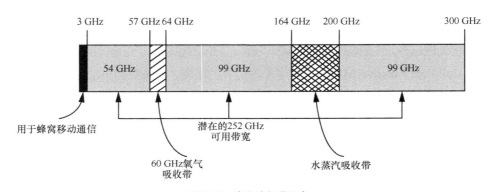

图 5-31　毫米波频谱示意

大带宽能转换成更高的容量和数据速率，以支持短距离通信、车载网络以及其他对系统容量需求高的应用等。除此以外，毫米波具有比 μWave 更小的波长，能够支持大规模 MIMO 技术获得增益，并通过自适应波束成形技术来抑制干扰。当以毫米波方式部署时，由于 mmWave 信号的波长非常短，也可以将大量天线元件打包成小尺寸以实现高增益波束成形，同时 Massive MIMO 天线的相应小尺寸不仅可以通过使用低成本低功率组件，而且可以通过免于使用昂贵而笨重的组件（如大型同轴电缆）和前端的高功率射频（RF）放大器来显著降低成本和功耗。毫米波通信技术、UDN 技术以及 Massive MIMO 3 种技术的特点决定了能够彼此融合，实现新一代移动通信的性能飞跃，是实现未来 6G 预期的数量级吞吐量增长的关键[88]。

根据波束成形和信道容量，其不仅适用于通信系统，也适用于雷达系统，毫米波通信在移动通信、卫星通信、成像和雷达系统中都有着广泛的应用。而毫米波通信与 Massive MIMO 技术的结合是必然的趋势，工作在毫米波频带下的 Massive MIMO 有许多优势，称为毫米波 Massive MIMO（mmWave Massive MIMO）系统。下面分析毫米波 Massive MIMO 的关键技术。

5.5.1.2　毫米波 Massive MIMO 关键技术

5.5.1.2.1　天线阵列

合理地设计天线阵列能够充分利用毫米波 Massive MIMO 通信的优势，同时也不会造成过高的成本和功耗[89]。随着时间的发展，共有 3 种类型的天线阵列架构：全数字阵列、全模拟阵列和大规模混合阵列。全数字阵列中每个天线有专用的 RF 前端和数字基带，对于 mmWave Massive MIMO 来说，由于严格的空间限制，全数字阵列非常昂贵，实际上是不可行的。全模拟阵列仅使用一个带有多个模拟移相器（PS）的 RF 链，它具有简单的硬件结构，但系统性能不佳。由于只能控制信号的相位而不能控制幅度，导致天线增益较低。根据研究趋势，更可行和实用的方法是大规模混合阵列，该阵列由多个具有各自数字链的模拟子阵列组成。

在大规模混合阵列架构中，天线元件被分组为模拟子阵列，只有一个 PS 专用于单个天线元件，所有其他组件被每个子阵列中的所有天线元件共享，每个子阵列仅接收一个数字输入（在发射机中）和输出一个数字信号（在接收机中），所有子阵列的所有数字信号都在数字处理器中进行联合处理。大规模混合阵列架构如图 5-32 所示，这种混合结构大大降低了成本，减少了所需的硬件组件数量以及系统的复杂性，其性能可与最佳（但成本高昂且不可行）的全数字阵列相媲美[90]。

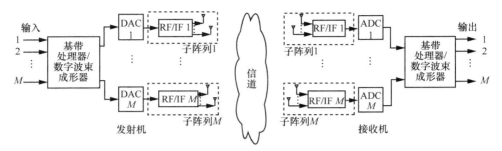

图 5-32   大规模混合阵列架构

5.5.1.2.2   预编码技术

MIMO 系统从两方面提高了频谱效率：一是基站可以在相同的时频资源块服务多个用户，从而提高了系统吞吐量；二是通过 BS 和 UE 之间的波束成形，进一步提高频谱效率。为了更进一步地提高频谱效率，MIMO 系统从 MU-MIMO 发展到 Massive MIMO，数以百计的天线在基站端部署，通过波束成形增益可以提高能量效率和频谱效率。

波束成形技术用于多个数据流时，通常称作预编码。在传统的 MIMO 系统中，波束成形和预编码都在数字域实现，即所有的信号处理都在基带进行，这种方式叫作全数字预编码。传统 MIMO 的一个特点就是每个天线单元都要分配一个射频链路。因而在毫米波 Massive MIMO 系统中，RF 带来的巨大成本和功率消耗使得全数字预编码不合实际，因此需要在 RF 域引入模拟处理。

混合预编码技术是 mmWave Massive MIMO 系统中极具潜力的技术，基本思想是将原来的全数字预编码转化为高维的模拟预编码和低维的数字基带预编码。其中，数字基带预编码可以同时控制信号的幅度和相位，而模拟预编码只能改变信号的相位，因而会带来一定的性能损失。混合预编码发送和接收架构如图 5-33 所示，分为两种形式：全连接模型和部分连接模型。

下面简述混合预编码流程，在发送端，首先数字预编码器 F_{BB} 对 N_s 个数据流进行预处理，得到 N_t^{RF} 个输出流，然后经过 RF 进行上变频，再通过模拟预编码器 F_{RF}，最终传输到 N_t 个天线单元上发送。接收端是类似的流程，首先一个模拟合并器 W_{RF} 将来自 N_r 个用户天线的射频信号进行合并，得到 N_r^{RF} 个输出流，随后经过下变频并用一个数字处理器 W_{BB} 进行合并，最后对输出信号进行检测。

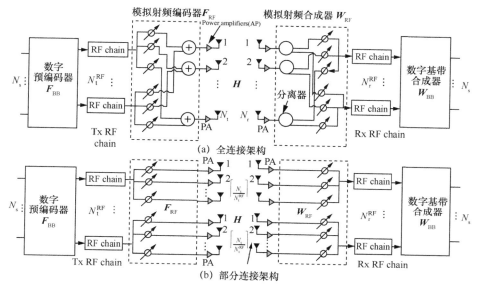

图 5-33　混合预编码收发机架构

全连接的混合模拟数字预编码结构中每个收发器都能得到完整的波束成形增益。它利用所有的 AOD 通过移相器网络来实现映射（即它将每个 RF 链映射到所有可用天线），如图 5-33（a）所示。与全连接架构相反，部分连接架构中每个 RF 链仅仅连接到一个天线子阵列中，如图 5-33（b）所示。

5.5.1.2.3　传播特性和信道建模

毫米波通信由于处于高频段，有着巨大的带宽优势从而可以带来巨大的数据速率。但是，与 6 GHz 以下波段相比，毫米波具有非常不同的信道传播特性，如高路径损耗（PL）、高穿透损耗、高方向性、高延迟分辨率和易被人体阻挡等。在 10 GHz 以上频段，雨衰通常会成为影响传播的主要因素，因为雨滴的大小接近该频段对应的波长，从而引起了信号传播的散射效应；大气衰减是毫米波信号穿过大气被吸收引起的传输损耗，主要由氧气分子、水蒸气分子和其他大气成分气体共振引起，发生在不同的频率（O_2 在 60 GHz 和 119 GHz，H_2O 在 22 GHz 和 183 GHz）上；叶片引起的衰减也是毫米波传播的关键损伤之一；还有材料的穿透损耗和无线信道的传播机制引起的信号衰减等。雨滴和树叶引起衰减的示意如图 5-34 所示。

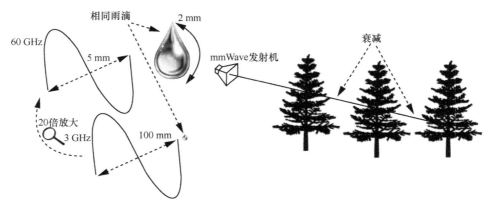

图 5-34　雨滴和树叶引起衰减的示意

但是，大多数研究表明[91-92]，毫米波传输中容易受到衍射和路径损耗，极易受到阻塞的影响，因此毫米波波束在应用于无线通信时会在 LOS 路径上高度中继。所以在对信道建模时，可以忽略信道 NLOS 分量，假设仅有 LOS 路径以简化信道模型。

对于毫米波信道的测量工作已经有很多成果，一般针对固定的频点进行测量。在 11 GHz、15 GHz、16 GHz、26 GHz、28 GHz、32 GHz、38 GHz、60 GHz 和 73 GHz 已经进行了广泛的信道测量。信道建模是基于信道测量实验的结果，对真实无线信道的抽象表示。它可以在特定的环境中以确定性的方式产生信道，并且通过较详细的路径参数和信道测量的结果来验证；或者以随机的方式对一般环境进行建模，并通过将信道统计特性与信道测量进行比较来验证。信道模型可以为研究复杂的无线电波传播机制提供帮助，并且有助于系统性能的评估。通常，信道模型高度依赖于载波频率、带宽、场景和系统需求。

准确的信道状态信息（CSI）对于充分开发毫米波 Massive MIMO 系统的巨大潜在优势至关重要，但与传统 Massive MIMO 相比，毫米波 Massive MIMO 系统中通过信道估计来获取 CSI 有更多的挑战。首先是 BS 和 UE 端都是 Massive MIMO 系统，即使在拥有信道互惠性的 TDD 系统中，UE 端的数十个天线也会与 BS 上的数百个天线相结合，导致较高的导频开销，且发射端和接收端都要求获得 CSI 分别用于下行链路的预编码和上行链路的合并。为了节省成本、提高能效，业界提出了利用 mmWave 信道的稀疏性和毫米波 Massive MIMO 信道的低秩特性的 SOTA 收发器架构，这是一种通过使用压缩感测（CS）概念来简化信道估计的方案，使用的 RF 链比 BS 和 UE 天线的数目小得多。与传统 MIMO 系统相比，这些收发器造成的毫米波 Massive MIMO 的性能损失可忽略不计。

5.5.2　太赫兹通信系统

对 B5G/6G 移动通信的预测表明，6 GHz 以下及毫米波段的可用带宽将不足以满足 6G 应用的数据速率需求，因此频谱使用将转移到更高频的太赫兹波段，太赫兹通信的带宽远远大于微波和毫米波波带的可用带宽。

太赫兹（THz）频段以亚毫米波能量的形式在 0.03～3 mm（100 GHz～10 THz）的波长范围内。过去缺乏实用高效的 THz 天线和收发器，导致 THz 频段成为电磁频谱中研究最少的频段之一。但是，近十几年来的重大进步使 THz 通信系统的实现成为可能，预计将实现超过 100 Gbit/s 甚至太比特每秒的数据速率[93]。

然而，与毫米波频段相同，THz 频段通信的高路径损耗（PL）使得 THz 通信在很大程度上仅限于短距离应用，发送器（Tx）与接收器（Rx）之间的距离通常不超过 10 m。由于高频对应超短波长，太赫兹 AP 和用户设备可以配备具有数十至数百个天线元件的阵列，从而可实现 Massive MIMO，在这一方面，其与毫米波通信系统的具体实现所面临的挑战是相似的。

┃5.6　同频同时全双工┃

频分双工（Frequency Division Duplex，FDD）和时分双工（Time Division Duplex，TDD）在 4G 移动无线网络中被广泛使用，但是 FDD 和 TDD 都是基于半双工的传输模式，所以它们均具有低频谱效率的固有缺陷。同频同时全双工（Co-Frequency Co-Time Full Duplex，CCFD）技术作为 6G 潜在的关键技术之一，可以在同一频段的信道中同时建立两条数据链路，理论上可以成倍地提高频谱利用率，同时有效降低端到端的时延。

5.6.1　系统结构

同频同时全双工通信系统[94-96]中，本地收发机与远端收发机在相同的频段同时工作，本地收发天线的间距较短，导致无论是在时域还是在频域，远端发射的期望信号均被本地发射的较大功率的发射信号所覆盖，即本地的发射信号成为全双工接收机中的自干扰（Self-Interference，SI）。

发射机、信道与接收机是一般通信系统必需的 3 个模块。如前所述，将自干扰消除到一个较低的数量级是全双工通信系统能正常工作的必要条件，而理想的自干扰消除是将自干扰消除到白噪声量级。

同频同时全双工（CCFD）无线通信系统模型如图 5-35 所示，本地发射机的发射信号经过直射、反射等路径形成复杂的自干扰信号进入本地接收机中，由于在时域与频域完全重合，自干扰信号与远端发射机发送的期望信号混合并共同进入本地接收机中。

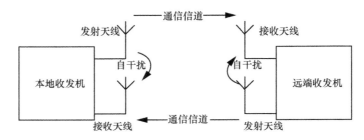

图 5-35　同频同时全双工无线通信系统模型

本地接收信号主要由 3 部分构成，分别为本地发射信号经过多径自干扰信道到达本地接收机端的自干扰、远端发射信号经过多径信道到达本地接收机端的期望信号以及来自本地和远端发射机以及信道环境中的白噪声，则本地接收机的接收信号为：

$$R(t) = X(t) + X_s(t) + N(t) \tag{5-76}$$

其中，$X(t)$ 为本地接收机接收到远端发射的期望信号；$X_s(t)$ 为本地接收机接收到本地发射机发射的自干扰信号；$N(t)$ 是以白噪声为模型的各种噪声的总和。

5.6.2　单节点同频同时全双工通信

单节点 CCFD 通信原理如图 5-36 所示，单个设备节点进行 CCFD 无线通信时，发射天线 Tx 向远方的某个目的节点发送信号，同时接收天线 Rx 接收来自远方某个节点发送的有用信号。该节点发送的信号与远端到来的有用信号是同频信号，且两者同时被 Rx 接收。SI 信号的接收功率远大于来自远端的有用信号的接收功率，从而令该节点难以直接从接收到的信息中解析出有用信息。以蜂窝系统为例，用户设备（User Equipment，UE）的发射功率一般为 20 dBm，SI 信号到达自身接收天线的功率大约为 10 dBm。然而，接收来自远端基站（Base Station，BS）的有用信号的接收功率在−90 dBm 的水平，接收到的 SI 信号与有用信号形成超大功率差。显然，若要实现同频同时的收发功能，则必须从接收到的混合信号中解析出有用信号，这个前提是有效消除 SI 的影响。

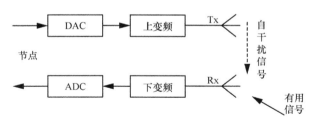

图 5-36　单节点 CCFD 通信原理

理论上，SI 信号的内容以及调制方式对自身节点来说均是已知的，在确定自身发射天线到接收天线的信道特性的情况下，可以获知 SI 信号的具体情况。自干扰消除的基本原理就是在接收到的混合信号中除去已知的 SI 信息，得到有用信息。但是，目前来看完全消除 SI 信号的影响是做不到的，主要原因有两个：设备精度不够，不能将已知信息进行彻底的消除；无法精确获得从自身发射天线到接收天线的信道特性，只能对该信道特性做近似估计，即无法获取确切的 SI 信息。目前自干扰消除的目的是尽可能减少 SI 信号的影响，满足有用信号的有效解调。

自干扰消除技术可以分为 3 种：空间域自干扰消除、模拟域自干扰消除和数字域自干扰消除。

空间域自干扰消除是一种被动的消除方式，主要是通过增加信号在传输路径上的损耗的方式尽可能地抑制 SI 信号的强度，减少后期通过其他方式消除 SI 信号的压力。严格来讲，空间域消除主要是在 SI 信息被接收之前，对 SI 信号的提前预防和抑制，不属于自干扰消除的范畴。通过空间域消除可以很好地抑制在接收端的 SI 信号的强度，为后续的自干扰消除提供有利条件。

模拟域自干扰消除和数字域自干扰消除则属于主动的消除方法，主要通过对自干扰信道进行估计并获取 SI 信息，然后在接收端的模数转化器（Analog to Digital Converter，ADC）前后减去已知的 SI 信息。CCFD 单节点自干扰消除如图 5-37 所示，已知的数字信号经过发送链路到达发射天线 Tx 进行发送，经过自干扰无线信道后被接收端的接收天线 Rx 接收。被 Rx 接收之前，进行一次空间域自干扰消除的工作，即天线消除。Rx 接收到的射频（Radio Frequency，RF）信号变为基带（BaseBand，BB）信号。在 BB 信号进入 ADC 之前要进行一次模拟域 SI 消除，削弱 SI 信号的功率强度，满足 ADC 的动态接收范围，避免有用信号进入 ADC 时被极强的 SI 信号淹没。最后通过 ADC 量化为数字信号后，利用数字消除方法将残余的 SI 信号进行进一步的消除。

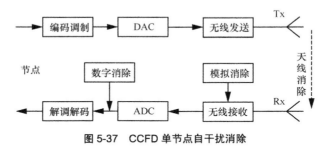

图 5-37　CCFD 单节点自干扰消除

5.6.3　多节点间同频同时全双工通信

由于频谱资源有限，无线网络中多个节点间的数据通信是在一个共享信道上进行的。CCFD 技术虽然可以让单节点在单一信道上传输数据时获得较高的频谱利用率，但是如何在多节点间进行有效有序协作通信并发挥 CCFD 的优势，则需要 MAC 层做进一步的支持。

多节点能够在同一信道中利用 CCFD 技术提高频谱效率，需要正在进行通信的某些节点支持 CCFD 工作模式。CCFD 工作模式是指节点能够在同时同频的条件下进行数据接收和发送。支持 CCFD 工作模式的节点在单一信道上同一时刻最多接收 1 个数据和发送 1 个数据，不考虑级联情况，则在同一个共享的单一信道上最多有两条数据链路。根据两条数据链路两端的节点是否互为源节点和目的节点，可分为对称双向 FD 和非对称双向 FD 两种模式，如图 5-38 所示。其中对称双向 FD 模式由两个节点构成，两个节点均处于 CCFD 工作模式中；而非对称双向 FD 模式有 3 个节点参与，只有中间节点，如图 5-38（b）中 B 节点，同时收发数据。

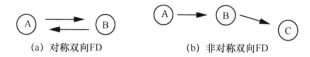

(a) 对称双向FD　　　　　　(b) 非对称双向FD

图 5-38　多节点 CCFD 数据传输模式

多节点间进行 FD 模式通信时，同一信道中同时进行的通信链路个数是传统模式的两倍，因此也会带来更多的节点间干扰（Inter-Node Interference，INI）问题。节点间干扰是指接收节点在接收有用信号时，收到了其他节点发送的同频信号，该信号会严重影响有用信号的正常接收。在 3 个节点组成的非对称双向 FD 模式通信中，INI 会严重影响第二条链路的信号接收。对于接收节点来说，SI 信号的内容是已知的，可以通过自干扰消除的办法，将接收到的混合信号中的 SI 信号成分进行消除；而 INI 信号对接收节点是未知的，不能使用自干扰消除技术进行消除。因此，在研究 MAC 层协议时，需要考虑 INI 的影响。当前解决 INI 问题的主流方案有二进制消除、捕获效应、功率控制以及使用定向天线等。

5.6.4　双工模式性能比较

假设 A 和 B 两个节点间进行数据通信，A 有数据发送给 B，B 也有数据发送给 A。两节点采用 FDD、TDD、CCFD 3 种不同的双工机制进行数据传输时，对比消耗的频带资源和时间资源的情况，如图 5-39 所示。

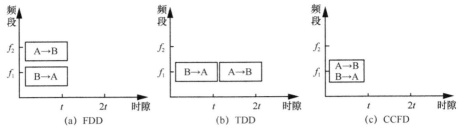

图 5-39　3 种双工机制的比较

（1）CCFD 和 FDD 的比较

FDD 要同时实现两个数据包的两个方向的传输，需要两个频带资源，一个频带 f_1 用于 B 向 A 发送数据，另一个频带 f_2 用于 A 向 B 发送数据。两个频带是相互隔离的，即相互正交，则两个数据在接收时均可以被分离出来。这种情况下传输这两个数据包消耗一个时隙 τ 的时间。而 CCFD 模式中，两个数据传输消耗的时间也是一个时隙 τ，但却只用了一个频带 f_1。相比之下，CCFD 模式提高了频带利用率，提升了系统的吞吐量。

另外，FDD 模式使用两个正交的频带，其他节点收到这两个包的混合信号，也可以从中分离并解析出来，这有可能造成通信信息的泄露。而 CCFD 使用同一个频带，只有发送节点才可以用自干扰消除技术从混合信号中分离出有用信息，其他节点无法解析出任何信息。因此，CCFD 有效地避免了信息的泄露，提高了信息的安全性。

（2）CCFD 和 TDD 的比较

TDD 模式中，虽然两个包的传输只用了一个频带 f_1，但是它却付出了时间代价，发送两个数据包消耗的时间是使用 CCFD 模式的两倍。相比之下，CCFD 提高了系统吞吐量并且获得了更短的传输时延。另外，和 FDD 一样，TDD 跟 CCFD 相比依然缺乏安全性。

| 5.7　可见光通信 |

随着通信行业不断发展，一方面，低于 10 GHz 具有良好通信特性的电磁波谱已经被各类无线技术广泛使用，即将消耗殆尽；另一方面，无线通信的飞速发展，必然带来更大的能源与资源消耗。研发节约能耗的绿色无线通信技术，成为新一代无线通信系统的发展方向，可见光通信（Visible Light Communication，VLC）可作为 6G 的潜在通信技术之一。

5.7.1　概念与特点

可见光通信是一种利用波长为 380～750 nm 的可见光作为传输载体进行无线通信的新兴通信方式。不同通信技术的频段示意如图 5-40 所示，可见光所在频段为 400～800 THz，它和红外线、紫外线以及激光通信技术一起并称为光无线通信技术[97-98]。

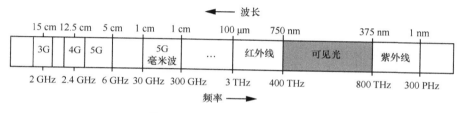

图 5-40　不同通信技术的频段示意

此类通信方式由于使用普通的可见光作为传输载体进行信息传输，因此能够同时实现照明和通信两种功能。可见光通信系统一般采用 LED 光源作为发射端光源。相较于传统的射频无线通信，VLC 具有健康安全、高速大容量、保密性高、电磁兼容性好等优点。

5.7.2　系统组成

VLC 系统主要由光发送端和光接收端两部分组成，其系统结构如图 5-41 所示。

（1）光发送端

发送端将原始信息进行信号编码、数字调制，调制后的数字信号由数模转换（DAC）电路转换为模拟信号，该模拟信号通过 LED 驱动电路加载到 LED 灯上，转换成高速明暗闪烁的可见光信号进行发射，然后经过短范围的光信道到达接收端。

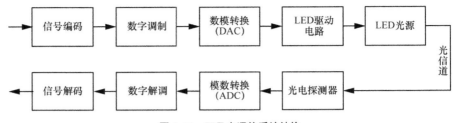

图 5-41　可见光通信系统结构

（2）光接收端

接收端光电探测器（PD）先将接收到的可见光信号转换为与入射强度成正比的光电流，再通过模数转换（ADC）电路转换为适于解调的数字信号，然后经过数字解调、信号解码恢复出原始传输信号。

5.7.2.1　光发送端

从可见光通信的定义可知，可见光通信与无线电通信相比多了 LED 驱动电路和 LED 光源，其中 LED 的作用不仅是作为发射端发送信号，同时还要承担照明功能，因此 LED 的重要特性是在工作时能发出白色光。

可见光通信的商用白光 LED 光源目前主要有两类：一类是最常见的荧光粉白光 LED 光源，荧光粉吸收 LED 光源发出部分原色光，并激发出与原色光互补的荧光，原色光和荧光混合出白光；另一类是多芯片组合的白光 LED 光源，不同颜色的多个 LED 光源发出的光混合出白光。两种白光 LED 光源的结构如图 5-42 所示。

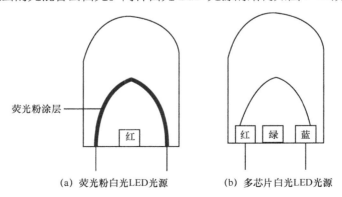

（a）荧光粉白光LED光源　　　　（b）多芯片白光LED光源

图 5-42　两种白光 LED 光源结构

光源的器件调制带宽是限制可见光通信传输速率的重要因素。为了提高光源的调制带宽，在可见光通信系统中会采用红、绿、蓝三基色的 LED 光源或者红、绿、蓝、黄 4 色的 LED 光源作为通信光源。这样的一个 LED 光源中实际包含 3 个或 4 个不同波长的 LED 芯片，因此可以采用波分复用技术获得调制带宽的累加，通常一个红、绿、蓝三基色的 LED 的 3 个芯片的调制带宽能累加到 40 MHz 左右。这类光源唯一的缺点就是价格较高，目前在照明领域的使用远不如荧光型 LED 普遍，故要实现基于照明网络的通信，推广显得有点困难。

对于通信系统来说，系统调制带宽的大小直接决定了系统通信速率的高低。因此提高 LED 光源或可见光通信系统的带宽是该领域的重要研究内容之一。

5.7.2.2　可见光通信信道

由于室外存在强光，相较于室外应用场景，可见光通信室内应用受到环境的干扰较小，信号传输的信道模型也相对简单。因此，可见光通信一般应用于室内环境，对应的信道示意如图 5-43 所示。

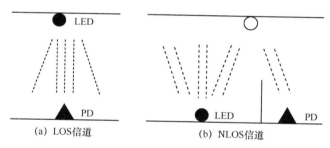

(a) LOS信道　　　　(b) NLOS信道

图 5-43　可见光通信系统中 LOS 信道和 NLOS 信道示意

对于一个典型的室内可见光通信系统，发送端发出的可见光在信道传输过程中的能量损失主要由以下两部分引起。

1）大尺度衰落，发送端与接收端之间存在空间位置距离，使得可见光在到达接收端时的能量发生了衰减。

2）小尺度衰落：多径效应，在传输视距信号的同时，由于室内可见光信号照射到墙面或其他物体后发生反射，各种反射信号叠加到直射的视距信号上引入了多径失真，增加了信道分析的复杂性。

5.7.2.3　光接收端

可见光通信的接收端承担着将光信号转化成电信号的任务，它的核心器件是能利用光电效应把光信号转变为电信号的光电探测器。其工作原理是，在反向电压作用下，没有光照时，光电探测器的反向电流（暗电流）极其微弱；有光照时，反向电流（光电流）迅速增大，光电流随入射光强度的变化而变化，从而将包含传输信号调制信息的光信号转换为电信号。

光电探测器（PD）属于半导体器件，可见光通信系统中主要包括 PIN 光电二极管（Positive-Intrinsic-Negative-Photo Diode，PIN-PD）和雪崩光电二极管（Avalanche Photo Diode，APD）两种类型。PIN-PD 是在传统 PN 半导体之间加装了一个较宽的本征（Intrinsic）半导体区域，因此称为 PIN-PD，此类 PD 结构简单、价格便宜，且能够很好地处理较强暗电流引起的散粒噪声,适合低带宽短距离的应用场景。APD 拥有较高的增益，但是对于暗电流比 PIN 更敏感，APD 成本较高，适合高速率、长距离通信应用场景。

两类光电检测器的特性对比见表 5-1。

表 5-1　PIN 和 APD 特性对比

光电检测器类型	PIN-PD	APD
电流增益	1	$10^2 \sim 10^4$
电路要求	低	高反相电压和温度补偿
线性度	高	低
使用场景	低带宽、短距离	高速率、长距离
价格	低	高

5.7.3　关键技术

5.7.3.1　调制技术

为了让系统的数据传输速率更快，可以使用更高效的调制技术，让一个符号可以发送更多信息。目前应用到可见光通信系统中的调制方式包括以下 8 种。

（1）开关键控调制

开关键控（On-Off Keying，OOK）调制是最简单的一种调制方式，用"1"表示灯亮，用"0"表示灯灭，这里的亮或灭不一定是全亮或全灭，可以是明和暗。

（2）脉冲位置调制

脉冲位置调制（Pulse Position Modulation，PPM）将 b 个原数据信息映射至 2^b 个时隙中，接收器通过确定脉冲在时隙中位置得到携带信息。由于接收器需要时隙同步和码元同步，PPM 收发结构较 OOK 收发结构复杂。

（3）差分脉冲位置调制

差分脉冲位置调制（Differential Pulse Position Modulation，DPPM）在调制过程中去掉了调制波形中多余的时隙，因此带宽效率高于 PPM。又因为不需要符号同步，DPPM 的结构相对简单，但冗余度略有不足。

（4）可变脉冲位置调制

可变脉冲位置调制（Variable Pulse Position Modulation，VPPM）是可变的脉冲位置调制方式，在一个单位周期内，通过改变脉冲出现的位置来表示"0"和"1"。VPPM 在一个单元时间间隔内定义了 V 个时间间隙，可以通过改变 V 的大小以及相应的编码来实现调光的功能。

（5）颜色转移键控调制

颜色转移键控（Color Shift Keying，CSK）调制是针对红、绿、蓝三基色光源组成的可见光通信系统所提出的一种新型调制方式，通过使用不同颜色光来传输不同的信息，因此 CSK 的带宽效率较高，相应系统的数据传输速率也高。

（6）离散多音频调制

离散多音频（Discrete Multi-Tone，DMT）调制是一种特殊的 OFDM 调制方式，它主要利用快速傅里叶反变换来将复数信号转换为实数信号。通过这种方法，可以不再需要 IQ 调制，从而能够减少系统的复杂度和成本，适用于低复杂度的可见光通信系统。

（7）正交频分复用调制

正交频分复用（Orthogonal Frequency Division Multiplexing，OFDM）调制是一

种多载波调制技术。其主要思想是：将信道分成多个正交子信道，将高速数据信号转换成并行的低速子数据流，由于每个子信道的带宽仅是原信道带宽的一小部分，信道均衡变得相对容易。这种并行传输体制大大扩展了符号的脉冲宽度，提高了抗多径衰落的性能。此外，OFDM 调制经常与高阶调制方式相结合，可以有效地提高可见光通信系统的数据传输速率。

（8）无载波幅相调制

无载波幅相（Carrierless Amplitude and Phase，CAP）调制是一种多维多阶的调制技术。和传统的 QAM 与 OFDM 调制方式相比，CAP 调制采用了两个相互正交的数字滤波器。这样做的优点在于 CAP 调制不再需要电或光的复数信号到实数信号的转换。与此同时，CAP 调制也不再需要采用离散傅里叶变换，从而极大减少了计算复杂度和系统结构。因此 CAP 调制适用于需要低复杂度的系统。

5.7.3.2　编码技术

1948 年香农发表了划时代意义的著作——《通信的数学理论》，此著作作为通信信道编码技术的基础一直影响着后续的研究。信道编码作为重要的抗干扰技术，在数字传输系统与数字通信技术等领域发挥着重要作用，越来越多的学者专门研究信道编码技术。随着人类对通信的要求越来越高，为了改善通信的可靠性，信道编码的性能需要越来越好。常见的信道编码包括：线性分组码、循环码、卷积码和网格编码等，这些编码技术均可服务于可见光通信。

5.7.3.3　复用技术

在 VLC 系统中，多维复用技术可实现多路信号并行传输，同时克服调制带宽限制，是提升 VLC 系统容量的有效办法。通常可采用的多维复用方式包括波分复用、子载波复用和偏振复用。

（1）波分复用

波分复用是将多路载有信息但不同波长的光信号（对于 RGB-LED 发射端而言，即采用 RGB 三色调制后的光束合并发射）经过自由空间光信道传输，在接收端分别使用对应颜色的滤光片进行光载波分离，最后由光接收机进行信号处理以恢复原始信息的通信手段。

（2）子载波复用

子载波复用是指多路信号经不同的载波分别调制，再由同一波长的发射器件在自由空间传输的一种复用方式。对于 VLC 系统，子载波信噪比会随子载波中心频率的增大而逐渐降低，子载波间隔的降低可有效克服频谱的不平坦问题。子载波复用技术的灵活性正是在于其具备灵活的频谱分配方式，对于不同的子载波，其调制阶数、带宽和中心频率等均可动态调整。

（3）偏振复用

激光光纤通信技术可借助偏振方向来实现偏振复用。LED 发出的光是非相干光，但它可利用外部偏振片获得线偏振光，实现偏振复用。VLC 系统发射端可采用多个不同偏振方向的起偏器和数量上相应的检偏器来接收。在同一波长信道中，通过光的多个相互正交偏振态同时传输多路独立数据，不增加额外带宽资源而提高信息传输能力。

▎参考文献 ▎

[1] SHANNON C E. A mathematical theory of communication[J]. Bell System Technology Journal, 1948(27): 379-423.

[2] SHANNON C E. A mathematical theory of communication[J]. Bell System Technology Journal, 1948(27): 623-656.

[3] DE LUCA A, TERMINI S. A definition of a nonprobabilistic entropy in the setting of fuzzy sets theory[J]. Information and Control, 1972, 20(4): 301-312.

[4] 吴伟陵. 广义信息源与广义熵[J]. 北京邮电大学学报, 1982(1): 29-41.

[5] RÉNYI A. On measures of entropy and information[C]//Proceedings of the Fourth Berkeley Symposium on Mathematical Statistics and Probability. [S.l.:s.n.], 1961.

[6] PRINCIPE J C. Information theoretic learning: Renyi's entropy and kernel perspectives[Z]. 2010.

[7] SANCHEZ GIRALDO L G, RAO M, PRINCIPE J C. Measures of entropy from data using infinitely divisible kernels[J]. IEEE Transactions on Information Theory, 2014, 61(1): 535-548.

[8] GALLAGER R. Low-density parity-check codes[J]. IEEE Transactions on Information Theory, 1962(7): 21-28.

[9]   TANNER R M. A recursive approach to low complexity codes[J]. IEEE Transactions on Information Theory, 1981(IT-27): 533-547.

[10]   MACKAY D J C, NEAL R M. Good codes based on very sparse matrices[J]. IEEE Transactions on Information Theory, 1999(45): 399-431.

[11]   CAMPELLO J, MODHA D S. Extended bit-filling and LDPC code design[C]//Proceedings of IEEE Global Telecommunications Conference. Piscataway: IEEE Press, 2001.

[12]   HU X Y, ELEFTHERIOU E, ARNOLD D M. Regular and irregular progressive edge-growth Tanner graphs[J]. IEEE Transactions on Information Theory, 2005(51): 386-398.

[13]   RICHARDSON T J, URBANKE R L. Efficient encoding of low-density parity check codes[J]. IEEE Transactions on Communications, 2001(47): 808-821.

[14]   KOU Y, LIN S, FOSSORIER M P C. Low-density parity-check codes based on finite geometries: a rediscovery and new results[J]. IEEE Transactions on Information Theory, 2001(47): 2711-2736.

[15]   AMMAR B, HONARY B, KOU Y, et al. Construction of low-density parity-check codes based on balanced incomplete block designs[J]. IEEE Transactions on Information Theory, 2004(50): 1257-1269.

[16]   VASIC B, KURTAS E M, KUZNETSOV A V. Kirkman systems and their application in perpendicular magnetic recording[J]. IEEE Transactions on Magnetics, 2002(38): 1705-1710.

[17]   VASIC B, KURTAS E M, KUZNETSOV A V. LDPC codes based on mutually orthogonal Latin rectangles and their application in perpendicular magnetic recording[J]. IEEE Transactions on Magnetics, 2002(38): 2346-2348.

[18]   LU J, MOURA J M F. Turbo design for LDPC codes with large girth[Z]. 2003.

[19]   FOSSORIER M. Quasi-cyclic low-density parity-check codes from circulant permutation matrices[J]. IEEE Transactions on Information Theory, 2004, 50(8): 1788-1793.

[20]   RICHARDSON T, URBANKE R. Multi-edge type LDPC codes[Z]. 2002.

[21]   THORPE J. Low-density parity-check (LDPC) codes constructed from protographs[Z]. 2003.

[22]   DIVSALAR D, DOLINAR S, JONES C. Capacity approaching protograph codes[Z]. 2009.

[23]   LIVA G, CHIANI M. Protograph LDPC codes design based on EXIT analysis[Z]. 2007.

[24]   DAVEY M C, MACKAY D J C. Low density parity check codes over GF(q)[J]. IEEE Communications Letters, 1998(2): 165-167.

[25]   LENTMAIER M, ZIGANGIROV K S. On generalized low-density parity-check codes based on hamming component codes[J]. IEEE Communications Letters, 1999(3): 248-250.

[26]   LIVA G, RYAN W E. Short low-error-floor Tanner codes with Hamming nodes[Z]. 2005.

[27]   CHENG J F, MCELIECE R J. Some high-rate near capacity codecs for the Gaussian channel[Z]. 1996.

[28]   LUBY M G. LT codes[Z]. 2002.

[29] SHOKROLLAHI M A. Raptor codes[J]. IEEE Transactions on Information Theory, 2006(52): 2551-2567.

[30] FELSTRÖM A J, ZIGANGIROV K S. Time-varying periodic convolutional codes with low-density parity-check matrix[J]. IEEE Transactions on Information Theory, 1999, 45(6): 2181-2190.

[31] KUDEKAR S, RICHARDSON T J, URBANKE R L. Threshold saturation via spatial coupling: why convolutional LDPC ensembles perform so well over the BEC[J]. IEEE Transactions on Information Theory, 2011, 57(2): 803-834.

[32] ARıKAN E. Channel polarization: a method for constructing capacity-achieving codes for symmetric binary-input memoryless channels[J]. IEEE Transactions on Information Theory, 2009, 55(7): 3051-3073.

[33] 3GPP. Multiplexing and channel coding: TS38.212 V.15.1.0[S]. 2018.

[34] NIU K, CHEN K. CRC-aided decoding of Polar codes[J]. IEEE Communications Letters, 2012, 16(10): 1668-1671.

[35] NIU K, CHEN K, LIN J R. Beyond turbo codes: rate-compatible punctured Polar codes[C]//Proceedings of 2013 IEEE International Conference on Communications. Piscataway: IEEE Press, 2013.

[36] NIU K, DAI J C. Rate-compatible punctured Polar codes: optimal construction based on Polar spectra[J]. Information Theory, 2016.

[37] WANG R, LIU R. A novel puncturing scheme for Polar codes[J]. IEEE Communications Letters, 2014, 18(12): 2081-2084.

[38] MORI R, TANAKA T. Performance of Polar codes with the construction using density evolution[J]. IEEE Communications Letters, 2009, 13(7): 519-521.

[39] TAL I, VARDY A. How to construct Polar codes[J]. IEEE Transactions on Information Theory, 2013, 59(10): 6562-6582.

[40] TRIFONOV P. Efficient design and decoding of Polar codes[J]. IEEE Transactions on Communications, 2012, 60(11): 3221-3227.

[41] DAI J C, NIU K. Does Gaussian approximation work well for the long-length Polar code construction?[J]. IEEE Access, 2017(5): 7950-7963.

[42] SCHÜRCH C. A partial order for the synthesized channels of a Polar code[Z]. 2016.

[43] HE G N, BELFIORE J C. β-expansion: a theoretical framework for fast and recursive construction of Polar codes[Z]. 2017.

[44] CHEN K, NIU K, LIN J. List successive cancellation decoding of Polar codes[J]. Electronics Letters, 2012, 48(9): 500-U52.

[45] TAL I, VARDY A. List decoding of Polar codes[Z]. 2011.

[46] NIU K, CHEN K. Stack decoding of Polar codes[J]. Electronics Letters, 2012, 48(12):

695-696.

[47] LI B, SHEN H, TSE D. An adaptive successive cancellation list decoder for Polar codes with cyclic redundancy check[J]. IEEE Communications Letters, 2012, 16(12): 2044-2047.

[48] LEROUX C, RAYMOND A J. A semi-parallel successive-cancellation decoder for Polar codes[J]. IEEE Transactions on Signal Processing, 2013, 61(2): 289-299.

[49] ZHANG C, PARHI K. Low-latency sequential and overlapped architectures for successive cancellation Polar decoder[J]. IEEE Transactions on Signal Processing, 2013, 61(10): 2429-2441.

[50] HUSSAMI N, KORADA S B, URBANKE R. Performance of Polar codes for channel and source coding[Z]. 2009.

[51] NIU K, CHEN K, LIN J. Low-complexity sphere decoding of Polar codes based on optimum path metric[J]. IEEE Communications Letters, 2014, 18(2): 332-335.

[52] KORADA S B, SASOGLU E, URBANKE R. Polar codes: characterization of exponent, bounds, and constructions[J]. IEEE Transactions on Information Theory, 2010, 56(12): 6253-6264.

[53] NIU K, CHEN K, LIN J R. Polar codes: primary concepts and practical decoding algorithms[J]. IEEE Communications Magazine, 2014, 52(7): 192-203.

[54] Best readings in Polar coding[Z]. 2019.

[55] CHEN K, NIU K, LIN J R. Improved successive cancellation decoding of Polar codes[J]. IEEE Transactions on Communications, 2013, 61(8): 3100-3107.

[56] ZHOU D K, NIU K, DONG C. Universal construction for Polar coded modulation[J]. IEEE Access, 2018(6): 57518-57525.

[57] SCOTT A W, FROBENIUS R. RF measurements for cellular phones and wireless data systems (Scott/RF measurements) || Multiple access techniques: FDMA, TDMA, AND CDMA[Z]. 2008.

[58] LI H, RU G, KIM Y, et al. OFDMA capacity analysis in MIMO channels[J]. IEEE Transactions on Information Theory, 2010, 56(9): 4438-4446.

[59] BOCCARDI F, HEATH R, LOZANO A, et al. Five disruptive technology directions for 5G[J]. IEEE Communications Magazine, 2014, 52(2): 74-80.

[60] ISLAM S M R, ZENG M, DOBRE O A. NOMA in 5G systems: exciting possibilities for enhancing spectral efficiency[Z]. 2017.

[61] DING Z, YANG Z, FAN P, et al. On the performance of non-orthogonal multiple access in 5G systems with randomly deployed users[J]. IEEE Signal Processing Letters, 2014, 21(12): 1501-1505.

[62] BAYESTEH A, YI E, NIKOPOUR H, et al. Blind detection of SCMA for uplink grant-free multiple-access[Z]. 2014.

[63] YUAN Z, YU G, LI G. Multi-user shared access for internet of things[C]//Proceedings of 2016 IEEE 83rd Vehicular Technology Conference (VTC Spring). Piscataway: IEEE Press, 2016: 1-5.

[64] CHEN S, REN B, GAO Q. Pattern division multiple access-a novel nonorthogonal multiple access for fifth-generation radio networks[J]. IEEE Transactions on Vehicular Technology, 2017, 66(4): 3185-3196.

[65] 3GPP. Low code rate and signature based multiple access scheme for new radio, document TSG RAN1 #85[Z]. 2016.

[66] BENJEBBOUR A, SAITO K, LI A, et al. Non-orthogonal multiple access (NOMA): concept, performance evaluation and experimental trials[Z]. 2015.

[67] HOSHYAR R, WATHAN F P, TAFAZOLLI R. Novel low-density signature for synchronous CDMA systems over AWGN channel[J]. IEEE Transactionson Signal Processing, 2008, 56(4): 1616-1626.

[68] HUANG J, PENG K, PAN C. Scalable video broadcasting using bit division multiplexing[J]. IEEE Transactionson Broadcasting, 2014, 60(4): 701-706.

[69] CHEN K, NIU K, LIN J R. An efficient design of bit-interleaved Polar coded modulation[Z]. 2013.

[70] ARıKAN E. Systematic Polar coding[J]. IEEE Communications Letters, 2011, 15(8): 860-862.

[71] ARıKAN E, TELATAR E. On the rate of channel polarization[Z]. 2009.

[72] 3GPP. Non-orthogonal multiple access candidate for NR, document TSG RAN WG1 #85[Z]. 2016.

[73] 3GPP. Considerations on DL/UL multiple access for NR, document TSG RAN WG1 #84bis[Z]. 2016.

[74] MEDRA A, DAVIDSON T N. Flexible codebook design for limited feedback systems via sequential smooth optimization on the grassmannian manifold[J]. IEEE Transactions on Signal Processing, 2014, 62(5): 1305-1318.

[75] 3GPP. Non-orthogonal multiple access for new radio, document TSG RAN WG1 #85[Z]. 2016.

[76] HUANG J, PENG K, PAN C. Scalable video broadcasting using bit division multiplexing[J]. IEEE Transactions on Broadcasting, 2014, 60(4): 701-706.

[77] SAAD W, BENNIS M, CHEN M. A vision of 6G wireless systems: applications, trends, technologies, and open research problems[J]. IEEE Network, 2019, 34(3): 1-9.

[78] CLAZZER F, MUNARI A, LIVA G. From 5G to 6G: has the time for modern random access come?[Z]. 2019.

[79] POLYANSKIY Y, POOR H V, VERDÚ S. Channel coding rate in the finite blocklength regime[J]. IEEE Transactions on Information Theory, 2010, 56(5): 2307-2359.

[80] MARZETTA T L. Noncooperative cellular wireless with unlimited numbers of base station antennas[J]. IEEE Transactions on Wireless Communications, 2010, 9(11).

[81] SAH A K, CHATURVEDI A K. An MMP-based approach for detection in large MIMO systems using sphere decoding[J]. IEEE Wireless Communications Letters, 2017, 6(2).

[82] CHOI J W, SHIM B. New approach for massive MIMO detection using sparse error recovery[C]//Proceedings of 2014 IEEE Global Communications Conference. Piscataway: IEEE Press, 2014.

[83] WANG H R, HUANG Y M, JIN S. Performance analysis on precoding and pilot scheduling in very large MIMO multi-cell systems[C]//Proceedings of 2013 IEEE Wireless Communications and Networking Conference (WCNC). Piscataway: IEEE Press, 2013.

[84] FERNANDES F, ASHIKHMIN A, MARZETTA T L. Inter-cell interference in noncooperative TDD large scale antenna systems[J]. IEEE Journal on Selected Areas in Communications, 2013, 31(2).

[85] NGO H Q, LARSSON E G. EVD-based channel estimation in multicell multiuser MIMO systems with very large antenna arrays[Z]. 2012.

[86] MULLER R R, COTTATELLUCCI L, VEHKAPERA M. Blind pilot decontamination[J]. IEEE Journal of Selected Topics in Signal Processing, 2014, 8(5).

[87] BJÖRNSON E, HOYDIS J, KOUNTOURIS M. Massive MIMO systems with non-ideal hardware: energy efficiency, estimation, and capacity limits[J]. IEEE Transactions on Information Theory, 2014, 60(11).

[88] LI Q C, NIU H, PAPATHANASSIOU A T. 5G network capacity: key elements and technologies[J]. IEEE Vehicular Technology Magazine, 2014, 9(1): 71-78.

[89] BUSARI S B, HUQ K M S, MUMTAZ S. Millimeter-wave massive MIMO communication for future wireless systems: a survey[J]. IEEE Communications Surveys & Tutorials, 2017, 20(2): 836-869.

[90] GAO X, DAI L, HAN S. Energy-efficient hybrid analog and digital precoding for mmWave MIMO systems with large antenna arrays[J]. IEEE Journal on Selected Areas in Communications, 2016, 34(4): 998-1009.

[91] ZHAO H, MAYZUS R, SUN S. 28 GHz millimeter wave cellular communication measurements for reflection and penetration loss in and around buildings in New York city[C]//Proceedings of IEEE ICC. Piscataway: IEEE Press, 2013: 5163-5167.

[92] COLLONGE S, ZAHARIA G, ZEIN G E. Influence of the human activity on wide-band characteristics of the 60 GHz indoor radio channel[J]. IEEE Transactions on Wireless Communications, 2004, 3(6): 2396-2406.

[93] AKYILDIZ I F, HAN C, NIE S. Combating the distance problem in the millimeter wave and terahertz frequency bands[J]. IEEE Communications Magazine, 2018, 56(6): 102-108.

[94] HONG S, MEHLMAN J, KATTI S. Picasso: flexible RF and spectrum slicing [C]//Proceedings of the ACM SIGCOMM 2012 Conference on Applications, Technologies, Architectures, and Protocols for Computer Communication. New York: ACM Press, 2012: 37-38.

[95] BHARADIA D, MCMILIN E, KATTI S. Full duplex radios[J]. ACM SIGCOMM Computer Communication Review, 2013, 43(4): 375-386.

[96] KORPI D, ANTTILA L, SYRJÄLÄ V, et al. Widely linear digital self-interference cancellation in direct-conversion full-duplex transceiver[J]. IEEE Journal on Selected Areas in Communications, 2014, 32(9): 1674-1687.

[97] PANG G, KWAN T, LIU H, et al. LED traffic light as communication device[Z]. 1999.

[98] KITANO S, HARUYAMA S, NAKAGAWA M. LED road illumination communications system[R]. 2003.

第 6 章

6G 潜在网络技术

第 3 章分析了 6G 业务的特性，这些特性对网络提出了非常高的要求，对网络的特性和愿景也进行了分析和展望，目前和未来有哪些潜在的网络技术可以满足 6G 对网络的需求？本章将给出可能应用于未来 6G 网络的部分潜在技术，包括 5G 网络中已经应用的软件定义网络（SDN）、网络功能虚拟化（NFV）、网络切片技术、确定性网络技术，以及正在成为研究热点的意图驱动网络等。此外，对于 6G 中非常值得期待的全感知类业务，目前对于触觉的感知已有一定的研究思路和成果，因此本章对触觉互联网及相关关键技术进行了阐述。

| 6.1　软件定义网络 |

　　软件定义网络（SDN）是由斯坦福大学 Clean-State 研究组提出的一种新型的网络创新架构，通过软件编程的形式定义和控制网络，将控制平面和转发平面分离，具有开放性可编程能力。SDN 作为基于软件的网络架构技术，其最大的特点是具有松耦合的控制平面与数据平面、支持集中化的网络状态控制、实现底层网络设施对上层应用的透明。SDN 具有灵活的软件编程能力，使得网络的自动化管理和控制能力获得了空前的提升，能够有效解决网络面临的资源规模扩展受限、组网灵活性差、难以快速满足新业务需求等问题。传统网络架构与 SDN 架构的关系如图 6-1 所示。

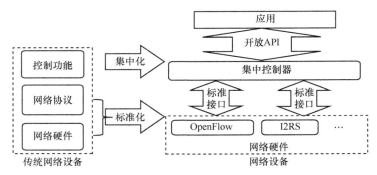

图 6-1　传统网络架构与 SDN 架构的关系

　　传统网络设备具有紧耦合的架构，如图 6-1 左侧所示，网络硬件、网络协议和控制功能都集成在网络设备中，且内部紧耦合，对外不开放。在 SDN 体系中，传统网络设备的紧耦合架构被拆分为应用、控制和转发三层分离的、全可编程和开放的构架。控制功能从网络设备中分离出，被转移到服务器上（将其软件化），同时将设备硬件与控制功能间的接口开放，形成标准接口；而上层应用和集中控制器间的接口也开放出来，如图 6-1 右侧所示。

　　在 SDN 分离架构中，应用层为用户提供各种网络应用，如移动视频、云存储、企业应用商店、桌面云、物联网等，应用层通过集中控制器北向接口（NorthBound API，NBI）灵活、可编程地调用控制层提供的统一的网络抽象模型与业务功能。目前集中控制器北向接口因为涉及业务较多，开放的标准化过程还处于进行阶段。

　　控制层为整个 SDN 架构的核心，也称为网络操作系统，通过该层集中控制网络拓扑和设备管理，进行流表（FlowTable）的控制和下发。其主要功能包括路由优化、网络虚拟化、质量监控、拓扑管理、设备管理、接口适配等。

　　控制器南向接口（SouthBound API，SBI）定义了控制层与数据转发层之间的交互协议，通过将转发过程抽象为流表，控制器可直接控制流表、屏蔽硬件，实现了网络虚拟化。物理硬件被淡化为资源池，可按需进行资源灵活分配和相互隔离。

　　基础设施层包括标准化的网络设备和虚拟的网络设备，负责多级流表处理和高性能的数据转发，并作为硬件资源池，为控制层提供按需的网络拓扑、数据处理和数据转发。目前主流的网络设备和芯片产商已经提供了支持 OpenFlow 的网络设备。

　　SDN 实现了网络层的软硬件解耦，其集中式控制特性和应用接口开放能力为网络的集中和灵活管控提供了支撑。目前 SDN 技术已趋向成熟，在东西向接口互联逐步成熟后，将成为 6G 碎片化算力与网络资源有效协同调度的一种重要技术实现手段。

|6.2　网络功能虚拟化|

　　网络功能虚拟化（NFV）是通过引入计算机领域的虚拟化技术来实现电信网络的软硬件解耦、应用自动化管理及分布式部署的目标，从而缩短电信业务上线时间并加快业务创新速度。传统网络中，网络功能的执行通常与硬件设备强耦合，而 NFV

将网络功能的软件执行与其运算、存储及使用的网络资源之间解耦。NFV 将网络功能软件化，使其能够运行在标准服务器的虚拟化软件上，以便能根据需要安装/移动到网络中的任意位置而不需要部署新的硬件设备。

NFV 所需的运算、存储和网络资源统称为网络功能虚拟化基础设施（NFVI）；解耦后的虚拟网络功能（VNF）运行在 NFVI 上，可以根据需要进行迁移、实例化，并部署在网络的不同位置，不需要安装新的硬件设备；网络服务（NS）是网络功能（包括物理网络功能和虚拟网络功能）的组合，通过对网络功能的编排实现端到端的网络服务。为了对虚拟化后的网络服务、虚拟网络功能和虚拟化基础设施进行集中管理，NFV 引入了全新的管理与编排（MANagement and Orchestration，MANO）系统，其总体架构如图 6-2 所示[1]。

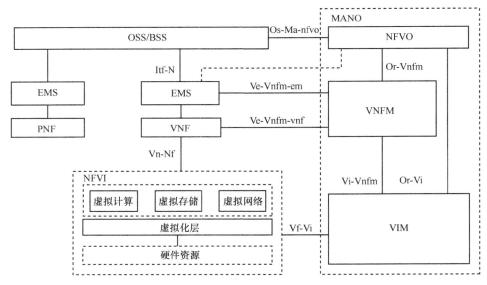

图 6-2　NFV 体系结构

如图 6-2 所示，MANO 负责 NFV 业务流程的编排和生命周期管理，负责对整个 NFVI 中物理资源和虚拟资源的管理和编排，负责业务网络功能和 NFVI 资源的映射与关联。MANO 通常独立于其所管理/编排的 NS 和 VNF 所涉及的应用层逻辑功能，即 MANO 针对实例化的 NS 和 VNF 的管理通常不包括其所涉及的应用层逻辑功能的管理，后者由传统的运营支撑系统/业务支撑系统（OSS/BSS）和 EMS 负责管理。MANO 与 OSS/BSS 和 EMS 协作，实现了对 NFV 网络的管理。

　　MANO 中包括 NFVO（Network Functions Virtualization Orchestrator，网络功能虚拟化编排器）、VNFM（Virtualized Network Function Manager，虚拟网络功能管理器）和 VIM（Virtualized Infrastructure Manager，虚拟基础设施管理器）3 个组件。其中，NFVO 是 NFV 系统的编排器，负责网络服务的管理和 NFV 的全局资源管理。NFVO 通过编排不同的 VNF 或 VNF 与 PNF 组成网络服务，并管理 VNF（虚拟网络功能）与 NFVI（物理网络功能）资源的关联和映射关系。一个 NFVO 可以同时管理多个 VNFM 和多个 VIM。

　　VNFM 负责对 VNF 进行管理，除传统的故障管理、配置管理、计费管理、性能管理和安全管理（FCAPS）外，VNFM 最主要的功能聚焦于 VNF 的安装、初始化、运行、扩缩容、升级、下线等的端到端生命周期管理。

　　VIM 负责控制和管理 NFVI 所包含的计算、存储和网络资源，并提供给 VNFM 和 NFVO 调度使用。一个 VIM 可能被指定管理某一特定类型的 NFVI 资源（如只管理计算资源、存储资源或网络资源），也可以管理多种 NFVI 资源。

　　网络虚拟化消除了网络功能和硬件之间的依赖关系，在 NFV 引入之前，运营商部署电信网络，需要经历组网规划、容量规划、设备选型、设备采购、设备集成、设备验收测试等多个人工操作流程，导致网络部署建设周期通常是以周甚至以月来计算的。将 NFV 引入电信网络后，网络部署周期将显著缩短到可以小时计。

　　由于网络功能虚拟化技术具有灵活、成本效益高、可扩展和安全等特性，在未来 6G 网络中将继续发挥作用。

| 6.3　网络切片 |

6.3.1　端到端网络切片架构

　　网络切片技术是 5G 提出的一种新型网络技术，是一种按需组网的方式，可以让运营商在统一的网络基础设施上分离出多个相互独立的端到端逻辑网络，每个逻辑网络具有不同的网络特性，可为 5G 差异化业务提供定制化服务。

网络切片是 5G 独立组网最关键的显性特性之一。网络切片的实施需要端到端的支持，即需要完成多域、多厂商的对接，从无线接入网、承载网再到核心网上进行端到端逻辑隔离，以真正实现网络切片。端到端网络切片架构包括网络切片管理域和网络切片业务域两部分，如图 6-3 所示[2]。

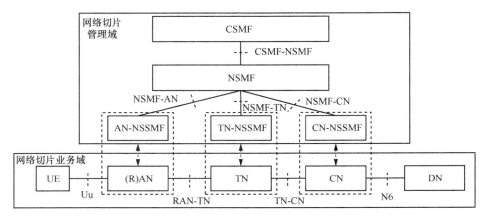

图 6-3　端到端网络切片架构示意

其中，端到端网络切片管理域由如下网络功能组成。

1）通信服务管理功能（Communication Service Management Function，CSMF）：CSMF 支持面向客户侧的管理功能和服务，以及面向资源侧的管理功能与服务。

2）网络切片管理功能（Network Slice Management Function，NSMF）：NSMF 负责网络切片的管理，包括网络切片生命周期管理、性能管理、故障监控等功能。

3）网络切片子网管理功能（Network Slice Subnet Management Function，NSSMF），具体内容如下。

a）接入网切片子网管理功能（AN-NSSMF）：包括接入网切片子网的生命周期管理、性能管理、故障监控等。

b）承载网切片子网管理功能（TN-NSSMF）：包括承载网切片子网的生命周期管理、性能管理、故障监控等。

c）核心网切片子网管理功能（CN-NSSMF）：包括核心网切片子网的生命周期管理、性能管理、故障监控等。

端到端网络切片业务域主要包含如下子域。

1）终端用户（UE）：终端可支持的与网络切片相关的功能主要包括网络切片选择、切片的认证与授权。

2）无线接入网（AN）：接入网可支持的与网络切片相关的功能主要包括根据切片信息选择核心网网元、切片子网内的数据流感知、会话资源管理、切片间资源共享与隔离、与承载切片的对接等。

3）承载网（TN）：承载网可支持的与网络切片相关的功能主要包括根据不同的物理或逻辑网络资源提供硬隔离切片或软隔离切片、与接入网和核心网切片进行对接。

4）核心网（CN）：核心网可支持的与网络切片相关的功能主要包括网络切片的配置及更新、网络切片的注册、网络切片漫游、网络切片特定的认证与授权、与承载切片的对接等。

5）数据网络（DN）：指运营商服务、因特网接入或第三方服务。

6.3.2　端到端网络切片关键技术

为支持端到端网络切片的部署和实施，需要使用接入、传输、核心网域切片使能技术、网络切片标识及接入技术、网络切片端到端管理技术、网络切片端到端 SLA（Service Level Agreement）保障技术 4 项关键技术，如图 6-4 所示。

（1）接入、传输、核心网域切片使能技术

3GPP 标准定义了切片的总体架构，满足资源保障、安全性、可靠性、可用性等多方面的隔离需求。具体到各个技术域，需要支持多种不同资源的隔离与共享，以适配不同等级的性能、功能及隔离需求。

1）接入网：接入网自身技术特征所产生的关联需求决定了其对网络切片的支持方式，比如接入网的空口频谱资源稀缺，因而在网络切片技术中要考虑其资源的使用效率需求。接入网侧主要支持对切片的感知、基于切片的路由、资源隔离，并支持基于切片的灵活资源调度等。

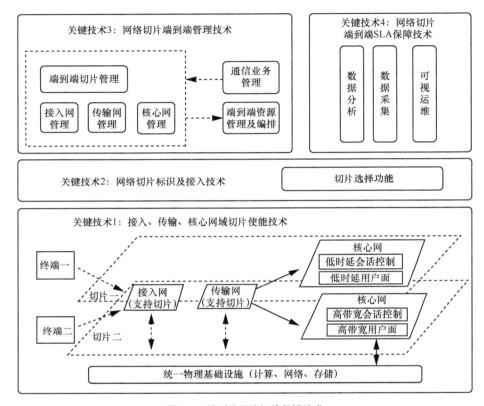

图 6-4　端到端网络切片关键技术

2）传输网：承载传输网对于网络切片的支持立足于解决各种垂直行业的 QoS 差异性、隔离性和灵活性需求。比如，针对切片网络的时延和抖动要求有一定的弹性，可以考虑采用 VLAN 和 QoS 的调度软隔离方式来支持；针对有时延和可靠性要求的网络切片，可以采用硬隔离的承载传输技术，比如基于 FIexE 交叉或 OTN 等技术。

3）核心网：未来的核心网将基于虚拟化部署，而功能设计是基于服务化架构的，因而与无线接入网和承载传输网相比，核心网可以更加灵活地支持网络功能的定制化、切片隔离、基于切片的资源分配等。核心网可以对终端可接入的切片标识进行分配与更新，完成切片接入流程与安全校验的主要功能。

此外，接入网、传输网、核心网需要实现端到端的切片对接，即各子域需要根据切片对接标识完成切片的映射和配置。

（2）网络切片标识及接入技术

网络切片标识是端到端网络切片的纽带，通过网络切片标识，可将网络切片从终端、接入网、承载网到核心网等端到端关联起来。网络切片标识主要包括以下4类标识[3]。

1）单个网络切片选择辅助信息（Single Network Slice Selection Assistance Information，S-NSSAI），由两部分组成：①切片类型，即 3GPP 中定义的 SST（Slice/Service Type），用于描述切片的主要特征和网络表现，长度为 8 bit；②切片差异化标识符，即 SD（Slice Differentiator），用于进一步细化切片标识，区分同一个 SST 的多个差异化网络切片，长度为 24 bit。

2）网络切片选择辅助信息（NSSAI），是 S-NSSAI 的组合，可分为配置的 NSSAI、请求的 NSSAI、允许的 NSSAI、拒绝的 NSSAI 和待定的 NSSAI，1 个 NSSAI 最多可以关联 8 个 S-NSSAI。请求的 NSSAI 由终端在注册流程中携带，配置的 NSSAI、允许的 NSSAI 和拒绝的 NSSAI 由网络在用户注册成功后下发给终端。允许的 NSSAI、拒绝的 NSSAI 和待定的 NSSAI 由网络在用户注册成功后下发给终端。

3）网络切片实例标识（NSI ID）：网络切片实例是网络切片在资源层面的具体实现，是由网络功能和所需的物理/虚拟资源组成的集合，具体可包括接入网、承载网、核心网及应用。以 S-NSSAI 为标识的网络切片与以 NSI ID 为标识的网络切片实例是一对多或多对一的关系，一个网络切片可以由多个网络切片实例来承载，多个网络切片也可以由同一个网络切片实例来承载，其关系如图 6-5 所示。

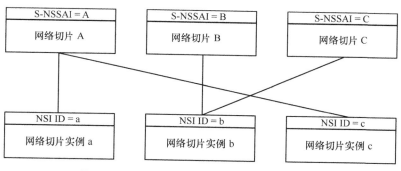

图 6-5 S-NSSAI 与 NSI ID 标识的切片之间的关系

4）网络切片子网实例标识（NSSI ID）：包括 CN-NSSI ID（核心网 NSSI ID）、TN-NSSI ID（承载网 NSSI ID）、AN-NSSI ID（接入网 NSSI ID）3 种 NSSI ID。网络切片实例与网络切片子网实例之间的关系是多对多的映射和共享的关系，其关系如图 6-6 所示。

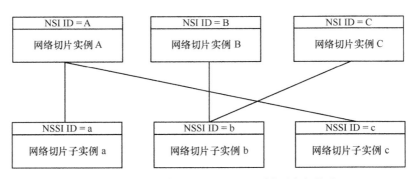

图 6-6　网络切片实例与网络切片子网实例之间的关系

执行网络切片选择需要终端、接入网和核心网的协同工作，终端支持在 RRC 和 NAS 中携带网络切片标识的能力；基站支持基于网络切片标识选择核心网网络功能的能力；核心网中引入新的网络切片选择功能（NSSF）并支持接入管理功能（AMF）中重定向及选择其他网络功能（SMF 等）能力，当执行完网络切片选择后，核心网随之更新终端携带的网络切片标识。

（3）网络切片端到端管理技术

5G 端到端的切片管理涉及接入网、承载网和核心网等多个网络设备的编排管理及运维保障。

对于无线接入网和承载网，网络切片管理主要是对网络切片参数的配置，没有实例化新的资源的需求。对于核心网，网络切片子网中资源的动态创建是基于 NFVO 提供的网络服务编排和管理功能来完成的，需要在资源的生命周期管理基础上增加网络切片参数的分发和配置管理。

网络切片端到端管理主要是对网络切片的生命周期管理，需支持网络切片完整生命周期流程中各功能要求。网络切片的完整生命周期管理流程如图 6-7 所示。

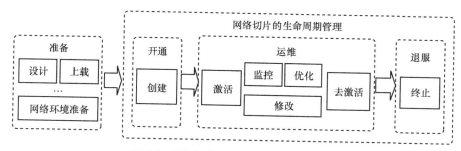

图 6-7　网络切片的完整生命周期管理流程

1）准备：准备阶段主要完成网络切片模板的设计，具体工作包括网络切片模板设计和上载、网络切片容量规划、网络切片需求的评估、网络环境的准备等。

2）开通：开通阶段完成网络切片的创建工作。创建网络切片时需对所有需要的资源进行分配和配置以满足网络切片的需求。网络切片可分为共享和非共享两类，对于共享型网络切片，同一个网络切片实例可支持多个网络切片来满足多种切片业务需求。

3）运维：运维阶段负责切片运行期间的管理运维，其操作可分为两类，即指配类操作和监控类操作。指配类操作包括对某个网络切片的激活、修改更新和去激活；监控类操作包括对网络切片的状态监控、数据报告（例如，KPI 监测）和资源容量的分析等。

4）退服：退服阶段维护网络切片服务的终止工作。网络切片退服时，需要释放相应网络切片实例中该网络切片对应的配置和资源，当网络切片实例不再包含任何网络切片时，该网络切片实例可删除。

（4）网络切片端到端 SLA（服务等级协议）保障技术

SLA 保障在通信网络里一直是非常具有挑战性的问题。网络切片 SLA 是网络运营商与网络切片客户之间签订的业务协议中的一部分，包含了网络切片客户对于运营商提供的服务及网络的相关需求，如服务类型、资源分配、服务区域/时间、保障等级、保障能力等。

网络切片端到端 SLA 保障的基本流程描述如下：当网络切片客户发起网络切片服务订购或更新时，CSMF 支持客户输入相应服务需求的 SLA 指标；NSMF 从 CSMF 或授权的第三方接收到网络切片订购需求，支持将网络切片业务需求（Service Profile）分

解为无线/承载/核心网各子域的切片子网业务需求（Slice Profile），并分别下发给
AN-NSSMF/TN-NSSMF/CN-NSSMF；AN-NSSMF/TN-NSSMF/CN-NSSMF 根据接收到
的切片子网业务需求，分别完成接入网切片子网实例、承载网切片子网实例和核心网切
片子网实例的创建，并完成接入网、承载网和核心网之间的切片对接工作；在网络切片
运行过程中，各子域相互协作完成网络切片的全局监视和服务保障工作。

主要通过以下几方面的协作来实现端到端 SLA 保障。

1）网络资源分配的 SLA 保证：在网络切片的创建过程中，通过各域的技术协
同，实现 SLA 指标的合理分解和网络资源的合理分配，基于一定概率提供所承诺的
SLA 保证。

2）SLA 的全局监视及测量：在网络切片的运行过程中，管理面提供基于多粒
度的 SLA 指标的监控、统计、上报等功能。网络资源监控包含对端到端切片、子切
片、网元的虚拟资源、物理资源的性能和告警的监控及其管理，NSMF 应能够接收
各子域网管系统和/或子切片管理系统 NSSMF 上报的网元（PNF/VNF）资源信息、
虚拟资源信息、物理资源信息，以及相应的性能和告警信息。通过资源视图可以逐
层监控和查看端到端切片、子切片、VNF、虚拟机、虚拟资源等各层级信息以及资
源总量、已使用情况和剩余情况等。

3）端到端 SLA 闭环质量保障：在现有网络运维基础上引入 SLA 闭环质量保障
机制，网络基于可预测的 QoS 及实时上报的性能指标，完成与网络切片质量相关的
监控、分析、决策和执行，及时根据当前业务的性能指标对整个网络进行调整。

| 6.4　确定性网络 |

6.4.1　概念与特征

确定性网络（Deterministic Networking，DetNet）技术是一种可以实现设备之间
实时、确定和可靠的数据传输的网络技术，可以保证网络数据传输的时间确定性。
例如在电力行业中电力自动化保护场景下，当开关动作指令下发时，主从终端之间

的通信内容涉及电气向量比对、通信传输通道路径参数核实，需要网络提供"20 ms 确定性时延且抖动不高于 600 μs"这样"不早不迟"的确定性指标能力，可以满足该类精准时延需求的网络称为确定性网络。确定性业务需求将传统的"应用适配网络"转变为"应用定义网络"，以满足不同行业应用对网络能力的差异化要求。

确定性网络从 IP 网络的"尽力而为（Best-Effort）"转变为"准时、准确、快速"，严格控制并降低端到端时延，这是由网络提供的一种特性。相对于非确定性网络，确定性网络的核心特征是更严格、更明确的 QoS 要求，包括[4]：

1）从源到目的地的最小和最大端到端时延和时延抖动要求；

2）在节点和链路的各种假设操作状态下的丢包率要求；

3）数据包发生乱序传输比率的上限要求。

确定性网络仅关注最坏情况下的端到端时延、抖动和错误排序值，平均值或典型值对确定性网络没有意义，因为它们不代表一个实时系统执行任务的能力。为了满足这一严苛的 QoS 要求，确定性网络的主要特征包括以下 4 个方面。

1）时钟同步。所有网络设备和主机都可以使用 IEEE 1588 精确时间协议将其内部时钟同步到 0.01～1 μs 的精度，大多数确定性网络应用程序都要求终端及时同步。

2）有限时延和零拥塞丢失。拥塞丢失是网络节点中输出缓冲区的统计溢出，是 Best-Effort 网络中丢包的主要原因。通过调整数据包的传送并为临界流（Critical Flow）分配足够多的缓冲区空间，可以消除拥塞。因此，可以保证任何给定的临界流都能满足网络端到端传递数据包的最大时延要求。

3）超可靠的数据包交付。网络丢包的另外一个重要原因是设备故障，为了解决该问题，确定性网络通过多个路径发送序列数据流的多个副本，当多个副本到达同一个节点时，节点会根据流序列号消除副本然后再转发出去。由于每个数据包都被复制并被传送到其目的地，因此单个随机事件或单个设备故障不会导致丢失任何一个数据包。

4）与 Best-Effort 的服务共存。除非临界流的需求消耗了过多的特定资源（例如特定链路的带宽），否则可以调节临界流的速度，这样，Best-Effort 网络的 QoS 保障技术，如优先级调度、分层 QoS、加权公平队列等仍可按照其惯常的方式运行。

从某种意义上说，确定性网络（DetNet）可以认为是 Best-Effort 网络提供的另一种 QoS。DetNet 服务最大的作用在于整个网络的大部分流量都是 Best-Effort 的，而在端到端时延方面明确了绝对上限，在缓冲区空间和计时器等方面明确了下限。

6.4.2 确定性网络架构

IETF 在 2015 年 10 月成立了确定性网络工作组（Deterministic Networking Working Group，DetNet WG），并给出了确定性网络的架构和概念模型。

一个简单的确定性网络的架构如图 6-8 所示[4]。

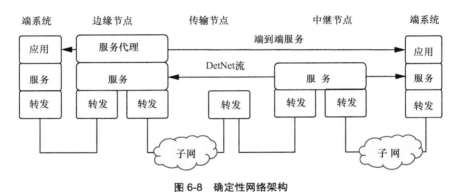

图 6-8 确定性网络架构

如图 6-8 所示，确定性网络架构由启用 DetNet 的节点组成，称为 DetNet 节点，包括端系统、边缘节点和中继节点等，这些节点提供 DetNet 服务。DetNet 节点通过传输节点（路由器）进行互连，传输节点支持 DetNet，将 DetNet 节点视为端点，但不提供 DetNet 服务。所有 DetNet 节点都连接到子网，子网类型可多样化，如既可以是点对点链路，也可以是光传输网（OTN），还可以是 IEEE 802.1 定义的时间敏感型网络（TSN）等。

图 6-9 所示为确定性网络的数据面层次概念模型[4]，包括 4 个层次：应用层、服务层、转发层和底层。应用层提供端到端应用；DetNet 功能在服务层和转发层实现，DetNet 服务层向应用层提供 DetNet 服务，DetNet 转发层通过为 DetNet 流提供显式路由和资源分配从而在基础网络中支持 DetNet 服务。

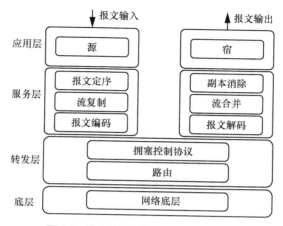

图 6-9　确定性网络数据面层次概念模型

报文进入应用层的源节点后，经过服务层的报文定序、流复制和报文编码过程，进入转发层；确定性网络在转发层提供拥塞保护机制，队列和整形机制通常由底层网络提供，而显式路由确保为确定性网络的数据报文提供固定的传输路径；报文经由转发层和底层进行数据转发后，进入宿节点的服务层，再依次经过报文解码、流合并和副本消除过程后，输出相关报文。

1）报文定序：为报文复制和副本消除功能提供报文的顺序号。

2）流复制：将属于确定性网络复合流的报文复制到多条确定性网络成员流里。该功能与报文定序是分离的，流复制既可以是对数据包的显式复制和重标记，也可以通过类似于普通多播复制的技术来实现。

3）报文编码：可替代报文定序和流复制功能，即报文编码将多个确定性网络报文中的信息进行组合（这些信息可能来自不同的确定性网络复合流），并将这些信息在不同的确定性网络成员流上用报文进行发送。

4）报文解码：可以替代报文合并和副本消除的功能。报文解码从不同的确定性网络成员流中取得报文，然后从这些报文中计算出原始的确定性网络报文。

5）流合并：将属于特定确定性网络复合流的成员流合并在一起。确定性网络流合并与数据包定序、副本消除、确定性网络流复制一起实现报文的复制和消除。

6）副本消除：基于报文定序功能提供的序列号丢弃确定性网络流复制所产生的任何报文副本。副本消除功能还可以对报文重新排序，以便从因报文丢失而中断的流中恢复报文顺序。

6.4.3　确定性 QoS 的实现机制

为实现网络 QoS 的要求，尤其是对时延的严格精准要求，确定性网络采用资源预留机制、服务保护机制、显式路由机制 3 种关键机制来保障 QoS[4]。

（1）资源预留机制

由于拥塞丢失是尽力而为网络中丢包的主要原因，为了消除拥塞，确定性网络对数据流所经过的路径进行了资源预留，如预留缓冲区空间或链路带宽。该机制能极大地减少甚至完全消除网络中输出报文拥塞造成的报文丢失，但是只能提供给限定了最大报文大小和传输速率的确定性业务流。资源预留机制解决了确定性网络的两个 QoS 要求：时延和数据包丢失。

（2）服务保护机制

造成数据包丢失的另一个重要因素是随机介质错误和设备故障，而服务保护机制可用于解决该类问题。确定性网络使用流复制、副本消除机制和报文编解码机制来实现服务保护。报文编解码可用于为随机媒体错误提供服务保护，而流复制和副本消除可用于针对设备故障提供服务保护。这种机制将确定性网络流的内容在时间或空间上分布在多个路径上，因此，某条或某些路径的失效不会导致数据包丢失，其工作原理如图 6-10 所示。

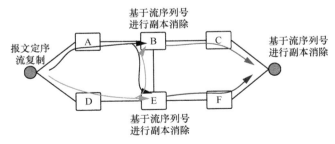

图 6-10　流复制与副本消除机制

如图 6-10 所示，在传输源点对流进行定序，并将报文复制后从两条路径发出；在传输的每个节点都将要传输的报文进行复制，并分别从多条路径发出；当多条路径的流都到达同一个节点（如图 6-10 中的 B 和 E 节点）时，若节点根据流序列号判断是同一个数据流，则进行副本消除，然后再从不同路径发出；最终到达目的节点后，目的节点根据流序列号进行副本消除。从图 6-10 可知，在整个传输过程中，任何一个节点的失效都不会影响报文传输到目的节点。

（3）显式路由机制

显式路由机制是通过特定的协议或集中控制单元，根据确定性业务特性及网络约束条件计算出最佳确定性路径。这些确定性路径通常不会因路由或桥接协议的收敛而造成临时中断。

这 3 种机制既可以单独应用，也可以组合应用。若 3 种机制组合使用，将可获得最大化的保护。

6.4.4　确定性网络用例

确定性网络适用于以下几种业务场景。

（1）工业自动化

实时控制的工业应用是推动确定性网络发展的基本用例，一般而言，工业互联网通常要求底层网络提供实时服务质量、可靠性和安全性等属性。确定性网络将是实现工业互联网的重要手段。

如钢铁厂、炼油厂和海上钻井平台等复杂的工业现场环境和工业流程，数千个现场传感器向工厂控制中心报告温度、压力和油箱填充水平，工厂控制中心以自动方式使用各类信息来控制执行器、启动新的生产阶段、安排维护或触发警报等，其中传感器、执行器和控制中心之间的通信一般要求 1～10 ms 的确定性时延。

（2）智能电网控制

目前智能电网部署的许多系统依赖于基础网络的高可用性和确定性行为，如配电自动化等业务。在智能电网中，实时信息和可靠的电力输送使电力系统更加智能，并克服了诸如组件故障、容量限制和影响电力输送的灾难等挑战。例如，实时监控和数据收集要求通过 IEC 61850 协议传输的 6 种指定消息[5]，具有以下 3 组可接受的传输时间：快速消息、原始数据和特殊任务需要小于 10 ms；中等消息需要小于 100 ms；而慢速消息和非关键命令需要小于 500 ms。

（3）智慧建筑自动化系统

智慧建筑自动化系统管理建筑物中的设备和传感器,既可以改善居民的舒适度,降低能耗，也可以提供火灾等监视功能以应对故障和紧急情况。该系统的现场网络使用时延敏感的物理接口；除此之外，系统中所包含的各种传感器还需要极低的通信时延，以保证建筑安全[6]。

以火灾探测为例，当发现火灾时，智慧建筑自动化系统中的楼宇管理服务器须完成关闭空气调节系统、关闭火灾百叶窗、打开消防喷淋头、发出警报等一系列动作。在这一过程中，楼宇管理服务器需要管理若干本地控制器和本地控制器所管辖的 10 个以上传感器，它们之间具有特定的时序要求，需要实现 10～50 ms 的测量间隔、10 ms 以内的通信时延，若需要控制直流电机，还需要极短的反馈间隔（1～5 ms）、极低的通信时延（10 ms）和极小的抖动（小于 1 ms）以及 99.999 9% 的可用性等。

（4）自动驾驶控制系统

车联网是确定性网络的重要应用之一，确定性网络将为自动驾驶提供精准的网络传输能力。自动驾驶应用需要确定性的极小时延，车上控制回路系统中的传感器和控制消息一般是预先安排调度的，调度循环周期为 30 μs～10 ms，大部分情况是 125 μs，因此自动驾驶应用数据传输的确定性要求较高，除需要高速率外，还需要 10 ms 以内的低时延以确保快速响应不断变化的道路状况。

| 6.5 意图驱动网络 |

6.5.1 概念与特征

意图驱动网络（Intent Driven Network，IDN）的概念由美国人 Lenrow D 在 2015 年提出。IDN 是指在网络具备智能化的基础上，通过掌握网络的全息状态，基于人类意图部署和运行网络。2017 年，Gartner 提出 IBN 包含 4 个关键部分：翻译和验证、自动实施、对网络状态的了解以及动态优化和治愈[7]，即 IBN 实现了从意图到特定基础设施的自动转化，不需要人工干预就能监控网络的整体性能、识别问题并自动解决问题。

基于意图网络，人类将不必直接输入策略或命令，而转为输入期望达到的"意图"。意图是一种描述系统状态的声明方式，它从需求的角度抽象出网络的操作对象、功能或能力，即"我希望网络怎么样"或"我希望网络帮我达到什么目的"等。具体来说，IDN 能够通过编程语言理解用户的意图，并将意图转化为网络可理解的资源分配等策略。

IDN 是可编程的、可定制的自动化网络，可以实现对用户意图的表示、对网络状态的全局了解和闭环优化。IDN 具有如下特征。

1）用户意图可表达：用户意图可表达是指用户可以显式或隐式地告诉网络其意图，不管使用哪种方法，网络都需要了解用户意图并将其转换为特定的表达。

2）网络状态可感知：系统能全面实时感知网络状态，可通过数据上报接口、网络探测、遥测以及机器学习等技术实现对网络状态的全局感知[8]。

3）网络策略自动部署：系统识别并对意图进行转译后，会将用户意图转换为必要的网络配置、优化策略或方案，之后，系统将自动部署并实时验证配置或优化方案的正确性[8]。

4）持续动态闭环优化：系统将根据网络状态的反馈信息，推断网络状态和用户意图之间的差距，实时验证用户意图是否得到满足，并在未满足所需意图时，及时采取纠正措施，形成持续的闭环优化。通过闭环优化持续进行系统调整，以增强学习模式，调整网络策略，最终满足用户意图。

总之，IDN 可以根据用户意图自动进行网络的规划、部署、配置和优化，以实现目标网络状态，并可以自动解决异常事件以确保网络可靠性。IDN 使未来的网络变得灵活，具有智能、融合、开放、可编程、灵活和可定制等特点，并促进了网络从手工操作到智能操作的发展。对于网络管理员而言，IDN 可极大地减少人工工作，无须关注网络技术的实现细节，而更加关注网络服务；对于最终用户而言，网络可以理解自己的意图、适应不同的服务并提供更好的服务质量；对于网络服务提供商而言，网络配置和维护工作更加简洁、省力。

6.5.2　意图驱动网络架构

IDN 基本原理如图 6-11 所示。

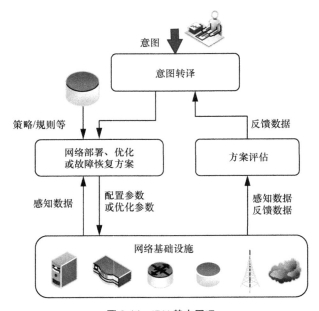

图 6-11　IDN 基本原理

如图 6-11 所示，首先通过意图转译功能来捕获用户意图，一般来说，用户意图主要包括业务意图、优化意图和性能意图 3 类，其中业务意图是指用户期望网络向其提供的服务种类；优化意图是指终端用户或运维管理人员对网络的优化需求，是对当前网络运行配置进行设定或更改的意愿，包括对网络资源管理方案的配置、优化和故障恢复等；性能意图是指用户或运维管理人员对某种关键性能指标的期望阈值。意图转译识别用户意图后，网络将结合感知的环境状态和当前网络状态，将意图转换为网络部署、网络配置、网络优化或网络故障恢复策略，并进一步生成网络可识别的网络配置要求或性能保障要求。之后，网络配置要求和性能保障要求会转换为具体的配置参数或优化参数发送给网络设备来实施，实施结果再通过反馈、评估等环节完成网络的持续优化。

　　IDN 将借助 AI 技术实现意图的转译和验证、环境及网络状态的全面感知和精准预测、网络配置及优化方案的自动化生成、网络故障检测及自治愈等，以用户意图自主驱动网络的全生命周期自动化管理，极大地提升网络的运维效率和响应业务变化的速度。意图驱动网络的架构及流程示意如图 6-12 所示。

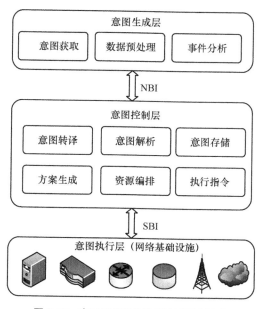

图 6-12　意图驱动网络的架构及流程示意

　　如图 6-12 所示，意图驱动网络可分为意图生成层、意图控制层和意图执行层，意图控制层通过北向接口和南向接口分别与意图生成层和意图执行层进行交互。

　　（1）意图生成层

　　意图生成层生成业务意图，包括不同场景中的不同服务，可直接或间接产生。直接意图是指直接面向管理平面生成的网络管理意图，如网络配置、网络优化、故障恢复等需求，可由网络管理系统直接生成，如通过对某些网络事件的分析而生成；间接意图是指用户以某种隐含或潜在方式生成的意图，如通过用户申诉或分析用户对终端设备的操作来获得，用户意图最终也会体现为网络配置、网络优化、故障恢复等网络管理意图。意图生成层通过意图控制层提供的北向接口来调用意图控制层的功能，同时提供不同的意图获取方式以实现多样化的意图生成和获取。

（2）意图控制层

意图控制层是意图驱动网络的核心，具有管理控制和决策能力。该层接收北向接口发来的意图流，进行转译和解析后，意图流被解析为可以由当前网络执行的规范化操作请求，并采用基于意图的管理和编排技术来实现资源的统一调度。借助人工智能技术，通过对模型的不断训练与经验的不断积累，该层完成意图存储、意图解析、网络配置或优化方案的自动生成等功能。同时该层通过南向接口将具体的网络配置或优化参数下发给意图执行层，完成意图的实施。

（3）意图执行层

意图执行层由网络基础设施组成，包括各种物理设备和虚拟网元，该层接收到网络配置参数或优化参数后，将落实到物理设备或虚拟网元中具体实施，如基站参数调整、天线参数调整、虚拟机迁移、虚拟资源扩缩容等操作。此外，物理基础设施层还包括大量网络数据收集工具，如探针、流量采集设备等，通过对网络状态数据的采集，以提供反馈信息和策略配置所需的参数。

（4）北向接口

北向接口连接意图生成层和意图控制层，实现意图的规范化表达和传递。该接口屏蔽网络对象和服务的底层细节，使得用户可以用声明性的方式而不是命令性的方式来表达意图。

（5）南向接口

南向接口连接意图控制层和意图执行层，实现各类网络配置参数、优化参数等的规范化表达和传递。

6.5.3 意图驱动网络关键技术

意图驱动网络的主要关键技术包括以下两种。

（1）意图识别

业务意图的获取有多种途径，如网络管理系统通过数据分析直接生成的管理意图、网络通过获取用户投诉或分析用户的行为间接生成的意图等。如何将这些意图用机器能够理解的方式进行表达、解析和识别，是意图驱动网络需要解决的关键技术问题之一。

以用户的投诉为例，分析意图识别涉及的关键技术。假设用户发出投诉"电话总是掉线，信号太差了！"或者"看视频时总是转圈圈，简直受不了了！"时，这实际上是用户基于自己的不良体验对网络提出了优化需求，但是这种主观表达的意图，网络是无法识别的，如何将用户的抱怨或投诉转换为网络能够识别的网络优化客观意图，如上述投诉对应的客观意图为"请解决网络掉话率高的问题"或"解决视频卡顿问题"，这个转换过程即意图识别。意图识别的基本步骤如图 6-13所示。

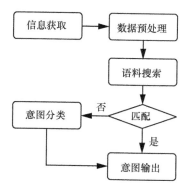

图 6-13　意图识别的基本步骤

具体步骤如下。

1）信息获取：完成对用户输入信息的获取，包括语音识别、文字采集等，此时的信息是用户表达的主观意图。

2）数据预处理：对不规范的语言或文字进行规范化预处理，如对非自然语言、错别字、口音、重复话语等的处理。

3）语料搜索：涉及网络配置或优化的意图属于领域意图，一般有特定的需求和特点，为加快意图的识别，可通过有监督学习方法，即对语料数据进行标记，形成经验积累的主观意图语料库，这些主观意图语料库可以直接映射为客观意图。因此在获取到用户主观意图后，首先搜索语料库，若能够匹配语料库，则可直接完成主观意图到客观意图的映射，即完成意图识别，否则进入意图分类。

4）意图分类：意图识别本质上是一种分类，即根据统计分类模型计算出主观意图信息对应的每一个可能的客观意图的概率，最终给出最有可能的客观意图，可采用基于人工智能技术（如基于神经网络、基于决策树等）的分类方法。

（2）基于 SDN/NFV 的网络管理与编排

将主观意图转译为客观意图后，如何将客观意图再转换为网络配置或优化参数调整方案，并下发给物理设备或虚拟网元完成方案的实施，需要利用 SDN/NFV 技术。

目前网络基础设施的发展主要是基于软件化和虚拟化解决方案，SDN 和 NFV 发挥了核心作用。利用目前的 SDN 和 NFV 技术，能够有效地实施网络配置和优化方案，使其满足用户意图需求，具体的工作如下所示。

1）网络功能虚拟化框架下，网络对外提供的服务是网络功能（包括物理网络功能（PNF）和虚拟网络功能（VNF））的组合，即将一组有序的 PNF 或 VNF 组合为一个服务功能链（Service Function Chain，SFC），通过 SFC 对用户提供端到端网络服务。VNF 是网络功能虚拟化中的基本组件。通过对 SFC 的编排和对 VNF 生命周期的管理，网络运营商实现对网络的配置、优化和自愈调整。具体的操作包括：根据业务需求完成 SFC 的灵活编排，在实际需要的地方创建和放置 VNF，根据网络需求或用户意图对 VNF 进行动态迁移、资源调整、复制或删除等。

2）移动通信网络中，VNF 的部署和迁移可以在没有 SDN 的情况下进行，但与 SDN 相结合，二者会产生更优的方案。SDN 的控制与转发分离、灵活的可编程性，均可以改善 NFV 的性能，通过适当地控制相关的流量来有选择地将 VNF 应用于特定的数据传输。

SDN 与 NFV 协同完成网络任务，一方面 SDN 技术可以助力 NFV 体系里 NFVI 网络资源的组网；另一方面 SDN 架构中被分离出来的控制面网络功能和应用层的应用可以以 NFV 的方式来部署，成为 NFV 架构中的一类 VNF。

基于 SDN/NFV 的管理与编排结构如图 6-14 所示，意图控制层具备管理编排功能，完成 SFC 的动态编排，通过调用南向接口并通过 OpenFlow 协议来完成对网络基础设备的路由和控制，意图执行层（网络基础设施层）则通过 SDN 集中控制器高效灵活地完成方案的实施。

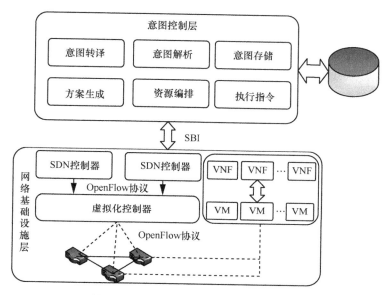

图 6-14　基于 SDN/NFV 的管理与编排结构

6.5.4　意图驱动网络应用

　　IDN 可应用于移动网络管理运营、意图物联网、空间信息网络（SIN）和战术通信网络（TCN）等场景中。

　　（1）移动网络管理运营

　　移动网络的管理运营是一项复杂的系统工程，传统管理运营需要大量人力成本和运营经验的支撑，但随着网络规模的扩大、网络技术的不断更新融合、网络业务多样化以及用户需求的差异化不断增长，传统的管理运营模式越来越难适应动态变化的管理需求。意图驱动网络是基于用户意图去构建和操作网络的一个闭环系统，可以提供网络的全生命周期管理，包括网络设计规划、实施、配置和运维等。将 IBN 应用于移动网络的管理运营，以用户意图为导向进行统一管控，在大规模的网络管理与运营中实现将用户意图转换为网络配置或优化方案，并在网络模型上验证配置或优化方案是否能满足用户需求，在验证完成后通过自动化配置或网络智能编排完成对网络基础设施的控制调整。面对目前及未来网络数量和种类庞大的网络业务，

IBN 的应用使运营商可以实现高效的网络管理和快速业务部署。

（2）意图物联网

意图物联网是一种新型物联网技术，它使用户无须关注物联网的网络内部技术实现细节，仅需使用自然的会话语言表达网络应用需求，即可获得自动化、高可靠性和闭环可实时验证的网络服务，改变了传统物联网的建网、管网方式，提升了用户体验。同时，能对物联网中庞大的信息数据流量进行快速转发与处理，是物联网未来发展的趋势[8]。以电力物联网的定期检修任务为例，当用户提出"请执行每日巡检任务"意图时，网络即根据各类感知信息和策略，完成对巡检区域、巡检部件、巡检内容等方案的自动生成，并自动执行巡检命令，实现了解放人工的目的，避免了对电力设备突发故障发现不及时等问题的发生，并可实现精准抢修[9]。

（3）空间信息网络

空间信息网络（SIN）是通过使用空间平台（高、中、低轨道卫星，平流层气球和航天器等）实时获取、传输和处理空间信息的网络系统。由于空间信息网络中的节点类型多种多样，功能差异很大，以及业务意图与网络系统之间的紧密联系，网络具有封闭而僵化的缺陷。随着各种任务的快速增长和新型业务的出现，SIN 体系结构需要动态重构。使用 IDN 方法，通过意图识别和挖掘，可以发现任务意图，并通过意图提取和特征化获得网络意图，再将意图转换为相应的网络策略，从而提高空间信息网络策略匹配的准确性和稳健性。

（4）战术通信网络

意图识别是确定战场中下一步行动的重要基础，基于 IDN 的战术网络可以根据战场情况，在意图识别的基础上，通过对作战任务、作战计划和作战目标的全面分析来形成战略决策。而对战场上出现的大量目标隐含的战术意图的正确、快速、自动识别，能大大提高战场指挥人员的决策效率[10]。

| 6.6　触觉互联网 |

"触觉"是人体通过皮肤接触和肢体操作对环境或对象产生的触感（Tactile）和动觉（Kinesthetic），包含压力、重量、阻滞、温度、湿度、阻力、扭力、速度等丰富的信息。获取和重现完整触觉信息是对未来 6G 应用最重要的畅想之一。然而，形成人体触觉要求从获取到重现的端到端时延不超过人类与外部环境交互的自然反应时间（通常低于 1 ms）。这意味着触觉互联网不仅仅是在传统声光数据上增加了一个重要的感知维度，还需要支持超低时延和高带宽的触觉互联网应用，实现实时交互和控制。这会深刻地影响人和人以及人和机器的交互方式，也对网络和人机接口技术提出了更高的要求。

6.6.1　概念与特征

触觉互联网（Tactile Internet）一词由德国德累斯顿技术大学教授 Fettweis G.P.[11] 提出。触觉互联网可以定义为一种低时延、高可靠性、高安全性的互联基础设施，借助触觉互联网可提供远程触觉感受，对对象或物体进行远程控制、诊断和服务，并实现毫秒级响应。传统的互联网仅用于信息内容的交互，而触觉互联网将不仅负责远程传递信息内容，还包含与传递信息内容对应的远程控制与响应行为。它将提供从内容传递到远程技能集合传递的真正范式转换，从而将可能革命性地改变社会的各个部分。

触觉互联网融合了虚拟现实/混合现实/增强现实、触觉感知、低时延通信等最新技术，是互联网技术的又一次演进。同时，触觉互联网提供了一种新的人机交互方式，在视觉和听觉以外叠加了实时触觉体验，使用户可以用更自然的方式与虚拟环境进行交互操作。此外，触觉互联网定义了一个低时延、高可靠性、高连接密度、高安全性的基础通信网络，是 6G 移动通信的重要应用场景之一。

当前 5G 网络所涉及的 mMTC 场景主要是强调对万物的感知与连接，而触觉互联网的到来，意味着未来传递的信息将超越图片、文字、声音、视频，还会传递味觉、触觉，甚至情感等，这大大提高了网络沟通和学习效率，甚至可以通过脑机接口，直接对人体的大脑皮层进行刺激，从而形成物理记忆，带来学习方式的革命。触觉互联网的应用场景包括远程机器人控制、远程机器操作、汽车和无人机控制、沉浸式虚拟现实、人际触觉通信、实时触觉广播等。可以预期，6G 时代依赖于无所不在的触觉互联网，可以与无所不在的感知对象和智能对象进行实时传送控制、触摸和感应/驱动信息的通信，可以实现"一念天地，万物随心"的 6G 整体愿景[12]。

相关的另一个概念是触觉通信（Haptic Communication），该概念要早于触觉互联网，但这里的触觉主要是指面向操控的动觉，不包含信息更丰富的触感信息。随着触觉技术和网络技术的演进，传输完整触觉（包括触感和动觉）信息以满足深层次交互的需求日渐强烈[13]。2014 年 3 月，Fettweis G. P.[11]教授在论文 "The Tactile Internet：Applications and Challenges" 中首次阐述了触觉互联网的动因、概念、应用和挑战，同年在 ITU 报告中给出了触觉互联网的定义[14]："触觉互联网是指能够实时传送控制、触摸和感应/驱动信息的通信网络。" 当时，移动互联网尚在发展之中，考虑到触觉应用对高带宽和连接稳定性的需求，部分学者认为触觉互联将通过以太网实现。但随着移动通信技术的发展，移动互联成为网络接入的主要形式，产生了无线触觉网络（Wireless Tactile Network）的概念[15]，强调将移动通信系统作为触觉互联网的底层无线网络，用无线技术实现海量触觉传感器和终端的网络接入，并重点解决无线空口的时延、信令开销和稳健性等问题，确保触觉应用通过无线接入仍然能满足实时交互的严格的时延和可靠性要求。

早在 5G 研究起始阶段，Aijaz A.等[16-17]学者认为触觉互联网将通过 5G 蜂窝网实现，但截至目前 5G 开始正式商用，距离出现真正意义的触觉互联网应用还有不短的距离。究其原因主要在于触觉互联网同时要求高可靠、低时延和超高带宽，甚至大规模连接，而 5G 网络主要面向 eMBB、uRLLC 和 mMTC 三大目标场景，不能完全覆盖触觉互联网业务对网络的性能需求。因此，触觉互联网被作为 B5G 或 6G 网络的典型用例被重新提出，因为同时满足低时延、高带宽和可靠性是 6G 网络的典型特征。

触觉互联网的核心目标是实现实时触觉交互，触觉是抽象感官的数据，要实现触觉的实时交互，需要完成触觉捕捉、触觉信息传递和触觉重现 3 个关键过程，这也是触觉互联网的核心要素和特征[18]。

（1）触觉捕捉

触觉捕捉的首要任务是实现触觉数据的采集，并可以被计算机识别。通过视频捕捉、语音录制等工具，可以轻松地生成视觉和听觉等多媒体数据，但触觉有其特殊性，因为触觉捕捉大多是通过传感器实现的，比如要让用户有握手的触觉，就需要通过传感器捕捉这种触觉，当用户的手和传感器"握手"的时候，传感器就会捕捉到握手数据，同时将它转化为计算机可以识别的数字化数据，再经过编码后，握手行为的触觉信息就转化为可传输的数据进行发送了，如图 6-15 所示。

图 6-15 触觉捕捉数据生成原理

（2）触觉信息传递

完成触觉信息的本地数据采集和编码后，这些数据将可以通过互联网传输到对端。触觉数据和常规的文本、视频等数据相比，数据量要远大于这些信息[19-20]。比如一个简单的握手操作，因为需要获得类似真实握手的感觉，传感器需要获取手掌整个触觉的所有数据，包括所有接触点信息、关节弯曲度、力度、受力方向、温度等，这些数据转化为计算机可识别的二进制数据后就变得非常庞大，而且这种触觉需要让对方实时感受到，因此要将这些数据通过网络传输就必须借助高速网络，只有高速才有可能实现触觉数据的实时传输，原理示意如图 6-16 所示。

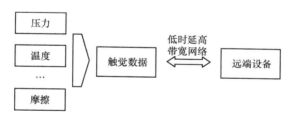

图 6-16 触觉数据传输原理示意

（3）触觉重现

对端用户接收到触觉数据后需要进行数据解码并重现，这样用户才能获得触觉感觉。触觉数据的解码和重现也是借助传感器实现的，当接收到远程发来的触觉数据后，通过本地传感器将数据解码。比如可以通过特制的触觉手套，这样计算机在收到对方发来的握手数据并解码后，将数据导入触觉手套，通过触觉手套可以实时获得对方的握手感觉，同样，本端的握手数据也会通过高速网络传输到对方计算机上并进行解码，从而实现触觉的远程传输和双向体验，如图 6-17 所示。

图 6-17　触觉数据解码原理示意

6.6.2　触觉互联网网络架构

触觉互联网是提供实时传输触觉（包括触感和动觉）的媒介。与听觉和视觉不同，触觉是双向的，即它是通过对环境施加一个运动来感知的，并通过变形或反作用力来感受环境。一种以操控为目的的触觉互联网端到端架构如图 6-18 所示，以操控为目的的触觉互联网主要应用场景为远程生产制造、远程手术、沉浸式游戏等。该类触觉互联网的端到端架构可以分为 3 个不同的域：主控域、网络域和受控域[19,21]。

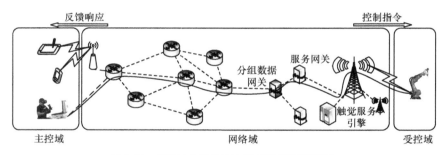

图 6-18　以操控为目的的触觉互联网端到端架构

（1）主控域

主控域通常由操作员和系统接口组成。系统接口实际上是一种触觉设备，它通过各种触觉编码技术将人类输入转换为触觉输入，并将触觉反馈转换为人类可感知信息。触觉设备允许用户在真实和虚拟环境中触摸、感觉和操作对象。在网络化的控制系统中，主控域通常会有支持触控的控制器向远端受控域的传感器或执行器发送行动指令。

（2）网络域

网络域为主控域和受控域之间的双向通信提供了媒介，将操作员与远程环境耦合起来，理想情况下，操作员将完全沉浸在远程环境中。触觉互联网需要超高可靠和超低时延响应的网络连接，才能满足实时触觉交互的可靠性和时延需求。

（3）受控域

受控域由主控域通过各类指令信号直接控制的位于远端环境中的机器人或物体组成。操作员与远程环境中受控的设备和物体之间进行交互，通过命令和反馈信号，能量在主控域和受控域之间交换，从而形成全局控制回路[22]。

6.6.3　触觉互联网性能指标

尽管触觉互联网已经吸引了行业和学术界的注意，但目前有关触觉互联网性能指标的讨论还很少。首先，从用户体验的角度出发，探讨触觉互联网应用在不同场景下应具备的性能要求。当用户与远程环境进行交互时，用户希望有一定程度的沉浸感，即透明体验，这样才能产生期望的操控动作。因此体验的透明度可以作为衡量触觉网络应用的性能指标之一。此外，对于远程手术或涉及其他军事、安全等领域的应用场景，触觉应用的不稳定可能会给使用者带来很大的损失及安全隐患，因此触觉应用所提供服务的安全可靠性也是衡量触觉网络应用的性能指标之一[19]。

体验透明度主要由以下方面来表示。

1）感知区：人类感知的阈值，给出人类所无法感知的触觉变化范围。

2）准确度：衡量远程环境中正确控制的百分比，可根据人类操作者在主域中得到的正确触觉反馈来进行计算。

3）时延：由于必须在远程环境中正确执行操作，且应实时向用户发送正确的触觉反馈，因此时延是衡量透明度的重要指标。

4）多模态传感信息的同步：多感官配合是人类大脑最终获取周围环境和事物认知的一般方式，因此听觉、视觉和触觉等多维度信息的同步程度是衡量感官和谐度的手段之一。

触觉服务可靠性主要由以下方面表示。

1）触觉控制的稳定性：衡量主控域和受控域对网络波动及其他干扰（如断电切换等情况）的应对能力。

2）隐私和安全：由于触觉网络应用通常会跟人体密切接触，因此，隐私和安全应该是衡量这类应用的性能指标之一。

为满足应用的体验透明度和可靠性要求，触觉网络应用对触觉互联网提出了极高的性能要求。

（1）时延

人类听觉、视觉和触觉的反应时间分别为 100 ms、10 ms 和 1 ms[17]。在触觉应用中要实现良好的实时交互，触觉互联网需要满足最严格的时延要求。如人类手动控制视觉场景并发出预期反应的命令需要 1 ms；当用操作杆或者在虚拟环境中移动 3D 物体时，如果虚拟影像和人的动作之间的时间差超过 1 ms，用户会产生类似眩晕的感觉，并且较大的时延还会导致闭环的远程控制系统失去稳定性[13]。因此对于触觉应用，网络至少应保证小于 1 ms 的端到端时延需求，包括主控域和受控域的处理时延、传输和无线空口时延等[23]。

（2）带宽

触觉应用中传输的信息常需要同时包括触觉、听觉、视觉等多种感官信息。高质量的触觉信息对带宽的要求很高。如假设压力感应的灵敏度为 0.1 kPa，则编码正常范围内的压力信息至少需要 12 bit；再如假设温度感应的灵敏度为 0.1℃，则编码日常感受的温度至少需要 11 bit；假设编码作用力的方向信息所需位数至少为 9 bit，当信息采样频率为 1 kHz，不考虑数据压缩的情况下，传输手掌大小的触觉信息所需要的带宽至少为 50 Mbit/s。虽然不断发展的触觉信息编码技术会减少网络中传输的触觉数据量，但各维度信息的总数据量仍会很大，如在远程手术场景中，医生佩戴 3D 眼镜等设备实时观察手术现场画面，对清晰度要求 4K 以上，非压缩条件下的视觉数据传输速率要求不低于 12 Gbit/s。未来随着全息技术的发展，视频可能被全息显示取代，相应的单个触觉应用对带宽的要求将会达到 10 Tbit/s 甚至更高。

（3）可靠性

可靠性是指在给定时间范围内和某种条件下保障服务性能的可能性。对于触觉应用，如远程手术，如果无法在特定时间区间收到远端响应可能引起严重后果。网络的可靠性可以用连接中断率或丢包率进行评估。不同的触觉应用对可靠性要求不同，对于远程手术这样的典型应用，网络传输的丢包率要求高达 10^{-9}。而目前 5G 高可靠应用要求的链路中断率要求为 10^{-7}，等效于一年时间中断事件不能超过 3.17 s。考虑到无线信道天然的不确定性，可靠性保证成为实现触觉互联网的重点问题。

（4）安全和隐私

安全和隐私也是对触觉互联网的关键要求。触觉互联网应使用绝对可靠的安全和隐私保护技术来保障数据传输过程中的安全性和隐私性。由于存在严格的时延限制，因此安全性必须嵌入物理传输中，即网络应具有内生安全性，并且理想情况下必须具有较低的计算开销。这就需要为触觉应用开发新颖的编码技术，使非法接收者即使具有无限的计算能力也无法解码，从而获得绝对的安全性。而合法接收者的识别也需要新颖可靠且低时延的方法，目前可行的一种方式是使用硬件特征属性，如生物指纹、虹膜识别等。

（5）数据同步

在触觉应用中，往往需要多种感官的相互配合共同完成，而不同的感官数据采集方式不同，如视频数据通过高清摄像机采集，音频数据通过麦克风采集，触觉数据通过触觉传感器采集等。视频数据、音频数据和触觉数据通过不同的信道传输，送往同一个接收端。为了保证接收端用户感受到的音视频和触觉信息是匹配的，则要求不同信道传输的数据在接收端的时间轴上是对齐的。一些专业场景信道之间的时延之差要小于 1 ms，单信道抖动要小于 250 μs。

6.6.4　触觉互联网关键技术

实现触觉互联网应用涉及的关键技术主要包括触觉传感器和触觉数据的编解码、触觉再现和交互、触觉数据传输。

6.6.4.1　触觉传感器和触觉数据的编解码

触觉信息通常由两种类型的反馈感觉组成：运动反馈和皮肤反馈。运动反馈提供关于远程身体部位相对位置的感觉，例如力、扭矩、肌肉张力、位置和速度；皮肤反馈提供与皮肤有关的感觉，如表面纹理、摩擦、压力、振动、疼痛和温度等。目前大部分技术只是检测压力大小等简单信息，然而真实触觉涉及的因素极多，因此通过传感器检测到完整的触觉信息是个难点。触觉传感器的设计需要考虑灵敏度、响应范围、空间分辨率、可靠性、温度、成本和复杂性等因素。

即使完整地检测到了触觉信息，由于每个维度的信息涉及的范围和分辨率不同，且不同的应用对触觉信息的灵敏度要求也不同，灵敏度越高要求的编码越精细，产生的数据量也越大，对网络的带宽要求也越高。因此触觉数据的编解码也是一个研究的难点。再次，由于各维度信息在检测和编码过程中的处理速率不同，不同的处理方法和处理速率可能导致多维信息不同步的问题，造成使用者感觉不和谐的后果，因此，使用硬件或软件技术来解决这种不同步问题也是触觉网络发展的一个关键要素。

6.6.4.2　触觉再现和交互

过去简单的触觉再现技术专注于设备的提醒功能，如手机或手柄的振动反馈，这种方式依赖于设备中有限的振动单元产生的振动来产生触觉体验，由于仅能产生单调的振动，实际触觉体验远远达不到真实触觉的感受。现在应用需求发生了变化，希望让东西触摸起来更自然，让它们有更接近天然材料或肌肤的触感，还原自然交互的感觉。比如在如图 6-19 所示的触觉应用中，人们希望在抚摸图片时得到和现实中触摸大树时一致的触觉体验。

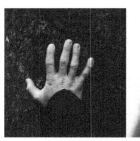

图 6-19　触觉再现

为了更丰富地再现触觉，研究人员开展了大量的研究工作。目前新兴触觉再现技术可分为两大类：一类是基于新材料的各种执行器，如用于可穿戴设备的压电聚合物、电活性聚合物（EAP）和形状记忆合金（SMA）等；另一类是表面触觉和非接触触觉技术，表面触觉技术包括静电（ESF）、超声波（USV）和微流控解决方案，非接触触觉技术包括超声波阵列、空气涡流等新技术。

6.6.4.3　触觉数据传输

触觉技术不同于音频和视觉技术，它对时间敏感，且需要持续双向数据共享。

触觉效果的实现通常由用户操作触发，将用户输入数据发送到远程服务器处理后，再将触觉效果数据发送到设备。几秒的时延不会中断视频流服务的体验，但对于触觉反馈来说将是灾难性的，因此触觉互联网需要更好的网络连接。

之前也提到，触觉网络应用对触觉互联网提出了极高的性能要求，当前 5G 网络虽然支持高可靠低时延和高带宽的网络业务，但是并不支持业务同时具备上述要求。如何构建能够支持触觉互联应用的网络基础设施成为 6G 网络研究的重要内容。

网络切片技术将为高可靠性和低时延网络提供技术可行性。基于网络切片的触觉互联网将拥有自己的逻辑核心网络和接入网络，通过资源隔离，该逻辑网络不受物理网络中其他流量的影响，可以保证正在进行的会话期间性能的稳定可靠。网络切片将通过软件定义网络（SDN）和网络功能虚拟化（NFV）来实现，前者将实现对通信基础设施（如交换机、路由器、网络连接、路径等）的控制和管理，后者将实现完成触觉网络端到端会话所需的网络功能。

为实现无线触觉网络，还需要一些新的技术来降低空口时延并增加可靠性。目前在 5G 新无线接口的设计中虽然考虑了这些方面，如灵活的帧结构、mini-slot、免调度、上下行链路中的混合自动重发请求等，但要同时满足低时延、高可靠性和高带宽要求，还需要在无线技术方面有突破性进展。此外，考虑到触觉互联网端到端通信性能要求，传输网和核心网中触觉数据的传输和处理速率也需要进一步提高。由于光速存在物理上限，1 ms 内光纤信号无法传播超过 200 km，这意味着单纯提高传输速率已无法满足触觉应用的时延需要，还需要从网络架构和功能上进行革新，这就需要用到人工智能和边缘计算技术。

人工智能技术可以应用于触觉互联网的各个方面，比如：使用卷积神经网络或其他深度学习算法来快速构建触觉传感器信号和真实触觉的映射关系，从而大幅降低信号处理时延；基于人工智能技术进行设备和网络的故障预测、诊断和定位，实现自动化的故障排除，提高网络的稳健性和稳定性；在触觉应用方面，基于人工智能技术预测远端的运动意图和运动轨迹，从而为远程操作信号提供足够的时间提前量等。

由于人工智能的运行模式要求强大算力，会远超触觉设备本身的计算能力，因此将复杂计算任务上传到附近的计算节点是当前人工智能应用的普遍思路。边缘计算的目标是贴近任务现场，向用户提供算力资源。该技术恰恰解决了当前人工智能对便捷算力的需求痛点。因此，人工智能、边缘计算与新型网络技术一起，将在实现触感互联网的感知零时延方面发挥重要作用。

6.6.5 触觉互联网应用

触觉互联网应用按照感知目标可分为远程控制和感知增强两大类。远程控制类应用是通过感知远端的触觉信息来更准确地控制远程对象，比如工业控制、远程医疗、远程作业等。感知增强类应用是以增强用户触觉感知为目的，将远程触觉信息或本次增强的感知信息传递给用户，实现感知距离和强度的提升，比如全沉浸式游戏、远程陪护、虚拟现实旅游、远程教育、数字孪生等。下面对触觉互联网的各类应用进行简要介绍。

（1）工业自动化

工业自动化是触觉互联网的关键应用领域。在工业物理信息系统中，通过远程方式控制设备（如工业机器人）进行生产任务，同时利用触觉反馈获取更全面的现场信息，从而实现更准确的任务决策。当控制电路在控制快速移动的工业机器人时，需要极低的端到端时延来保障工业自动化系统的稳定性，触觉互联网可以满足工业互联网的性能要求。

（2）远程控制

远程控制是全自动控制方式的一种重要升级。触觉互联网可以实现对机器、设备的高精度远程控制，除应用于工业自动化领域外，还可在危险复杂或人类难以到达的环境中替代人类活动，如在灾难爆发时，遥控远程机器人在危险环境中进行抢险、救助；或当用户汽车、设备等出现故障时，技术维修人员通过触觉互联网在远程进行故障诊断、维修指导等。

（3）医疗保健

触觉互联网在医疗保健领域有许多潜在的应用。对外科医生而言，触觉互联网意味着更快、更详细和更清晰的触觉反馈，从而转化为更高的精度和安全水平以及更高的手术成功率。例如，一位经验丰富的外科医生可通过触觉互联网给世界另一端的病人实施精准的医疗诊断（如触诊）和手术。触觉互联网还能改善残障人士的生活，例如利用触觉互联网的触觉反馈技术，可使盲文通信变得更便捷；如支持触觉反馈的外骨骼或义肢，能改善残障人士的活动能力，确保他们能够自主地生活。

（4）无人驾驶

触觉互联网具有超高可靠性，可以提供小于 1 ms 的端到端响应时间，借助于触觉互联网的低时延通信，通过车辆之间（V2V）以及车辆与路边基础设施间（V2I）的通信与协调，可以为车辆提供附近以及超视距环境的信息，使车辆从自治系统转变为更有效的合作系统的组件，从而提高交通系统的效率和安全性。

（5）电子商务

触觉提供了顾客感知商品材质的重要维度，比如衣物面料的保暖度、质地、纹理、软硬度、弹性等。以往网络购物时，顾客只能通过模特的示范或视听数据间接获取相关信息，而通过触觉互联网应用，顾客也能直接获取商品感知体验，能降低购物决策时信息不对称风险，提高交易的成功率。

（6）虚拟现实和增强现实

现有的虚拟现实和增强现实应用也可以从触觉互联网中获益。虚拟现实可以提供共享的触觉虚拟环境，如几个用户通过仿真工具物理耦合，可在视觉上叠加触摸感知来联合或协作地执行任务；增强现实中真实内容和计算机生成内容可在用户的多重协同感知中融合。而触觉反馈是虚拟现实中高保真互动的先决条件，通过触觉感知虚拟现实中的对象可极大地提高虚拟现实应用的用户体验。

（7）教育培训

触觉互联网将为教育培训提供增强的交互体验，通过提供支持更加逼真的触觉体验，使得在线教育可以提供多维度感官的支持，为精细技能类课程，如音乐弹奏、美术、运动等提供全新的学习体验。当学习者进行精细技能的学习时，教师将能够精确地感受到学习者的动作，并在必要时进行纠正，同时学习者也可看到、听到和感受到教练所做的正确动作。

6.6.6　触觉互联网研究现状和发展趋势

标准方面的研究进展如下。

1）ITU-T 早在 2014 年就发布了触觉互联网技术观察报告[14]，概述了触觉互联网的潜力，探讨了触觉互联网在多个领域的应用，包括工业自动化、智能交通、医疗保健、教育和游戏等。该报告还描述了触觉互联网对未来数字基础设施的需求及其对社会的预期影响。

2）IEEE 发起的触觉互联网标准工作组在标准制定方面进行了开创性的工作，由 IEEE 通信协会/标准开发委员会（COM/SDB）发起的触觉互联网基准标准为 IEEE 1918.1[23]，该标准定义了触觉互联网的应用场景、定义和术语、功能以及技术假设，并给出了触觉互联网的参考模型和架构，对架构实体和实体之间的接口，以及各功能到实体的映射进行了定义。

3）ETSI 主要在 IPv6 工业规范组（Industrial Specification Group，ISG）启动了名为"基于 IPv6 的触觉互联网"的工作项目，主要由东芝欧洲研发中心、Bristol 等机构开展研究。

4）3GPP 将触觉互联网作为 5G 和 B5G 移动通信系统的一个重要用例[24]，5G uRLLC 的部分性能指标参照了触觉互联网对网络的性能要求。为了达到相关性能指标，3GPP 开展了触觉互联网网络架构、无线空口、管控运维等多方面技术的标准化工作。

触觉互联网的概念在 2014 年后开始出现在一些应用上。这些应用允许通过触觉与网络化设备（比如手机、Pad、笔记本电脑等）进行交互完成一些特定的功能。下面所述为产业界和学术界在应用及产品方面的研究进展情况。

Apple 公司于 2015 年首次推出了 Taptic（Tap 和触觉的组合）引擎，并将其安装在 MacBooks、iPhone、iPad 和 AppleWatch 上，通过与音频结合的振动提醒新通知，不同的触觉用于不同类型的通知。许多 Android 设备现在也具有初步的触觉功能。

微软研发了多种触控装备，以便更好地支持虚拟现实交互[25]，比如能够抓住虚拟物体和触摸虚拟表面的操纵杆 CLAW（见图 6-20（a））、支持双手动作交互的链式操纵杆 Haptic Link（见图 6-19（b））和模拟真实触摸体验的滚轮 Haptic Revolver（见图 6-20（c））等。微软新的专利提出了一种触觉手套方案，支持与虚拟现实物体和数据自然交互[26]。

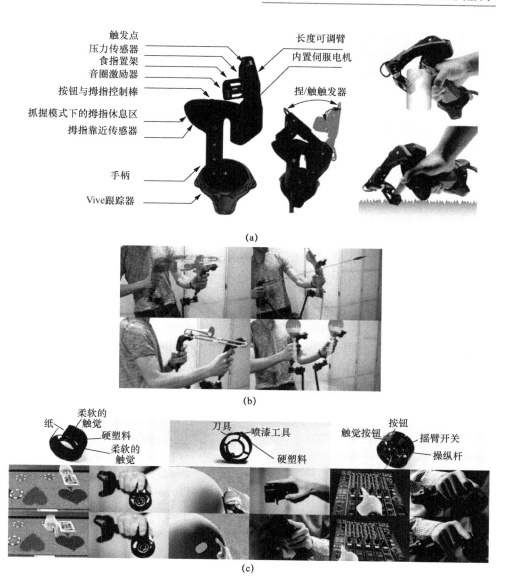

触发点
压力传感器
食指置架
音圈激励器
按钮与拇指控制棒
抓握模式下的拇指休息区
拇指靠近传感器

长度可调臂
内置伺服电机

捏/触触发器

手柄
Vive跟踪器

(a)

(b)

纸
柔软的/触觉
硬塑料
柔软的触觉

刀具 喷漆工具
硬塑料

触觉按钮 按钮
摇臂开关
操纵杆

(c)

图 6-20　微软提出的几项触觉交互方案

Ultraleap 公司（前称 Ultrahaptics）主要研发超声波触觉反馈系统[17]，它们的产品（如图 6-21 所示）通过发射超声波来改变气体压力，让用户不触摸物体也能感受到不同材质的触感，还可以模拟吹过脸庞的清风或打在胸口的子弹，让虚拟世界的感觉更丰富。其他应用方向还包括通过向盲人手掌发送超声波来帮助盲人在拥挤的道路上前进等[27]。

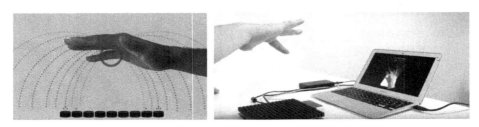

图 6-21　Ultraleap 的超声波触觉交互产品

　　麻省理工学院的研究人员研制了一种触觉手套（如图 6-22 所示）[28]，上面安装了包含 548 个柔性压阻传感器的阵列，可以覆盖全手掌。通过该手套可以感知触摸时的压力大小，范围为 30～500 mN，离散为 150 个级别，目前可实现采样 7.3 次/s，并输出相应的电信号，使该手套具有相当不错的时空分辨率和压力精度。戴着它抚摸或抓取的时候可以获得大量触觉数据，随后通过卷积神经网络深度学习方法进行训练，使得该手套能够比较准确地辨识不同的物体，并大致估算物体重量。

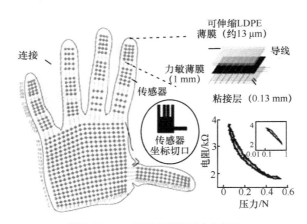

图 6-22　MIT 团队的触觉手套和机理

　　华盛顿大学和加州大学洛杉矶分校的研究人员合作，开发了一种带有传感器的"皮肤"，如图 6-23 所示，可延展、拉伸，能覆盖在机器人身体或假肢的任何部位，准确地感知剪切力和振动[29]。研究人员采用硅橡胶制作触觉感知皮肤，橡胶内含有人类头发宽度的一半细小的蛇形通道，并注满导电的液态金属。当触觉感知皮肤被拉伸时，通道的几何形状变化，导致电阻改变，测量电阻即可获得剪切力和振动信息。这种皮肤能够检测 800 次/s 的微小振动，在轻微触碰时具有很高的精确度和灵敏度，可用于机器人执行开门、握手、触摸等任务。

图 6-23　华盛顿大学研发的机器人皮肤

中国科学院研究人员基于摩擦纳米发电机的物理传感机制，研制出了一种透明柔性的摩擦传感器阵列（Triboelectric Sensing Array，TSA），如图 6-24 所示。该器件兼具高透明度、可弯曲性和多点触控操作，能够同时实现生物机械能收集、触觉感知、智能解锁等功能。该工作为透明、可弯曲柔性触觉传感器阵列的研究提供了一个全新的视角[30]。该器件设计结构紧凑、操作简单，具有大规模制造的基础，可以集成于手机、手表等电子产品，具有广阔的市场前景，在人机交互、自驱动机器人、柔性显示屏和可穿戴电子设备中有潜在的应用价值。

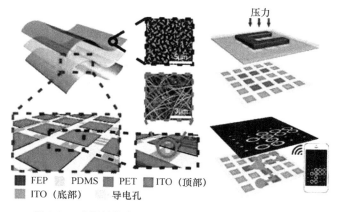

图 6-24　中国科学院团队提出的摩擦传感器阵列触觉方案

清华大学团队提出了基于热感应的多维传感设计思路[31]，将温度、导热系数、流场、压力等多种物理量均转化为热敏元件的电阻信息进行统一测量，建立了多物理量传感的数学理论模型，研制出基于热感应的柔性热物性传感器、压力传感器以及多功能集成的柔性电子皮肤。

当前大部分的触觉交互是面向本地应用的，尤其是游戏应用。而触觉互联网应用仍处于研究阶段。华为在 2015 年上海世界移动通信大会上展示了 TAC2020 机器人艺术家，它将人类在平板电脑上绘制的每一笔画都精确地同步到画布上[32]。Belle Île en Mer 医院（位于布列塔尼海岸附近的一个法国岛屿）的远程 B 超机器人能够为这个偏远的地区提供远程 B 超诊断服务，连接大陆医生和临床医师进行咨询，从而降低了就医成本，并且该机器人的力反馈信号要求 10 ms 的端到端时延[33]。

触觉互联网的功能实现需依托超低时延和高带宽网络环境。虽然许多核心基础技术已存在多年，但这些触觉技术的广泛实施、深度融合和网络化应用仍存在限制。当前网络主要是强调对万物的感知与连接，而基于触觉互联网，未来 6G 网络连接的对象将是具备智能的普遍对象，其连接通信关系不仅是感知，还包括实时的控制与响应。可以预期，6G 时代是无所不在的触觉网络，与无所不在的感知对象和智能对象进行实时控制、触摸和感应/驱动等信息的传输和交互，从而实现"一念天地，万物随心"的理念。为实现上述目标，对触觉互联网的发展趋势进行分析和探讨。

（1）动态灵活网络架构和智能自主管控能力

为了支持种类丰富的 6G 网络应用，需要有效融合各种技术手段，如硬件技术、光技术、生化技术、高效低损的信息编码技术等，并要求网络整体运行效率有效提升。动态灵活的网络架构能够通过动态组合和编排网络功能，充分利用无处不在的海量物联设备，提升网络带宽、时延、稳健性等性能。这就需要网络具备智能自主的管控能力，快速进行网络运维的各种决策，从而保障触觉互联网服务的性能和触觉应用的用户体验。因此，动态灵活的网络架构和智能自主的管控能力是触觉互联网的主要发展趋势。

（2）完整感知信息获取和准确重现

触觉信息涉及触觉感知灵敏度、响应范围、空间分辨率、可靠性、温度依赖和成本等因素，目前触觉传感器大多只是检测力的大小等简单信息，如何通过传感器检测完整的触觉信息是个难点。此外，即使完整地检测到触觉信息，触觉信息编解码也是研究难点。因为每个维度的信息涉及的范围和分辨率不同，且不同的应用对触觉信息的灵敏度要求也不同，灵敏度越高要求的编码越精细，产生的数据量也越大，对网络的带宽要求也越高。再次，由于各维度信息在检测和编码过程中的处理速率不同，不同类别触觉信息以及触觉和其他感官（视觉、听觉）信息的处理方法会导致多维信息不同步的问题，造成使用者感觉不和谐的后果，如何实现多维感官信息同步也是触觉网络发展的一个关键技术[34]。

（3）海量异质网络节点智能协作

未来 6G 网络中将会有海量物联设备充满我们的环境，执行包括触觉在内的各种传感任务。随着这些设备的微型化以及感知、计算、存储、通信的一体化，海量物联设备可以任意部署，并以某种有组织的方式协同工作，通过各种复杂甚至不一定兼容的通信协议交换数据，因此需要智能化的协作机制实现高效数据的交换和传输。

（4）安全性和伦理问题

对于触觉互联网应用来说，安全性是关键需求之一，必须要提供有效的保障机制以增强对恶意行为的防护。此外，为规避未来可能存在的伦理风险，触觉互联网的首要设计准则应该是通过授权辅助人类，在人—机—物—灵的协同工作中，当灵作为人类代理来为人类提供建议和辅助决策时，也必须要经过人类的授权，伦理问题是触觉互联网以及未来 6G 网络的研究方向之一。

| 6.7　区块链技术 |

6.7.1　概念与特征

区块链（Blockchain）是一种由多方共同维护，使用密码学保证传输和访问安全，能够实现数据一致存储、难以篡改、防止抵赖的记账技术，也称为分布式账本技术（Distributed Ledger Technology）[35]。作为一种在不可信的竞争环境中低成本建立信任的新型计算范式和协作模式，区块链凭借其独有的信任建立机制，正在改变诸多行业的应用场景和运行规则，是未来发展数字经济、构建新型信任体系不可或缺的技术之一。

典型的区块链系统中，各参与方按照事先约定的规则共同存储信息并达成共识。为了防止共识信息被篡改，区块链以块—链结构存储数据，即系统以区块（Block）为单位存储数据，区块之间按照时间顺序，并结合密码学算法构成链式（Chain）数据结构，通过共识机制选出记录节点，由该节点决定最新区块的数据，其他节点共同参与最新区块数据的验证、存储和维护，数据一经确认，就难以删除和更改，只能进行授权查询操作。

按照系统是否具有节点准入机制，区块链可分为许可链和非许可链两大类。许可链中节点的加入和退出需要区块链系统的许可，根据拥有控制权限的主体是否集中又可分为联盟链和私有链；非许可链则是完全开放的，亦称为公有链，节点可以随时自由加入和退出。公有链、私有链和联盟链是目前区块链应用广泛的 3 种类型，其中，公有链允许任一节点的加入，不对信息的传播加以限制，信息对整个系统公开；联盟链只允许认证后的机构参与共识，交易信息根据共识机制进行局部公开；私有链范围最窄，只适用于限定的机构之内，可以根据不同的安全需求采用不同的区块链类型。

相对于传统的分布式数据库，区块链具有以下特征。

1）分布式账本。区块链技术本质是一种带时间戳的"全网共享"的分布式账本，区块链中每个主体都可以拥有一个完整的账本副本，通过即时清结算的模式，保证多个主体之间数据的一致性，规避了复杂的多方对账过程，因此数据具有真实、有效、不可伪造、难以篡改等特点。

2）数据可信。传统的数据库具有增加、删除、修改和查询 4 个经典操作。对于全网账本而言，区块链技术只有增加和查询两个操作，通过区块和链表这样的"块—链式"结构，加上相应的时间戳进行凭证固化，形成环环相扣、难以篡改的可信数据集合。区块链在技术层面保证了系统的数据可信（包括密码学算法、数字签名、时间戳等）、结果可信（智能合约、共识算法）和历史可信（如链式结构、时间戳）。区块链的这一特点尤其适用于协作方不可信、利益不一致或缺乏权威第三方介入的行业应用。

3）多方维护。针对各个主体而言，传统的数据库无论是分布式架构，还是集中式架构，都对数据记录具有高度控制权。区块链则是采用了多方共同维护、不存在单点故障的分布式信息系统，数据的写入和同步不仅局限在一个主体范围之内，而是需要通过多方验证数据达到共识。

4）内置智能合约。类似于自动化程序，区块链的智能合约技术通过基于事先约定的规则，自动执行代码来实现交易主体内容，将信息流和资金流进行有效整合。

6.7.2　区块链关键技术架构

当前存在各种各样的区块链底层技术架构方案[36]，虽然在具体实现上各有不同，但其整体架构存在很多共性，本文给出一种架构，分为基础设施、基础组件、账本、共识、智能合约、接口、应用、操作运维和系统管理 9 个部分，如图 6-25 所示。

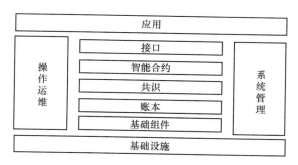

图 6-25　区块链技术架构

（1）基础设施

基础设施（Infrastructure）层提供区块链系统正常运行所需的操作环境和硬件设施（如物理主机、云计算中心等），具体包括网络资源（网卡、交换机、路由器等）、存储资源（硬盘和云盘等）和计算资源（CPU、GPU、ASIC 等芯片）。基础设施层为上层提供物理资源和驱动，是区块链系统的基础支持。

（2）基础组件

基础组件（Utility）层实现区块链系统中信息的记录、验证和传播。在基础组件层，区块链是建立在传播机制、验证机制和存储机制基础上的一个分布式系统，整个网络没有中心化的硬件或管理机构，任何节点都有机会参与总账的记录和验证，并将计算结果广播发送给其他节点，且任一节点的损坏或者退出都不会影响整个系统的运作。具体而言，基础组件层主要包含网络发现、数据收发、密码库、数据存储和消息通知 5 类模块。

（3）账本

账本（Ledger）层负责区块链系统的信息存储，包括收集交易数据、生成数据区块、对本地数据进行合法性校验，以及将校验通过的区块加到链上。账本层将上一个区块的签名嵌入下一个区块中组成块链式数据结构，使数据完整性和真实性得到保障，这正是区块链系统防篡改、可追溯特性的根源。

（4）共识

共识（Consensus）层负责协调保证全网各节点数据记录的一致性[37]。区块链系统中的数据由所有节点独立存储，在共识机制的协调下，共识层同步各节点的账本，从而实现节点选举、数据一致性验证和数据同步控制等功能。数据同步和一致性协调使区块链系统具有信息透明、数据共享的特性。区块链有两类主流共识方式：节点投票算法和经济驱动机制。通常联盟链采用前者，主要是为了提升系统性能，但安全性较低；公有链采用基于工作量、权益证明等的共识机制，主要强调系统安全性，但性能较差。因此，实际应用时，需根据运行环境和信任分级选择适用的共识机制并在有需求时进行进一步的改进。

（5）智能合约

智能合约（Smart Contract）层负责将区块链系统的业务逻辑以代码的形式实现、编译并部署，完成既定规则的条件触发和自动执行，最大限度地减少人工干预。智能合约的操作对象大多为数字资产，数据上链后难以修改、触发条件强等特性决定了智能合约的使用具有高价值和高风险，如何规避风险并发挥价值是当前智能合约大范围应用的难点[38]。智能合约根据图灵完备与否可以分为两类：图灵完备智能合约和非图灵完备智能合约。图灵完备智能合约有较强适应性，可以对逻辑较复杂的业务操作进行编程，但有陷入死循环的可能，影响实现图灵完备智能合约的常见原因包括循环或递归受限、无法实现数组或更复杂的数据结构等。相对比而言，图灵不完备智能合约不能进行复杂逻辑操作，但优势是更加简单、高效和安全。

（6）接口

接口（Interface）层主要用于完成功能模块的封装，为应用层提供简洁的调用方式。应用层通过调用远程过程调用（Remote Procedure Call，RPC）接口与其他节点进行通信，通过调用 SDK 工具包对本地账本数据进行访问、写入等操作。

（7）应用

应用（Application）层作为最终呈现给用户的部分，主要作用是调用智能合约层接口，适配区块链的各类应用场景，为用户提供各种服务和应用。由于区块链具有数据确权属性以及价值网络特征，根据实现方式和作用目的的不同，当前基于区块链技术的应用可以划分为 3 类场景：①价值转移类场景，即数字资产在不同账户之间转移，如跨境支付；②存证类场景，即将信息记录到区块链上，但无资产转移，如电子合同；③授权管理类场景，即利用智能合约控制数据访问，如数据共享。此外，随着应用需求的不断升级，还将存在多类型融合的应用场景。

（8）操作运维

操作运维（Operation and Maintenance）层主要负责区块链系统的日常运维工作，包括日志、监控、管理和扩展等。在统一架构之下，各主流平台根据自身需求和定位不同，其区块链体系中存储模块、数据模型、数据结构、编程语言、沙盒环境等也都存在很大的差异，给区块链平台的操作运维带来了较大的挑战。

（9）系统管理

系统管理（System Management）层负责对区块链体系结构中其他部分进行管理，主要包含权限管理和节点管理两类功能。权限管理是区块链技术的关键部分，尤其是对数据访问有更多要求的许可链更为关键。权限管理可以通过以下几种方式实现：①将权限列表提交给账本层，并实现分散权限控制；②使用访问控制列表实现访问控制；③使用权限控制确保数据和函数调用只能由相应的操作员操作。

节点管理的核心是节点标识的识别，通常使用以下技术实现：①CA7 认证，集中式颁发 CA 证书给系统中的各种应用程序，身份和权限管理由这些证书进行认证和确认；②PKI8 认证，身份由基于 PKI 的地址确认；③第三方身份验证，身份由第三方提供的认证信息确认。

6.7.3 区块链技术发展趋势

区块链技术具有如下发展趋势。

（1）架构方面：公有链和联盟链融合持续演进

联盟链是区块链现阶段的重要落地方式，但联盟链不具备公有链的可扩展性、匿名性和社区激励等特性。随着应用场景日趋复杂，公有链和联盟链的架构模式开始融合，开始出现公有链在底层面向大众、联盟链在上层面向企业的混合架构模式，结合钱包、交易所等入口，形成一种新的技术生态。

（2）部署方面：区块链即服务（BaaS）落地

区块链与云计算结合，将有效降低区块链部署成本。首先，区块链技术与资源池技术相结合，一方面可提升区块链服务的数据存储能力和共识运算效率；另一方面可实现对云环境中接入资源的可信认证，实现可信、可追溯的资源管控。其次，区块链技术作为一种有效的服务认证手段，可实现对平台即服务（PaaS）层中的不同服务的可信认证，并保证各服务调用过程的一致性，提升服务或微服务调用过程的安全。再次，在软件即服务（SaaS）层，区块链智能合约技术作为一种有效的授权手段，可实现有权限的软件授权使用功能，提高自动化执行能力，提升运行效率。

（3）性能方面：跨链技术持续发展

不同的区块链系统一般是相互独立的，好比是一个一个分散的孤岛。区块链系统之间的互通性极大地限制了区块链的应用空间。无论是公有链还是私有链，跨链技术是实现区块链价值的关键，是区块链向外拓展和连接的桥梁，可以将区块链从分散的孤岛中拯救出来。跨链技术可使区块链适合应用于场景复杂的行业，以实现多个区块链之间的数字资产转移和数据通信。因此通过跨链技术让价值跨过链和链之间的障碍进行直接的流通是区块链重要的发展方向之一。

（4）共识方面：从单一向混合共识演变

目前共识机制包括工作量证明（PoW）、权益证明（PoS）、股份授权证明（DPoS）、拜占庭容错等基于算法和经济模型的共识机制，根据适用场景的不同，各种共识机制也呈现出不同的优势和劣势[38]。单一共识机制各自有其缺陷，例如 PoS 依赖代币且安全性脆弱；PoW 非终局且能耗较高。为提升效率，需在安全性、可靠性、开放性等方面进行取舍。目前，区块链正呈现出根据场景切换共识机制的趋势，并且将从单一的共识机制向多类混合的共识机制演变。相应地，在运行过程中可支持共识机制的动态可配置，或系统根据当前需要自动选择相符的共识机制。

（5）合约方面：智能合约更加规范化

智能合约的开发和执行效率取决于开发语言和执行虚拟机，当前智能合约的编程技术不统一，合规性不足，未来智能合约将可能具有新的合约语言或为现有语言增加形式更为严格的规范和校验，并且在轻量级的执行环境中具有更高效率。

6.7.4　区块链在 6G 中的应用

区块链在未来 6G 网络中可能的应用场景展望如下。

（1）基于区块链的 PKI 安全基础设施

6G 网络中的网元和终端设备将是数百亿级的空间，基于区块链的 PKI 安全基础设施，可使 6G 网络和终端设备在出厂之前自行产生并配置私钥和数字证书，极大地提高证书配置效率，提升安全性。此外，利用这种技术，芯片商和设备商无须自行建设和维护 CA 系统，也无须向商业 CA 机构申请证书，即可支持大量现有基于数字证书的安全机制，降低设备成本。同时在 6G 网络覆盖末端场景中，各种网关、基站设备可作为区块链节点，对所覆盖的局域设备配置数字证书并在区块链安全基础设施中发布证书，从而可以在本地实现对设备的安全认证。不同设备相互之间也可以使用数字证书进行双向认证，特别是对不同厂商物联网设备之间的自治化通信具有重要意义。这种技术可以规避用户关注的内容经过网关、服务器层层转发带来的安全风险。

（2）基于区块链技术的动态频谱共享

6G 网络将是一个面向全频谱的通信网络，随着无线服务的发展，传统独占式频谱分配方式会导致频谱资源的匮乏，大量的授权频谱在时间和空间上均未得到充分利用。动态频谱共享模式允许二级用户在授权的频谱带宽中获得丰富频谱空隙，对降低 6G 网络服务成本、增强系统极限容量具有重要意义。利用区块链动态频谱接入（Dynamic Spectrum Access，DSA）技术可以缓解频谱短缺问题并且提高频谱利用率。"区块链+动态频谱共享"可为 6G 实现更智能、更加分布式的频谱接入方式，这是因为区块链是分布式数据库，使用区块链技术可作为动态频谱共享技术的低成本方案，在区块链技术支持下将不再通过集中式数据库来支持频谱共享接入，不但可以降低动态频谱接入系统的管理费用，提升频谱效率，还可以进一步增加接入等级和接入用户。

| 6.8 6G 检测与测量 |

无线（电）信号（简称"无线信号"）检测与测量一直是国际通信学术领域的重点研究问题，也是整个通信科学技术的基础之一；相应的检测、测量与分析仪器则是基础科学研究、移动通信产业发展的关键工具，是观察无线（电）信号、无线（电）频谱的"眼睛"。

无线信号检测是根据观测的波形（或接收数据）来判断信号是否存在，即判断无线环境中是否存在待检测信号。由于观测过程、信号、噪声的随机性，无线信号检测实际上可归属于随机过程中的二元假设检验问题[39]。传统的信号检测方法可大致分成似然法和特征法两大类[40]。

- 似然法基于二元信号模型，采用对观测数据概率分布建模及贝叶斯准则来进行分类判决，在检测性能上可以获得贝叶斯准则上的最优。但似然法在信号受到传播过程中多径、衰落影响时会表现出检测性能急剧下降，而且计算复杂度较高，因此在实际使用中受到限制[41]。
- 特征法是利用接收到的观测数据提取信号特征，如小波基特征、高阶累积量特征、循环谱特征等，然后利用不同假设条件下的观测数据的特征差异性进行判决。特征法的理论分类性能不如似然法，但由于各种统计特征均对信道传播、接收机噪声以及非线性作用的稳健性较强，且实现复杂度较低，因此在工程实践中该方法得到了广泛应用。

在实现对信号的有效检测之后，还往往需要对其进行精确细致的描绘，从而达到为整个通信科学技术提供有效支撑的目的，因此需在信号检测的基础上对信号进行完备性测量。根据麦克斯韦电磁理论，对无线电波进行完备性测量需要包含时

（间）域、频（率）域、空（间）域，更进一步还可以扩展到调制域、极化域、模态域等维度。在明确信号完备性测量的各个维度后，即可梳理各维度上典型特征的特征参量及其表征方法，如图 6-26 所示。

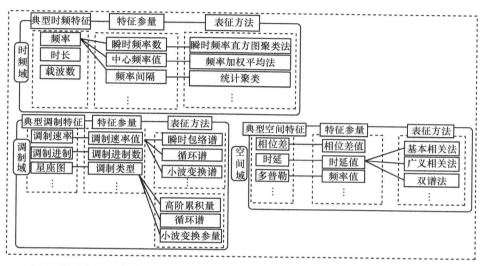

图 6-26　无线信号在时（间）域、频（率）域、调制域、空（间）域的主流特征参量及表征方法

具体地，例如在时频域中，典型的时频特征有频率、时长、载波数等，其中关于频率特征的特征参量有瞬时频率数、中心频率值、频率间隔值等。需要对每种特征参量设计主流的参量表征方法，如采用瞬时频率直方图聚类法表征瞬时频率数、采用频率加权平均法表征中心频率值等。再如，调制域的典型特征有调制速率、调制进制、星座图等，空间域的典型特征有相位差、时延、多普勒频移等，其表征的特征参量都有各自的主流表征方法来进行估计。

最后，在明确各个维度对其主流特征参量的表征方法之后，需要在不同噪声（如高斯白噪声、脉冲噪声等）环境下，以及在不同衰落信道（如瑞利信道、莱斯信道等）环境下，对主流特征参量表征方法的适用性进行评估，从而确定对无线电波完备性表征的边界，以及各个维度所占权重大小，实现对无线电波的完备精准测量。

随着移动通信未来从 5G 向 6G 演进，无线信号检测与测量技术的现有水平已无法满足超宽频段、超大带宽、超低时延的未来通信需求，具体体现在以下几个方面。

- 在 6G 通信系统中，通信频段将横跨分米波、毫米波乃至太赫兹波段，范围远超以往 1G 至 5G 通信系统；同时为满足更多的工作频点，通信过程中需要采用更多的调制方式与波形，从而具有更多的信号特征，导致现有的检测与测量技术难以对 6G 信号进行完备的检测分析与测量。
- 为了满足超高速率的通信需求，6G 系统需要采用更大的带宽，例如为了满足 1 Tbit/s 的通信速率，需要 500 MHz 以上的工作带宽。而无线信号的检测与测量速度与信号带宽成正比，现有检测技术仅适合于百兆赫兹级以下，无法在准确度和实时性两方面同时满足 6G 通信的要求。
- 为应对物联网、车联网等多种应用场景，6G 系统还需要支持超大规模的设备接入、极低的通信时延等需求，对无线信号的测量速度、识别能力带来了更大的挑战，现有的检测与测量技术是无法满足此需求的。

总体而言，现有的无线信号检测与测量技术的精度、识别能力、反应速度等已无法满足未来 6G 通信的需求，不能针对性地进行快速准确的分析与刻画。因此，对于未来 6G 系统中的信号检测，如何高效处理复杂电磁空间带来的随机性影响，如何实现对泛用无线信号的完备表征，如何在低信噪比及信道参数和调制信息未知的条件下实现对信号的快速检测与识别，如何实现混叠信源的识别与高精度的信源定位，是需要重点研究并解决的关键问题。同时，传统信号处理技术手段无法满足日益增长的智能化、自动化需求，亟须对现有信号处理理论和技术进行革新。

在我国，由于无线信号检测与测量起步较晚，检测理论与测量技术的发展速度、检测与测量设备的建设速度均尚落后于移动通信系统的演进程度，严重制约着我国的检测与测量技术的发展，主要体现在：

- 我国目前使用的仪器信号处理时间在分钟级别，信号判断准确率不高，能够盲识别的信号类别有限且效果不好，智能化和一体化程度较低，需要大量人工操作，已经逐渐不能满足未来 6G 的需求；
- 国内信号检测技术无法针对 6G 和其他新型通信科学技术的需求提供有效支撑，无法覆盖高端应用场景，对信号检测仪器提供的海量数据无法进行有效实时处理，缺乏精确的描绘，严重制约我国整体通信科学技术及行业的发展；
- 国外与高级信号检测相关的信号处理水平较高，例如处理时间可达到秒级别，具备泛用调制模式识别、智能认知测量、多维度频谱态势分析等功能，能够快速识别现有主流通信制式，但是针对中国大量设置贸易和技术壁垒，导致先进技术无法为我国广泛使用。

为了解决 6G 检测与测量带来的上述挑战，需要在经典检测理论、二元假设检验和多源假设检验模型的基础上，研究各种适合 6G 信号特征的最佳检测准则，获得在白噪声背景下和各种不同信道衰落条件下对已知、随机信号的检测与分析方法。同时结合多元信号参数估计与性能分析方法，并与深度学习技术结合，研究智能化、超大带宽、超低时延的信号检测与测量技术。此外，在相关检测与测量设备的研究方面，针对系统射频能力和计算处理能力受限情况，追求信号测量速度与捕获、识别的准确性之间的平衡，也是需要解决的关键科学问题。

6.9　潜在网络技术对 6G 需求的支持

未来 6G 业务的智能化、全息化、沉浸式、情境化、虚实结合等需求，以及 6G 网络的全覆盖和全频谱愿景，都对 6G 网络技术的发展和演进提出了要求。6G 网络将是至简的、柔性的、跨域融合的、内生智能和内生安全的网络，上述网络技术都可能作为 6G 网络的潜在技术，为实现 6G 的业务愿景和网络愿景提供技术支持。

6.9.1　支持至简柔性的 6G 网络

6G 网络将是一个"至简"的网络，即网络将化繁为简，其表现为：终端设备具有涵盖各类业务的泛在性；网络设备具有软件驱动的开放性；网络具有去中心化的极简架构；网络运维是基于高度自治的极简运维。即架构至简、功能至强、协议至简、运维至简，从而实现高效数据传输、稳健信令控制、网络功能按需部署和网络自主管控，最终达到提供精准服务、有效降低网络能耗和减少冗余的网络设计目标。要达到这一目的，必须应用 SDN/NFV 的软件化与虚拟化技术，无论是网络功能还是计算功能都可真正实现按应用需求进行开放式的随需部署，因此基于 SDN 与 NFV 的网络基础设施将成为 6G 至简网络的基础。

6G 网络也是一个"柔性"的网络，即 6G 将是一个端到端微服务化的网络，以用户意图为中心，实现新业务新功能的快速引入和迭代、网络的去中心化管控以及网络资源的自动化和智能化调度，从而达到"业务随心所想、网络随需而变"的柔性网络目的。为实现这一目的，网络切片是基础的技术手段，并且将从 5G 时代的人工配置或半自动化切片配置演变为 6G 时代的全自动化切片配置和调整，从而按需分配给不同类型的用户，实现移动通信和物联网的服务随选能力。

6.9.2　支持跨域融合的 6G 网络

从行业覆盖范围来说，随着 5G+垂直行业的发展，6G 网络将更多地与工业制造业、农林畜牧业、智能电网、车联网、健康医疗等行业融合，这就需要网络向跨域融合模式转变。对于特定行业应用的支持将是 6G 网络跨域融合的重要应用方向，尤其是对具有时延确定性业务的支持。6G 网络在支持超低时延的同时，还需支持端到端确定性业务的传输，需要在吸收现有固网二层、三层确定性传输协议（如工业TSN）的基础上，实现与固网确定性机制的融合，即协议兼容、协同调度、部署融合。要实现这 3 点，6G 网络除了支持内生智慧、内生安全外，还需支持内生确定。为实现这一目的，可采用确定性网络技术。结合移动网络的部署特点，克服无线信道的影响，实现端到端的广域确定性，同时可针对工业互联网、智能电网、军事网络、应急通信等特定场景，研究相应的专用确定性方案。

6.9.3　支持内生智能的 6G 网络

6G 网络是一个"智能"的网络，即网络具有内生智能，其表现为：网络节点具备计算、存储和网络能力，可实现智能感知、智能训练和智能学习；网络整体是具有群体智能的高度自治网络；网络业务将进一步演化为真实世界和虚拟世界两个体系，虚拟世界中的"灵"将完成意图的获取及决策的制定等工作。简单来说，6G 网络将是理解用户意图的新型智能化网络，能对不同用户和不同业务进行智能化分类支持和管理。

为达到这一目的，人工智能（AI）技术将成为 6G 网络的神经中枢。借助于这套中枢神经系统，意图驱动网络将协助实现 6G 的智慧内生。首先，意图网络将通过 AI 的知识表述能力，不断完善与 6G 网络运营、服务、优化等相关的意图知识，这些知识将成为 6G 网络的内生智慧核心；其次，意图驱动网络将利用 AI 的转译能力，理解用户以不同方式输入网络的意图数据，并通过所建立的知识库对意图数据进行决策分析，将决策下发给虚拟化和软件化的柔性网络来满足用户需求；最后，将分析决策和其对应的意图满足效果再次作为网络学习的对象，补充完善网络知识，形成智慧闭环。可以看到，意图驱动网络将与 6G 网络有机融为一体，是形成内生智慧特性网络的核心支撑技术。

| 参考文献 |

[1] 中国通信标准化协会. NFV 管理和编排　总体技术要求: 2016-1812T-YD[S]. 2016.

[2] 中国通信标准化协会. 5G 网络切片　端到端总体技术要求: H-2020011029[S]. 2020.

[3] 中国通信标准化协会. 5G 网络端到端切片标识研究: B-2020011031[S]. 2020.

[4] 魏月华, 喻敬海, 罗鉴. 确定性网络技术及应用场景研究[J]. 中兴通讯技术, 2020(4).

[5] 黄韬, 汪硕, 黄玉栋, 等. 确定性网络研究综述[J]. 通信学报, 2019, 40(6): 160-176.

[6] IEC TR 61850-90-12. Communication networks and systems for power utility automa-tion-part 90-12: wide area network engineering guidelines[S]. 2015.

[7] Gartner. Intent-based networking[EB]. 2017.

[8] 张佳鸣, 杨春刚, 庞磊, 等. 意图物联网[J]. 物联网学报, 2019, 3(3): 5-10.

[9] PANG L, YANG C, CHEN D, et al. A survey on intent-driven networks[J]. IEEE Access, 2020(8): 22862-22873.

[10] SAHA B T, TANDUR D, HAAB L. Intent-based networks: an industrial perspective[C]// Proceedings of the 1st International Workshop on Future Industrial Communication Networks. New York: ACM Press, 2018: 35-40.

[11] FETTWEIS G P. The tactile internet: applications and challenges[J]. IEEE Vehicular Tech-nology Magazine, 2014, 9(1): 64-70.

[12] 赵亚军, 郁光辉, 徐汉青. 6G 移动通信网络：愿景、挑战与关键技术[J]. 中国科学: 信息科学, 2019, 49(8): 963-987.

[13] STEINBACH E, HIRCHE S, ERNST M, et al. Haptic communications[J]. Proceedings of the IEEE, 2012, 100(4): 937-956.

[14] FETTWEIS G P, BOCHE H, WIEGAND T. The tactile internet-ITU-T technology watch

report[R]. 2014.

[15] LI C, LI CP, HOSSEINI K, et al. 5G-based systems design for tactile internet[J]. Proceedings of the IEEE, 2019, 107(2): 307-324.

[16] AIJAZ A, DOHLER M, AGHVAMI A H, et al. Realizing the tactile internet: haptic communications over next generation 5G cellular networks[J]. IEEE Wireless Communications, 2017, 24(2): 82-89.

[17] SIMSEK M, AIJAZ A, DOHLER M, et al. 5G-enabled tactile internet[J]. IEEE Journal on Selected Areas in Communications, 2016, 34(3): 460-473.

[18] 朱国玮, 吴雅丽. 网络环境下模特呈现对消费者触觉感知的影响研究[J]. 中国软科学, 2015(2): 146-154.

[19] 李玉宏, 张朋, 金帝, 等. 应用对未来网络的需求与挑战[J]. 电信科学, 2019, 35(8): 49-64.

[20] SECTOR S, ITU O. Series E: overall network operation, telephone service, service operation and human factors quality of telecommunication services: concepts models objectives and dependability planning-use of quality of service objectives for planning of telecommunication networks[J]. ITU, 2008(16): 17.

[21] AIJAZ A, SOORIYABANDARA M. The tactile internet for industries: a review[J]. Proceedings of the IEEE, 2019, 107(2): 414-435.

[22] AIJAZ A. Towards 5G-enabled tactile internet: radio resource allocation for haptic communications[Z]. 2016.

[23] HOLLAND O, STEINBACH E, PRASAD R V, et al. The IEEE 1918.1 "tactile internet" standards working group and its standards[J]. Proceedings of the IEEE, 2019, 107(2): 256-279.

[24] 3GPP. Feasibility study on new services and markets technology enablers for critical communications; stage 1[R]. 2016.

[25] Touching the virtual: how microsoft research is making virtual reality tangible[EB]. 2018.

[26] GANADAS P, KIEMELE K L, SADAK C M, et al. Natural interactions with virtual objects and data through touch:WO2020013961A1[P]. 2020-01-16.

[27] Haptics ultraleap[EB]. 2020.

[28] SUNDARAM S, KELLNHOFER P, LI Y, et al. Learning the signatures of the human grasp using a scalable tactile glove[J]. Nature Publishing Group, 2019, 569(7758): 698-702.

[29] YIN J, SANTOS V J, POSNER J D. Bioinspired flexible microfluidic shear force sensor skin[J]. Sensors and Actuators A: Physical, 2017(264): 289-297.

[30] YUAN Z, ZHOU T, YIN Y, et al. Transparent and flexible triboelectric sensing array for touch security applications[J]. ACS Nano, 2017, 11(8): 8364-8369.

[31] 赵帅. 基于热感应的多维传感机理及柔性电子皮肤研究[D]. 北京: 清华大学, 2019.

[32] 5G 引爆触觉互联网, 世界大不同[EB]. 2020.

[33] XLabs Wireless. 5G 时代十大应用场景白皮书[R]. 2017.

[34] 陈旭, 尉志青, 冯志勇, 等. 面向 6G 的智能机器通信与网络[J]. 物联网学报, 2020, 4(1): 59-71.

[35] CHATTERJEE R, CHATTERJEE R. An overview of the emerging technology: blockchain[Z]. 2017.

[36] 曾诗钦, 霍如, 黄韬, 等. 区块链技术研究综述: 原理、进展与应用[J]. 通信学报, 2020, 41(1): 134-151.

[37] 朱岩, 王巧石, 秦博涵, 等. 区块链技术及其研究进展[J]. 工程科学学报, 2019, 41(11): 1361-1373.

[38] WEBER I, LU Q, TRAN A B, et al. A platform architecture for multi-tenant blockchain-based systems[Z]. 2019.

[39] KAY S M. The basis of statistical signal processing: estimation and detection theory[Z]. 2011.

[40] DOBRE O. Signal identification for emerging intelligent radios: classical problems and new challenges[J]. IEEE Instrumentation & Measurement Magazine, 2015, 18(2): 11-18.

[41] HAMEED F, DOBREAND O A, POPESCU D. On the likelihood-based approach to modulation classification[J]. IEEE Transactions on Wireless Communications, 2009, 8(12): 5884-5892.

第 7 章

6G 典型应用展望

第 3 章展望了 6G 的业务愿景，从全息类业务、全感知类业务、虚实结合类业务、极高可靠性与极低时延类业务和大连接类业务 5 个方向分析了未来 6G 业务的特点和对网络的需求。本章将针对其中的部分业务场景给出一些具体的应用实例的展望。

| 7.1　精准工业控制 |

7.1.1　业务需求

伴随中国实施制造强国战略第一个十年行动纲领等国家级战略的落地，未来 15 年以工业制造为代表的实业将成为我国的重要产业[1]。预计 2030 年智慧工厂将在中国全面落地，新一代智能工厂的核心之一即精准工业控制，"精准"意味着机器作业具有确定性与实时性，同时也需要大量采集信息的支撑。数字化机床、高速智能机器人、高精度机械臂、超清晰工业相机等在智能工厂将被大量部署应用，6G 将成为这些工业控制终端实现敏捷与确定性通信的手段。

7.1.2　场景展望

未来精准工业控制应用的实现在于控制信息能否精准可靠地到达作业终端，以及生产信息能否实时在线处理。例如，在全自动化生产线上，海量机械臂与监控机器人进行精密化的生产作业，实现汽车制造、精密零件制造、3D 扫描等应用，此时自动化机械装置接收的控制信息应具有超高可靠性和超低时延，即可能 10 亿个传输位中只有一个错误位，同时还需具有 0.1 ms 的时延与 10 μs 的抖动，装置与装置之间需保证在 1 μs 内的高精度设备间同步。只有 6G 无线网络才能在非有线环境中满足上述需求，保障精准作业，辅助智赋生产的实现。精准工业制造示例如图 7-1 所示。

图 7-1　精准工业制造示例

另外，未来工业控制基础核心是拥有完善的赛博物理系统（CPS），丰富的信息采集能力是 CPS 的前提，亦是建立数字孪生工厂的基础。例如，工厂里的工业机器，视觉（所配备的相机）分辨率和可见光波段会远高于人眼；听觉（麦克风）频率范围会大大超过人耳；同时，从感知环境到做出判断和行动的反应速度也要远远快于人体。使用带宽和时延远优于 5G 网络的 6G 技术，将满足所有这些机器设备对感知信息的采集、传输、统合及分布式计算的需求。基于 6G 信息采集的 CPS 数字孪生构建示意如图 7-2 所示。

图 7-2　基于 6G 信息采集的 CPS 数字孪生构建示意（来源：中国信息通信研究院《数字孪生城市白皮书》）

|7.2 智能电网|

7.2.1 业务需求

未来智能电网将是以电力为中心、以电网为主干的各种一次、二次能源的生产、传输、使用、存储和转换装置，以及它们的信息、通信、控制和保护装置直接或间接连接的网络化物理系统，是一个完全分布式的能源共享和调度平台，将兼容多种异构能源，并实现全网的能源供需平衡。大电网系统保护等强实时、高可靠业务将与能源互联网客户侧广覆盖、泛在接入业务并存。伴随着物联网、能源互联网等新型业务的开展以及大数据、人工智能时代的到来，传统电力通信网已越来越难满足用户日益提高的应用需求。为满足上述不同维度的能源生成、调度、存储、共享需求，实现能源供给的智能化，需要依托 6G 的信息通信基础设施，即全覆盖大连接、超低时延超高可靠、高速灵活的全息无线通信网络。

7.2.2 场景展望

智能电网对时延和安全可靠性要求极高，高度精确控制的电力系统需要更强大的通信技术作为支撑，如继电保护业务有距离线路保护、方向比较保护、电流差动保护等类型[2]。以其中应用最广泛的电流差动保护应用为例，电流差动保护是指当输电线路正常运行时，输电线路两端的电流值相同，而当这条输电线路发生故障时，两端的电流就会不一致，当差动电流大于差动保护装置的预定值时，将启动保护进而将被保护设备的各侧断路器打开，使故障设备断开电源。广域电流差动保护则是将该保护原理拓展应用到广域电力系统中。通过 6G 技术可以以全天候高清采样方式来获取广域网中多测量点的电流信息，保障极高可靠性和极低时延的信息传输，从而实现差动保护的计算和故障定位。

在智能电网中，（特）高压线路是输电核心，是整个电网的血管，架空输电线路由于运行在山郊野外，受气候、运行环境的影响远大于设备本身性能的影响，需要运维人员定期对输电设备和线路进行巡检以及时发现威胁电网安全运行的缺陷与隐患。传统人工巡检方式耗费了大量人力，如对于导线上外飘物隐患的处理，传统人工处理时间需要 5～8 h，且需要线路停电。利用 6G 全自治无人机应用可实现架空线路设备的精细化巡视和作业，改变传统人员跋山涉水的巡检模式，可极大提高现场的巡检效率，预期可以提升日常巡检效率 4～8 倍，如图 7-3 所示。

图 7-3　全自治输电线无人机巡检

未来智能电网在供能方与需求侧将形成有机协同。在供能方，可再生能源将全面渗透，集成不同的可再生能源区域，并兼顾电力供应的"孤岛效应"，实现不同能源的高效储能和平衡。在需求侧，客户动态参与的双向电力和信息交换、本地能源的存储和消耗，以及电力驱动的交通运输等物联网场景将不断增多。此时，6G 技术将综合使用卫星、无人机等高空无线平台等技术来建设空天地海一体化的"泛在"融合信息网络，使无线网络在空间维度进一步延伸，覆盖整个能源互联网，打通需求侧与供给侧的任意端点，真正实现电力行业万物智联这一终极目标。

|7.3　汽车自动驾驶 |

7.3.1　业务需求

自动驾驶指依靠人工智能、视觉计算、雷达、监控装置和全球定位系统等协同合作，让计算机可以在没有人类主动操作的情况下，自动安全地操作机动车辆。自动驾驶技术主要分为单车智能和车路协同。单车智能通过在车身上安装传感器、雷达、摄像头、GPS、声呐等来感知环境与获取信息，并通过车内智能 AI 计算对这些信息进行加工并做出反应，实现对机动车辆的自动操控。车路协同是采用先进的无线通信和新一代互联网等技术，全方位实施车车、车路动态实时信息交互，并在全时空动态交通信息采集与融合的基础上开展车辆主动安全控制和道路协同管理，充分实现人车路的有效协同，保证交通安全，提高通行效率，从而形成安全、高效和环保的道路交通系统[3]。

根据《汽车驾驶自动化分级》标准，自动驾驶分为 5 级，分别是 L1：驾驶辅助（可解放脚）；L2：部分自动驾驶（可解放手）；L3：有条件自动驾驶（可解放眼）；L4：高度自动驾驶（可解放脑）；L5：完全自动驾驶（可无人驾驶），如图 7-4 所示。

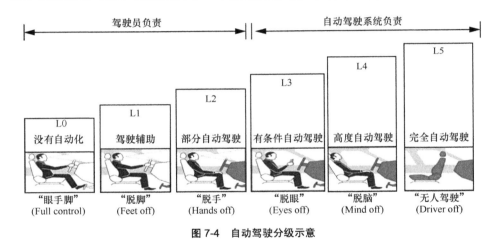

图 7-4　自动驾驶分级示意

目前阶段的自动驾驶大部分还处于驾驶辅助阶段和部分自动驾驶阶段，即 L1 和 L2 级，个别车辆达到了 L3 级。但在一些实际应用与测试表现中，当天气恶劣或传感器异常时，单车智能系统时常探测不到路上的人和障碍物。

6G 系统将支持可靠的车与万物（Vehicle to Everything，V2X）相连以及车与服务器（Vehicle to Server，V2S）之间的连接，增加车辆感知信息维度与数量，拉近车辆与更高性能云端之间的"距离"，从而促进高度自动驾驶汽车或无人驾驶汽车的规模部署和应用。据德根哈特预计，2030 年以后，L4 级的自动驾驶会逐步实现，其中 6G 被认为是赋能网联汽车的核心支撑技术。

7.3.2　场景展望

对于符合 L4 级的汽车从 Demo 测试进入公开道路测试再到商业化落地运营，安全性是首要任务，而驾驶的安全性需要网络极低时延和极高带宽的保障。

"云—网—车—境"智能协同的新一代车联网与 L2、L3 级的车路协同具有很大的不同，将融合使用汽车与道路上的多种传感器。目前自动驾驶的几种常用传感器都有自己的缺陷，如毫米波雷达在很多场合容易受到干扰；摄像头对于光线比较敏感，对于光线比较昏暗或者光线比较亮的场景，可靠性达不到自动驾驶的要求；激光雷达成本高昂，在雨雪和积水恶劣条件下可靠性降低；而基于卫星的定位，受周围环境的影响比较严重，特别是在障碍物遮挡的领域，定位精度不可靠等。因此，现有任何单一的传感器技术都满足不了自动驾驶的需求，需要多类传感器的协同工作，带来数据量的急剧增长。同时为了保障绝对的安全性，车辆装备也在不断升级，如摄像头逐步从单目发展为双目甚至多目摄像等。这些巨量的数据需要在极短时间内完成传输、同步和处理，数据量的增长要求网络具备极高带宽和极低时延传输能力。

特别地，按照 L4/L5 级自动驾驶的定义要求，自动驾驶车辆需要知道它确切的位置，定位精度需要在 10 cm 以内级别，同时还需要知道周边道路情况和交通情况。目前的 GPS 和北斗还达不到这一定位精度，这就需要在车与路、车与人、车与车之间的信息交换过程中，通过与云中心的交互，动态更新实时高精度地图，并结合机器视觉识别和地图匹配技术，完成车辆精确定位，达到自动驾驶更高级别安全性的要求。因此实时高精度地图的同步与定位，以及实时云车交互是自动驾驶面临的挑战之一，如图 7-5 所示。

图 7-5　自动驾驶环境下的云车交互

利用 6G 网络的极大带宽、极高可靠性和极低时延通信能力，将车上传感器感知的、摄像头采集的、路上传感器获取的巨量信息与云端进行联网交互，实现协同决策，靠计算机判断、发出动作指令实现 L4 级自动驾驶，将真正实现双手与双脚甚至人脑的"解放"。

|7.4 全息视频会议 |

7.4.1 业务需求

全息视频会议可提供近似现场会议的体验，将成为 6G 的一个重要业务。用户可在任何时间任何地点发起全息通话或全息会议请求，类似于目前 4G/5G 的视频通话业务或视频会议业务。当用户发起全息通话或全息视频会议业务请求时，将出现三维立体的全息影像，该三维立体影像应实时反映通信双方的完整实际状况，包括环境、容貌、声音、形体、动作、表情等，用户可与该三维立体全息影像进行交流互动。

7.4.2 场景展望

全息通话/会议的主要呈现方式是全息影像。全息影像不同于二维视频，是一种真正的三维立体重构，仿佛沟通对象就在眼前，可以和他/她交谈沟通，真实的他/她的动作和神态也会反映在全息影像中。全息通话场景如图 7-6 所示，通话对象的全息影像可展示其神态、语气和动作，达到近似直接对话的效果。

图 7-6 全息通话场景（来源：易思达公司宣传片）

　　而全息视频会议则可将分散在世界各地的参会人员集中在一个虚拟会议室中，如图 7-7 所示。每个人都以三维立体的形象出现，本人也在其中，在专用视频会议设备的帮助下，可以通过本人的视点来看到会议室状态，也可以通过其他人的视点来看到会议室状态。会议的主持发言讨论都和真实场景的会议相同。这一业务在不影响会议体验的前提下极大地缩短了世界的距离，提高了会议效率，节约了会议成本。

图 7-7　全息视频会议场景（来源：电影《王牌特工》）

　　类似的业务还有全息采访、全息表演等，给被访者/观众面对面直接对话或现场表演近似一致的体验。当前，基于 5G 的全息通信已经得到了部分应用，如北京邮电大学采用全息技术进行教学，2020 年两会前夕通过全息技术对代表进行采访等，如图 7-8 所示。然而这些技术主要获取的还是人的投影，对环境、动作、表情等的捕捉精细度还不够，且设备昂贵，需要专用的通信通道。这些问题都将在 6G 时代得到解决。

图 7-8　基于全息技术对两会代表采访（来源：新华网）

|7.5 远程全息手术 |

7.5.1 业务需求

由于地域隔离或时间紧迫等因素，面对一些重要的需要立即进行的手术，专家很难到达现场，此时远程全息手术成为一种潜在的解决方案。目前 5G 网络仅能让医生远程控制机器手来完成手术，但是仍然存在一定的时延，且医生很难立体感知实际的手术现场环境和病人状态。到 6G 时代，可利用全息通信和高精度控制等技术手段，实现手术对象和现场的立体三维空间视频的实时无时延传输，相当于医生身临其境了解病人的状态和手术环境。此外，触觉互联网等技术将远程医生的操作直接反映到手术现场，并将病人的状态反馈给远程的医生，提供和现场手术近似一致的操作，大大提高手术的成功率。

7.5.2 场景展望

远程全息手术过程主要包括两方面的场景应用。一方面，可以通过全息影像与 CT 等数据相结合，在远程医生端实时展示病人整体的三维立体彩色影像，如图 7-9 所示，包括病人身体内部的重要器官及血管状态、当前病人的各项生理指标等，使医生能够从多角度观察患者，减少医生的视觉盲区，给医生手术过程和效果评判提供直接的依据，增加远程手术的可靠性。

图 7-9 患者手术部位信息全息展示（来源：纪录片《北大学科》）

另一方面，医生基于患者的全息信息，通过双向的触觉互联网和两端同步的智能手术台，将医生本地的操作通过编解码和传输后，在患者侧进行近似实时的动作重现，通过机械臂等方式来实现手术过程。在医生侧，同样可以接收患者反馈的触觉信息，在手术过程中切实感受到和病患部位接触的感觉，确认患者的实际状态，从而尽量消除模拟手术和实际手术的差别，提高手术的成功率。其场景如图 7-10 所示。

图 7-10　远程全息手术场景示例（来源：中国联通官方网站）

该场景也可以用于远程病人抢救、专家会诊等。

| 7.6　远程智能养老 |

7.6.1　业务需求

2020 年 6 月，中国发展研究基金会发布的《中国发展报告 2020：中国人口老龄化的发展趋势和政策》显示，从 2035 年到 2050 年是中国人口老龄化的高峰阶段[4]。根据预测，到 2050 年，中国 65 岁及以上的老年人口将达到 3.8 亿人，占总人口比例近 30%；而 60 岁及以上的老年人口将接近 5 亿人，占总人口比例超过 1/3。

虽然早已产生智慧养老、虚拟养老的概念，但目前多聚焦于通过可穿戴式设备、机器人、智能养老监护设备等实时监测老人心跳、血压、血糖等身体指标，并能做到及时发现、及时通知子女。但是对老人的整体健康状态评估能力不足，也缺乏精神层面的陪护，这些问题在 5G 时代难以得到解决。

　　基于未来的 6G 技术，一方面可通过智能化的监护设备或生理类传感器，综合电子病历、实时生理数据监测手段等，完成对老人身体健康状态的全面监测，并在身体出现异常时，通过人工智能算法的快速决策，及时给出对应的解决方案。另一方面，老人也需要朋友和家人的陪伴，此时需要在全息通信和触觉互联网的技术支撑下，远程为老人提供近似贴身体感的陪护，支持对话、触摸等，从而满足老人在精神上的需求，提高生活质量。

7.6.2　场景展望

　　在 6G 时代，远程的智慧养老可以通过高度智能化的陪护机器人来完成。其主要完成两方面的功能，一是对老人健康状态的全方位监测和诊断防护，二是对老人的精神陪伴。

　　在对老人健康状态的全方位监测和诊断防护上，陪护机器人可以综合老人的电子病历、当前生理监测数据等，通过大数据分析和实时人工智能决策，分析出最佳的执行动作，如夜间开关、提醒定时吃药、针对不同的生理状态提醒使用药物类型、在即将摔倒时进行搀扶等。针对一些紧急情况，如已经摔倒等需要救治，通过触觉互联网将老人身体的各项指标包括痛感程度等，瞬间以全息方式传递给子女和医院，并支持自动呼叫救护车等功能。图 7-11 给出了一种老人健康监测诊断机器人的示例。

图 7-11　老人健康监测诊断机器人示例（来源：电影《机器人与弗兰克》）

　　此外，针对老人的日常生活，通过人工智能、全息通信和触觉互联网等技术提供近似真人的精神陪护。在亲人、朋友有空的时候，老人在家中可以向朋友或亲人发起会话，通过实时的全息通话和触觉感知设备，将亲人、朋友的实时影像、动作等通过三维立体图像展现在老人面前，甚至可以实现多人会话。通过对影像进行触碰，双方可以真实地感受到触觉的反馈，仿佛在与真人进行对话和互动。在与亲人、朋友直接联络不太方便的场景下，陪护机器人可基于亲人、朋友的语气、历史对话、神态等信息，形成近似真人思维的投影体，支持和老人的对话、互动游戏等功能，从而有效关注老人心理健康，解决子女无法陪伴老人的问题。图 7-12 给出一种互动式老人陪护的示例。

图 7-12　互动式老人陪护示例（来源：电影《机器人与弗兰克》）

　　该场景也可以应用于家庭小孩的监护陪伴，以及行动不便的病人陪伴等。

｜7.7　沉浸式购物｜

7.7.1　业务需求

　　用户可在任何时候任何地点发起购物业务，在购物过程中，为用户提供沉浸式体验，如买衣服时可以 360 度看到衣服上身的效果，触摸到衣服的质感；买花时可以看到鲜花的颜色，闻到鲜花的味道，触摸到鲜花的纹理等；更进一步，智能代理可对个人的性格喜好等数据进行分析，为用户提供购物建议，甚至做出决策。

7.7.2　场景展望

沉浸式购买鲜花场景如图 7-13 所示。

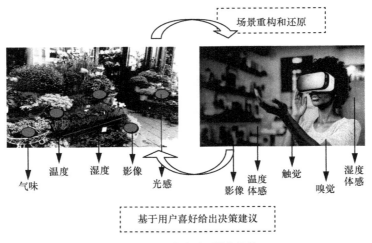

图 7-13　沉浸式购买鲜花场景

如图 7-13 所示，左侧为鲜花店真实环境，真实环境中部署有多种 6G 网络传感设备和网络设备，包括温度湿度传感器、气味传感器、摄像头、光传感器等，可实时采集店内物品的画面、气味、温度、湿度、光线、触感等信息。右侧为用户所在场景，用户佩戴可穿戴式设备（未来也可支持裸眼）进行实时体验，根据用户需求，远程为用户重构沉浸式花店场景，用户可观看花店场景，体验花店的温度湿度，闻到不同鲜花的花香，触摸到不同鲜花的纹理等。系统可依据用户的喜好、意识、需求、物品、价格等条件，为用户提供购物建议，甚至在用户授权给系统的前提下，由其替代用户进行购物决策。

要想实现上述业务需求，需要人—机—物—灵的协作，协作概念如图 7-14 所示。

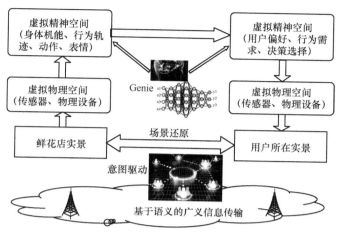

图 7-14　人—机—物—灵协作概念

在人—机—物—灵协作概念中，网络与人工智能的结合将非常紧密，每个场景可通过虚拟映射形成虚拟物理空间，每个用户都将拥有属于自己的、构建于虚拟世界中的 AI 助理（Genie），AI 助理将成为人类在虚拟世界中的代理。

人们日常的行为和感受数据将上传到云计算中心用于构建 AI 助理，如何合理利用这些海量数据以完成对用户行为与感知的模拟是一大难点。在这一过程中，需要对人类的各种行为和感知进行编码、采集及传送，同时还需在虚拟世界中模拟人类的各种行为和感知，这是 6G 网络构建真实物理世界在虚拟世界中的镜像所必需的技术。生物感知技术是目前面临的关键问题，需要既能将视觉、味觉、嗅觉、触觉等感知数据化，又能将感知从数据中完美复现。一方面需要新型的材料与技术的支持；另一方面需要更加有效的人工智能算法，完成对人类行为与感知的分析，从而使 AI 助理可根据用户的购买历史记录、偏好、近期心理状态、经济状况等信息为用户个性化推荐鲜花或进行购买决策，提升用户的体验。

对虚拟世界的模拟以及 AI 助手的构建都需要海量的数据，如何表达并高速可靠地传输这些海量数据是实现 6G 的关键。6G 将实现基于语义的广义信息传输及通过无处不在的智能计算节点，实现各种智能计算。

类似业务还有沉浸式外卖定制服务，也是一款基于 6G 移动通信网络设计的产品，该产品可完全模拟食物的样子和味道，让用户得到视觉、味觉和嗅觉上的沉浸式体验，帮助用户选择外卖产品，同时还可利用人工智能技术分析历史记录，得到用户对于食物的偏好，从而进行个性化推荐和购买决策。和现有的外卖产品相比，其沉浸式体验以及个性化推荐可充分激发用户购买外卖的欲望，也可以刺激商家推出更好的菜品，形成用户和商家之间的良性循环，促进相关行业的发展。

| 7.8 身临其境游戏 |

7.8.1 业务需求

用户进入游戏，相当于进入了一个沉浸式的虚拟世界中。在这个世界里，有繁华的都市、苍茫的沙漠、无边的海洋、浩渺的星空等玩家选择的立体场景，也有形象各异、性格各异的玩家，还有不同次元的影视经典角色，玩家的形象也更加立体真实。玩家们在游戏中构筑自己的世界，是虚拟的，却又是身临其境的，仿佛与现实世界有着无缝的衔接。玩家可以配备可穿戴设备，如 VR 眼镜和体感衣服，虽然在游戏中，却能够在搏击过程中实际感受到游戏里搏斗击打的力度和痛感，在赛车时实际感受到风驰电掣的感觉，甚至有风刮过耳边的声音和触感，在高空坠落时实时体会到失重的感觉，甚至更近一步，真实世界中的用户情绪和感受会影响游戏玩家的行为等，这是虚拟场景和真实场景的深度融合。

7.8.2 场景展望

全息被认为是 6G 最重要的需求和特性之一，其应用可概括为高保真 AR/VR、随时随地无缝覆盖的 AR/VR 以及全息通信等。6G 将支持把当前有线或固定无线接入的 AR/VR 变为更广泛场景的无线移动 AR/VR。一旦人们可以更简单方便且不受位置限制地使用 AR/VR，AR/VR 业务将会快速发展，进而刺激 AR/VR 技术与智能可穿戴设备的快速发展与成熟。

全息连接的成熟应用可实现全息沉浸式通信以及随时随地无约束的全息 VR 游戏体验。可以预期，10 年后的媒体交互形式将从现在以平面多媒体为主，发展为以高保真 AR/VR 交互为主，甚至是全息信息交互，进而无线全息通信将成为现实。高保真 AR/VR 将普遍存在，全息通信及显示也可随时随地地进行，从而人们可以在任何时间和地点享受完全沉浸式的全息交互体验。虚拟游戏世界的全息交互如图 7-15 所示。

图 7-15　虚拟游戏世界的全息交互（来源：电影《头号玩家》）

如图 7-15 所示，全息图像立体感强，具有真实的视觉效应。全息技术和全感技术是实现身临其境游戏的一大技术难点，一旦突破，结合 6G 的超高速和超全连接，将有望实现随时随地的全息沉浸式体验业务。

类似业务还有身临其境的旅游服务，随着人民生活水平的不断提高，对旅游的期望和要求也越来越高，不再满足于常规景点的走马观花，希望能够深入日常很难到达的地方，欣赏更特别的景色。比如海洋，自有人类文明以来，海洋就一直扮演着非常神秘的角色，无数人想体验美好的海洋风光，尤其是远洋或深海风光，但是由于对潜在危险的担忧以及无法抽出时间体验，总是不能如愿。而虚拟旅游则通过模拟出一个高保真的三维空间的虚拟世界，如深海、沙漠、珠穆朗玛峰等，向旅行者提供对真实场景的模拟。旅游者可以通过无人操控设备（全自动或者半自动），如同身临其境一般自行游览并观赏三维虚拟空间内的事物，无危险地体验世界上的任何角落。一方面满足了人们的旅游观光、探险需求；另一方面很好地保障了人身安全，降低了成本。

｜ 参考文献 ｜

[1] 国家制造强国建设战略咨询委员会. 中国制造 2025 蓝皮书[M]. 北京: 电子工业出版社, 2018.

[2] BUSH S F. 智能电网通信: 使电网智能化成为可能[M]. 北京: 机械工业出版社, 2019.

[3] 理特管理顾问有限公司（ADL）. 便携型/移动性人工智能进化论—未来的无人驾驶与交通服务[M]. 北京: 中国青年出版社, 2019.

[4] 中国发展研究基金会. 中国发展报告 2020: 中国人口老龄化的发展趋势和政策[R]. 2020.

第 8 章

全球 B5G/6G 产业洞察

通信技术在支撑社会经济高质量发展中的关键战略地位已经得到国际社会的高度认同。随着 5G 商用化步伐的加快，国际社会加大了对 6G 研究的重视。近年来，国内外学者对 6G 开展了全方位的探索性研究，全球通信技术强国也相继出台了与 6G 相关的研究框架。本章从全球 6G 研究进展、标准化准备、产业准备 3 个方面介绍目前全球 6G 的研发进展情况。

| 8.1 全球 6G 研究进展 |

8.1.1 芬兰

芬兰信息技术走在世界前列，在大力推广 5G 技术的同时，率先发布了全球首份 6G 白皮书，对 6G 愿景和技术应用进行了系统的展望。

2019 年 3 月，奥卢大学主办了全球首个 6G 峰会。2019 年 10 月，基于 6G 峰会专家的观点，奥卢大学发布了全球首份 6G 白皮书，提出 6G 将在 2030 年左右部署，6G 服务将无缝覆盖全球，人工智能将与 6G 网络深度融合，同时提出了 6G 网络传输速度、频段、时延、连接密度等关键指标。

目前，芬兰已经启动了多个 6G 研究项目。奥卢大学启动了 6G 旗舰研究计划，从 2018 年 3 月起，计划在 8 年内为 6G 项目投入 2 540 万美元。2018 年 4 月，诺基亚公司、奥卢大学与芬兰国家技术研究中心（VTT）合作开展了 "6Genesis——支持 6G 的无线智能社会与生态系统" 项目，将在未来 8 年投入超过 2.5 亿欧元的资金[1]。

8.1.2　英国

英国是全球较早开展 6G 研究的国家之一，产业界对 6G 系统进行了初步展望。2019 年 6 月，英国电信集团（BT）首席网络架构师 McRae N.预计 6G 将在 2025 年得到商用，特征包括："5G+卫星网络（通信、遥测、导航）"、以"无线光纤"等技术实现的高性价比的超快宽带、广泛部署于各处的"纳米天线"以及可飞行的传感器等。

在技术研发方面，英国企业和大学开展了一些有益的探索。布朗大学实现了非视距太赫兹数据链路传输。GBK 国际集团组建了 6G 通信技术科研小组，并与马来西亚科技网联合共建 6G 新媒体实验室，共同探索 6G 时代互联网行业与媒体行业跨界合作的全新模式，推动 6G、新媒体、金融银行、物联网、大数据、人工智能、区块链等新兴技术与传媒领域的深度融合。贝尔法斯特女王大学等一些大学也正在进行 6G 相关技术的研究。

8.1.3　美国

早在 2018 年，美国联邦通信委员会（Federal Communications Commission，FCC）官员就对 6G 系统进行了展望。2018 年 9 月，FCC 官员首次在公开场合展望 6G 技术，提出 6G 将使用太赫兹频段，6G 基站容量将达到 5G 基站的 1 000 倍。同时指出，美国现有的频谱分配机制将难以胜任 6G 时代对于频谱资源高效利用的需求，基于区块链的动态频谱共享技术将成为发展趋势。2019 年，美国决定开放部分太赫兹频段，推动 6G 技术的研发试验。同年，美国总统特朗普公开表示要加快美国 6G 技术的发展进程。3 月，FCC 宣布开放 95 GHz～3 THz 频段作为试验频谱，未来可能用于 6G 服务。

在技术研究方面，美国目前主要通过赞助高校开展相关研究项目，主要开展早期的 6G 技术研究。纽约大学无线研究中心（NYU Wireless）正开展使用太赫兹频率信道使传输速率达 100 Gbit/s 的无线技术研究。加州大学的 ComSenTer 研究中心开展融合太赫兹通信与传感的研究。加州大学欧文分校纳米通信集成电路实验室研发了一种工作频率为 115～135 GHz 的微型无线芯片，在 30 cm 的距离上能实现 36 Gbit/s 的传输速率。弗吉尼亚理工大学的研究人员认为，6G 将会学习并适应人类用户，智能机时代将走向终结，人们将见证可穿戴设备的通信发展。

美国在空天地海一体化通信特别是卫星互联网通信方面遥遥领先。截至 2020 年 2 月底，美国太空探索技术公司（SpaceX）已顺利发射近 300 颗"星链"（Starlink）卫星，已成为迄今为止全世界拥有卫星数量最多的商业卫星运营商。

8.1.4　日本

日本通过官民合作的形式制定 2030 年实现"B5G/6G"的综合战略。据报道，该计划由日本东京大学校长担任主席，日本东芝等科技巨头公司全力提供技术支持，在 2020 年 6 月前汇总 6G 综合战略。日本经济产业省 2020 年计划投入 2 200 亿日元的预算，主要用于启动 6G 研发。

日本在太赫兹等电子通信材料领域全球领先优势明显，这是其发展 6G 的独特优势。广岛大学与信息通信研究机构（NICT）及松下公司合作，在全球最先实现了基于 CMOS 低成本工艺的 300 GHz 频段的太赫兹通信。日本电报电话公司（NTT）集团旗下的设备技术实验室利用磷化铟（InP）化合物半导体开发出传输速度可达 5G 5 倍的 6G 超高速芯片，目前存在的主要问题是传输距离极短，距离真正的商用还有相当长的一段距离。

NTT 集团于 2019 年 6 月提出了名为"IOWN"的构想，希望该构想能成为全球标准。同时，NTT 还与索尼、英特尔在 6G 网络研发上合作，将于 2030 年前后推出这一网络技术。

8.1.5　韩国

作为全球第一个实现 5G 商用的国家（在 2018 年平昌冬奥会上提供了 5G 通信服务），韩国同样是最早开展 6G 研发的国家之一。2019 年 4 月，韩国通信与信息科学研究院召开了 6G 论坛，正式宣布开始开展 6G 研究并组建了 6G 研究小组，任务是定义 6G 及其用例/应用，并开发 6G 核心技术。韩国总统文在寅在 2019 年 6 月访问芬兰时达成协议，两国将合作开发 6G 技术。2020 年 1 月，韩国政府宣布将于 2028 年在全球率先商用 6G。为此，韩国政府和企业将共同投资 9 760 亿韩元。目前，韩国 6G 研发项目已通过了可行性调研的技术评估。此外，在韩国科学与信息通信技术部公布的 14 个战略课题中，把用于 6G 的 100 GHz 以上超高频段无线器件研发列为首要课题。

在技术研发方面，韩国领先的通信企业已经组建了一批企业 6G 研究中心。韩国 LG 在 2019 年 1 月便宣布设立 6G 实验室。同年 6 月，韩国最大的移动运营商 SK 电讯宣布与爱立信和诺基亚建立战略合作伙伴关系，共同研发 6G 技术，推动韩国在 6G 通信市场上提早发展。三星电子也在 2019 年设立了 6G 研究中心，计划与 SK 电讯合作开发 6G 核心技术并探索 6G 商业模式，将把区块链、6G、AI 作为未来发力方向。

8.1.6　中国

我国已在国家层面正式启动 6G 研发工作。2019 年 11 月 3 日，我国成立国家 6G 技术研发推进工作组和总体专家组，标志着中国 6G 研发正式启动。目前涉及下一代宽带通信网络的相关技术研究主要包括：大规模无线通信物理层基础理论与技术、太赫兹无线通信技术与系统、面向基站的大规模无线通信新型天线与射频技术、兼容 C 波段的毫米波一体化射频前端系统关键技术和基于第三代化合物半导体的射频前端系统技术等。

技术研发方面，华为已经开始着手研究 6G 技术，将并行推进 5G 技术的研究进程。华为在渥太华成立了 6G 研发实验室，目前正处于研发早期理论交流的阶段。华为提出，6G 将拥有更宽的频谱和更高的速率，应该拓展到海陆空甚至水下空间。在硬件方面，天线将更为重要；在软件方面，人工智能将在 6G 通信中扮演重要角色。此外，在太赫兹通信技术领域，中国华讯方舟、四创电子、亨通光电等公司也已开始布局。2019 年 4 月 26 日，毫米波太赫兹产业发展联盟在北京成立。

运营商方面，中国移动、中国电信和中国联通均已启动 6G 研发工作。中国移动和清华大学、北京邮电大学建立了战略合作关系，将面向 6G 通信网络和下一代互联网技术等重点领域进行科学研究合作。中国电信正在研究以毫米波为主频、以太赫兹为次频的 6G 技术。中国联通也已开展了 6G 太赫兹通信技术研究[2]。

|8.2 标准化准备 |

8.2.1 ITU-T

当前，ITU-T 正在抓紧进行与 5G 相关的标准研究工作。ITU 在 2015 年 5 月成立 IMT-2020/5G 焦点组，全面启动了 5G 网络的标准化研究，2016 年年底完成 5G 网络需求等 5 项技术标准及 5G 网络应用等 3 项技术报告，形成全球首个 5G 网络标准体系。2017 年设立 IMT-2020/5G 工作组，全面推进 5G 标准化研究工作[3]。

5G 承载标准主要由 ITU-T 负责研制。2017 年 6 月，ITU-T 启动 5G 承载技术研究；2018 年 1 月正式开展了 5G 承载传送网络技术标准的研制工作。

由于 5G 标准还在制定过程中，ITU 目前尚未开始制定 6G 标准。

2018 年 7 月 16—27 日，ITU-T 第 13 研究组（Study13）在日内瓦举行的会议上成立了 2030 网络焦点组（FG NET-2030），旨在探索面向 2030 年及以后的新兴网络需求以及 5G 系统的未来进展，包括新的媒体数据传输技术、新的网络服务和应用及其使能技术、新的网络架构及其演进等。该研究统称为"网络 2030"，网络 2030 将从广泛的角度探索新的通信机制，不受现有的网络范例概念或任何特定的现有技术的限制，包括完全向后兼容的新理念、新架构、新协议和新解决方案，以支持现有应用和未来的新应用。

2030 网络焦点组由中国（华为）、美国（Verizon）和韩国（ETRI）联合发起提案，得到来自中国、美国、俄罗斯、意大利和突尼斯等众多国家的支持。该焦点组的主席由华为网络技术实验室首席科学家 Li R 担任。

此外，2030 网络焦点组还将与其他标准制定组织合作，包括欧洲电信标准化协会（ETSI）、计算机协会数据通信专业组（ACM SIGCOMM）和电气电子工程师学会通信协会（IEEE ComSoc）等。2030 网络焦点组的研究涉及：

• 调研现有技术、平台和标准，以明确网络 2030 的差距和挑战；

- 明确网络 2030 的各个方面，包括愿景、需求、架构、应用、评估方法；
- 提供标准化路线图的指南；
- 与其他标准化组织（SDO）建立联系。

ITU 于 2019 年 5 月探讨了 IMT-2030 标准。参照 ITU 对于 5G 确定的法定名称"IMT-2020"，未来 ITU 对于 6G 的法定名称很可能为"IMT-2030"。ITU 认为 IMT-2030 旨在提供革命性的新用户体验，传输速率达到太比特每秒，并将能提供一系列全新的感官信息，如触觉、味觉和嗅觉等。IMT-2030 在 5G 网络的基础上，将是一个多种不同网络构成的混合网络，包括固定、移动蜂窝、高空平台、卫星和其他尚待定义的网络等。

8.2.2　3GPP

3GPP 致力于 5G 接入网和核心网标准的研制。2017 年 12 月非独立（Non-Standalone，NSA）组网标准完成，2018 年 6 月 5G NR 独立（Standalone，SA）组网标准冻结，2018 年 9 月第 15 版（Release 15）标准完成，这是 5G 的第一套标准。到 2020 年 7 月，Release 16 标准已冻结并发布，目前已经开始了 Release 17 标准的制定工作，按照计划，Release 17 标准将于 2021 年 9 月冻结。

3GPP 的 Release 15 标准包括非独立组网技术路线和独立组网技术路线。Release 16 标准对 5G 核心网能力进行了全面强化，主要支持 3 方面能力：增强网络承载能力、提升网络基础能力和拓展垂直行业应用。Release 16 的主要标准进展包括固网融合、5G LAN、时延敏感性网络、5G IoT 等。Release 17 及后续版本的标准化重点将包括两方面：优化 uRLLC 和 mMTC 两种物联网特性，以更好地支持垂直行业的应用（如工业无线互联网、高铁无线通信等）；设计支持 52.6～114.25 GHz 毫米波频段的空口特性。预期 5G 标准化的第二阶段将会吸引更多垂直行业领域成员参与标准制定，从而可以更好地针对垂直行业需求进行 5G 标准优化工作[4]。

目前 3GPP 已启动 B5G/IMT-2020 Advanced 标准研究，在 uRLLC、网络智能化等演进方向取得了一系列标准化进展。Release 17 提出了 5G 多媒体广播多播业务（Multimedia Broadcast Multicast Service，MBMS）架构、NPN 增强架构、TSN 增强

架构等，为 B5G 核心网演进奠定了技术基础。

预计 3GPP 将于 2023 年开启对 6G 的研究，并将在 2025 年下半年开始对 6G 技术进行标准化，完成 6G 标准的时间点预计在 2028 年上半年，2028 年下半年将会有 6G 设备产品面市。

8.2.3 IEEE

IEEE 已全面开展 5G 标准化工作，2018 年 11 月发布面向 5G 前传的 IEEE 802.1CM-2018 标准。目前，在无线分析、以云移动为基础的核心网、前传接口、信道建模等研发领域中均取得成效，为 5G 研究提供了强大的技术支持[5]。

IEEE 已针对 6G 的一个重要场景"触觉互联网"开展了相关研究和标准化工作。触觉互联网指能够实时传送控制、触摸和感应信息的通信网络。IEEE 的 P1918.1 标准工作组将触觉互联网定义为一个网络或一个"网络的网络"（Network of Networks），用于远程访问、感知、操作或控制真实和虚拟对象或过程，相关标准正在制定中。

此外，在太赫兹领域，IEEE 自 2008 年起即开展了相关的标准化工作。现有的 IEEE 802.15.3c 和 IEEE 802.11ad MAC 协议等能够适用于太赫兹无线个域网络，为 6G 的无线通信侧提供了 MAC 的通信参考方式。

8.2.4 CCSA

中国通信标准化协会（China Communications Standards Association，CCSA）是我国企事业单位自愿联合组织、在全国范围开展信息通信技术领域标准化活动的法人社会团体，是我国信息通信标准化工作的主要执行团体。2018 年中国通信标准化协会全面启动 5G 标准研究，到 2020 年 1 月 9 日，中国通信标准化协会发布了我国首批 14 项 5G 核心标准，涉及 5G 核心网、无线接入网、承载网、天线、终端、安全、电磁兼容等领域，是我国 5G 相关产业加速发展的重要标志。

CCSA 无线通信技术委员会（TC5）负责移动通信、无线接入、无线局域网及短距离、卫星与微波、集群等无线通信技术及网络，无线网络配套设备及无线安全等标准制定工作，同时也开展无线频谱、无线新技术等研究工作。在 5G 标准方面，TC5 的移动通信无线工作组（WG9）负责 5G 无线网相关标准，移动通信核心网及人工智能应用工作组（WG12）负责 5G 核心网相关标准，无线安全与加密工作组（WG5）负责 5G 安全相关标准，频率工作组（WG8）负责无线频谱规划及电磁兼容相关标准。

CCSA 传送网与接入网技术委员会（TC6）负责传送网、系统和设备、接入网、传输媒质与器件、电视与多媒体数字信号传输等领域的标准制定工作。在 5G 标准方面，主要负责与 5G 承载网相关的标准化工作。

CCSA 网络与业务能力技术委员会（TC3）负责信息通信网络（包括核心网、IP 网）的总体需求、体系架构、功能、性能、业务能力、设备、协议以及相关的 SDN/NFV 等新型网络技术领域的标准化工作。TC3 制定的软件定义网络（SDN）及网络功能虚拟化（NFV）等系列相关标准将成为 5G 网络的支撑性技术标准。

CCSA 网络管理与运营支撑技术委员会（TC7）负责网络管理与维护、电信运营支撑系统相关领域的研究及标准制定。在 5G 标准方面，无线通信管理工作组（WG1）负责 5G 网络管理相关标准，目前已经完成 5G 网络管理总体技术要求标准，正在推动 5G 管理系列标准的研制工作。

2020 年 3—6 月是我国 5G 独立组网商用的关键时间点，网络切片是 5G 独立组网最关键的显性特性之一，网络切片的标准化和实施是 5G 网络真正走向商用的重要环节。在标准上，虽然 3GPP、IETF、ITU-T、ETSI 以及 CCSA 相关技术委员会都在进行网络切片的标准化工作，但是跨域跨厂商的标准化节奏明显滞后于商用节奏，造成端到端网络切片的业务对接、控制管理互通、SLA 运维保障等方面的标准缺失。为了支撑 5G 独立组网的商用部署，我国有必要制定相关技术标准。为满足我国 5G 端到端切片跨域标准化的需求，CCSA 于 2019 年 12 月成立了"5G 网络端到端切片特设项目组"。目前该工作组明确了端到端切片的标准化体系，并已经正式推动了与 5G 网络端到端切片相关的标准化工作，包括"5G 网络切片 端到端总体技术要求""5G 网络切片 基于切片分组网络（SPN）承载的端到端切片对接技术要求""5G 网络切片 基于 IP 承载的端到端切片对接技术要求""5G 网络切片 服务等级协议（SLA）保障技术要求"等标准项目以及"5G 网络端到端切片标识"研究课题。

在 "5G 网络端到端切片特设项目组" 标准体系的指导下, 其他 TC 也同步开始了与网络切片相关的标准化工作。与 5G 网络端到端切片相关的标准对 5G 网络切片总体架构、切片基本功能要求、各子域 (终端/无线/传输/核心网/管理) 功能要求、各子域间接口对接功能、协议要求以及切片基本安全能力要求、关键的业务流程等进行了规范, 将为相关设备的研究、开发、部署提供技术指导依据。

基于 5G 标准的积累和完善, CCSA 将于下一阶段开始 6G 标准的研制。

| 8.3　产业准备 |

8.3.1　华为

2019 年, 华为在加拿大渥太华成立了 6G 研发实验室, 目前正处于研发早期理论交流的阶段。华为认为, 6G 时代将超出 5G 时代 "物联网", 实现 "万物互联" (Internet of Everything, IoE), 即整个人文社会和外部物理世界将实现紧密连接, 因此 6G 数据不是一个一个的大数据, 很可能是无数的小数据汇成的大数据。在通信维度方面, 除了更高的速率、更宽的频谱, 6G 应该拓展到海陆空甚至水下空间, 设想发射 10 000 多颗小型低轨卫星, 实现全球 6G 网络覆盖。此外, 华为还提出 6G 时代通过大脑意念控制联网物品, 以及利用 Wi-Fi、基站进行无线充电等概念。目前华为已经开始联合高校及科研机构着手开展 6G 技术预研工作, 目前处于场景挖掘和技术寻找阶段。

8.3.2　中兴通讯

中兴通讯已经开始进行 6G 的研究。中兴通讯表示 6G 将整合物理和数字世界, 网络性能指标将面临更严要求, 中兴通讯 6G 研究团队的使命是设计满足 6G 性能指标要求的 6G 网络结构与使能技术, 并使其通过测试来验证技术可行性。

中兴通讯无线电算法部从需求驱动和技术驱动出发, 提出了 6G 移动通信网络

"智慧连接""深度连接""全息连接""泛在连接"的展望及"一念天地，万物随心"的总体愿景[4]。目前，中兴通讯投资组建了 40～50 人的团队来开展 6G 方面的研究工作，未来将在核心网、无线、虚拟化等 5G 基础上，继续在 AI 等 6G 新方向上做标准及技术布局。

8.3.3　三星电子&LG 电子

三星电子在 2018 年 5 月宣布研发出业界首个全面符合 3GPP Release 15 5G 新空口标准的 5G 基带产品。在 2019 年设立了 6G 研究中心，计划与 SK 电讯合作开发 6G 核心技术并探索 6G 商业模式，将把区块链、6G、AI 作为未来发力方向。此外，在 2019 年 6 月，LG 电子联手韩国科学技术院（KAIST）开设了一家 6G 研究中心，韩国第二大移动运营商韩国电信公司（KT）也与首尔国立大学签署协议，联合进行 6G 研究。

8.3.4　诺基亚

2018 年，诺基亚和芬兰各研究所及大学共同合作开始了一项为期 8 年的 6Genesis 6G 研究计划，并准备与韩国 SK 电讯合作共同开发 6G 通信技术。诺基亚首席技术官表示目前用于芯片制造的标准 CMOS 技术并不适合 95 GHz 以上频段的无线通信，因此需要先进行芯片领域的某些创新。目前诺基亚正在开展相关芯片的研制工作。

8.3.5　NTT DoCoMo

自 2018 年以来，NTT DoCoMo 一直在进行 B5G 和 6G 技术的研究，于 2020 年 1 月发布了白皮书：5G Evolution and 6G（5G 演进与 6G）。该白皮书反映了 DoCoMo 在 5G 演进和 6G 通信技术领域的观点，概述了相关的技术概念及不断发展的 5G 和新 6G 通信技术的预期多样化用例、技术构成与性能目标。

2019 年 10 月 31 日，日本通信运营商 NTT、索尼、英特尔联合发布消息称，三方将在 6G 通信标准领域展开合作。预计 6G 移动网络将于 2030 年左右推出。NTT

早在同年 6 月便提出了名为"IOWN"的构想，并力争将其推为全球标准。英特尔公司表示，IOWN 致力研究的新型通信基础设施将囊括包括硅光子学、边缘计算、关联计算在内的所有光子学网络基础设施。3 家公司将研究光子–电子融合技术，主攻太赫兹、轨道角动量等方向，重点突破时延和传输容量，实现低功耗、即时访问和即时响应的目的。

| 参考文献 |

[1] 赛迪智库无线电管理研究所. 6G 概念及愿景白皮书[R]. 2020.

[2] 吴勇毅. 6G: 未来国之重器 全球抢占的战略制高点[J]. 通信世界, 2019(31): 39-40.

[3] Focus group on technologies for network 2030[Z]. 2020.

[4] 赵亚军，郁光辉，徐汉青. 6G 移动通信网络: 愿景、挑战与关键技术[J]. 中国科学: 信息科学, 2019, 49(8): 963-987.

[5] 王芮. 5G 网络架构设计与标准化进展[J]. 通讯世界, 2019, 26(4): 91-92.

名词索引